JN176020

Raman Spectroscopy

ラマン分光法

HIRO-O HAMAGUCHI
濵口宏夫

KOICHI IWATA
岩田耕一［編著］

講談社

執筆者一覧（執筆順）

濵 口 宏 夫　台湾国立交通大学／東京大学名誉教授（1 章，2 章，編者）

岩 田 耕 一　学習院大学　理学部（3 章，編者）

加 納 英 明　筑波大学　数理物質系　物理工学域（3.2.7 項）

古 川 行 夫　早稲田大学　先進理工学部（4.1 節）

山 本 達 之　島根大学　生物資源科学部（4.2 節）

吉 川 正 信　株式会社東レリサーチセンター（4.3 節）

まえがき

何事も未来を予見することは難しいが，ラマン分光の未来を予見することはことさら難しい．ラマン分光は現在，物理学，化学，生物学，地学などの基礎科学のみならず，工学，医学，歯学，薬学，農学，環境学などの応用科学と，それらに基づくさまざまな技術に広く普及しつつあり，未知の分野での応用がどこまで広がって行くのか予見することが難しいからである．このような状況下で，ラマン分光に対する興味を持つ個人や組織の数は急速に増加している．

本書はこれらラマン分光に興味をもつすべての人達を対象として書き下ろしたもので，教科書，実用書，辞書，そして啓蒙書の面をあわせもっている．教科書として，大学の学部 3, 4 年生程度の物理学の知識を前提とし，ラマン分光の基礎から応用までを紙数の許す限り丁寧に解説した．特に，「第 2 章　ラマン分光の基礎」では，ラマン散乱の理論を光の量子論まで遡って解説した．実用書として，「第 3 章　ラマン分光の実際」に，ラマン分光を実行するうえで重要な事項をまとめた．付録の標準スペクトルや標準波数データは，ラマン分光を行う実験室に常備すると便利である．辞書として，ラマン分光に特有な用語を漏れなく収録し，索引からその意味を検索できるよう工夫した．付録の特性波数表もまた辞書として活用することができる．啓蒙書として，「第 1 章　ラマン分光」で過去，現在，未来を概観し，「第 4 章　ラマン分光の応用」で典型的な応用例をあげて，ラマン分光の全体像を把握できるようにした．全章を通読，理解することができれば理想的であるが，まず第 1 章と第 4 章に目を通し，必要に応じて第 2 章，第 3 章および付録の該当する箇所を詳しく学習するのが最も現実的な利用法であろう．

ラマン分光の進歩は急速で，最新のトピックもすぐに陳腐化してしまう傾向がある．本書の企画にあたっては，最新の情報を網羅することにはこだわらず，ラマン分光の根幹に関わり，決して陳腐化しない内容を厳選することを心がけた．今後長期にわたって，本書がラマン分光の発展と，それを通じた科学の社会貢献の一助となることを強く願う．

まえがき

本書を出版するにあたって，多くの方々のご協力をいただいた．島田林太郎博士，岡島 元博士には原稿を隅々まで査読していただき，本書の内容をより充実したものとするうえで貴重なご意見をいただいた．野嶋優妃博士，上保貴則氏，および北村 捷氏には，付録に収録したスペクトルの測定と解析をしていただいた．講談社サイエンティフィクの五味研二氏には，熱意を持って本書の編集を輔弼していただいた．これらの方々に厚くお礼申し上げる．本書を日本分光学会「分光法シリーズ」の第1巻として刊行することができたことは，編者にとって大きな喜びである．同学会に感謝する．

2015年3月
編者

目　　次

第1章　ラマン分光

1.1 ■「科学の眼」とラマン分光学

科学は，それまで見えなかったものを見る「**科学の眼**」を創り出すことによって，我々のものの見方を変え，我々の知的活動の枠組みを拡げてきた．「百聞は一見に如かず」「目からうろこが落ちる」などの言葉が示すように，新しい科学の眼の登場によって，それまでとはまったく異なる次元の新しい世界が我々の前に開ける．

量子力学，レーザー，エレクトロニクス，コンピュータなど20世紀を特徴づける科学の成果は，さまざまな新しい科学の眼を創り出した．我々が日常，健康診断などでその恩恵に浴しているX線検査，超音波画像検査や磁気共鳴画像検査は，まさにこのような新しい科学の眼によって初めて可能となったものである．本書の主題であるラマン分光もその一つである．ラマン分光は，インドの物理学者C. V. RamanとK. S. Krishnanが1928年に報告し，その後Ramanの名が付けられた「ラマン散乱」を利用した分光法である．我々の肉眼は，屈折，反射，吸収，透過など，光に対する物質の巨視的な応答により生じる信号を検出する．これに対しラマン分光は，光に対する分子1個の応答により生じる信号を検出する（第2章2.2.1項参照）．それゆえラマン分光の眼は，肉眼では到底見ることのできない微視的な分子の世界を観ることができるのである．

我々の肉眼によって検出された光信号は，脳における情報処理により，ものの大きさ，形，色や動きなどの最終情報として検知される．ラマン分光の眼は，分子を直接に見ることはできないが，「分子からの手紙」であるスペクトルを解読することによって，分子を間接的に観ることを可能にする（**図1.1.1**）．ラマン分光によって分子を観るためには，まず分子を刺激して手紙を書かせ，それを受信し，解読しなければならない．具体的に言うと，レーザー光を分子に照射してラマン散乱光を発生させ，エレクトロニクスを駆使した光検出器でこれを検出してスペクトルとして記録し，量子力学に基づくコンピュータ処理により，最終的に分子の構造，ダイナミクスに関する情報に変換する操作が必要である．この一連の知的作業を究める学問がラマン分光学で

図 1.1.1　島内武彦教授（1916～1980）を描いたスケッチ
同教授は，ラマンスペクトルや赤外線吸収スペクトルなどの振動スペクトルを基準振動計算に基づいて解析する方法論を確立した．振動スペクトル解読法の創始者の一人である．

ある．ラマン分光学は，物理学と化学に基づいて，生物学，工学，医学，薬学，農学，地学，環境学などに，比類ない強力な科学の眼を提供する．

1.2 ■ ラマン散乱の発見とその波及

インドの物理学者 C. V. Raman と K. S. Krishnan は，1928 年 3 月 31 日付の *Nature* 誌に，"A New Type of Secondary Radiation" という題の短い論文を発表した[1]．彼らは，焦点距離 230 cm と 5 cm の 2 枚のレンズを用いて，太陽光を強く試料（60 種の液体と気体）に絞り込んだ．試料を横から観察すると，太陽光の光路をはっきりと目視することができた（**図 1.2.1**(a)）．2 枚のフィルター，紫青フィルター（紫青色を透過し，緑黄色を吸収する）と緑黄フィルター（緑黄色を透過し，紫青色を吸収）を重ねて太陽光と試料の間に置くと，試料中の太陽光の光路は見えなくなった（**図 1.2.1**(b)）．2 枚のフィルターによって太陽光が完全に吸収され，試料に光が入射しなくなったからである．次に，緑黄フィルターを太陽光と試料の間から試料と観測者の間に移すと，再び太陽光の光路が目視できるようになった（**図 1.2.1**(c)）．この実験結果は，紫青フィルターを透過した短波長の太陽光と試料の相互作用によって，もともと太陽光に含まれていなかった長波長の光が散乱され，緑黄フィルターを透過して観測されたことを意味している．この実験によって，"A New Type of Secondary Radiation" の存在が実証され，後にラマン散乱として認められることとなったのである．

Raman は，この結果をまとめた原稿を，1928 年 2 月 26 日に電報で *Nature* 誌に送り，そのわずか 1 ヵ月後に上記論文は印刷された．短い論文とはいえ，Raman が原稿を電報で送った背景には，当時の研究の進捗状況があった．米国の R. W. Wood は，

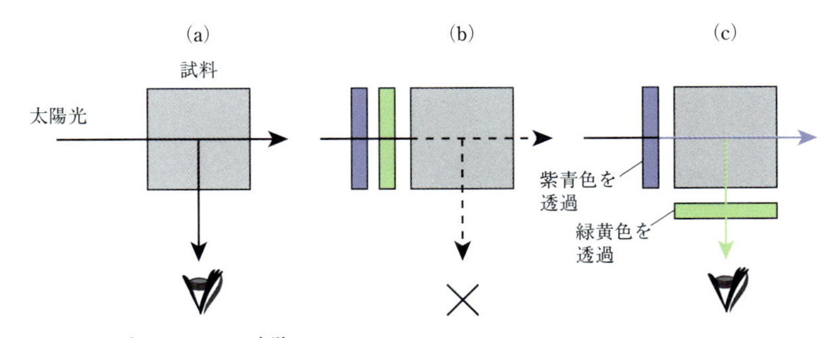

図 1.2.1　Raman と Krishnan の実験
(a) フィルターなし，(b) 緑黄フィルター，紫青フィルターを太陽光光路に挿入，(c) 紫青フィルターを太陽光光路，緑黄フィルターを観察光路に挿入．

Raman の報告から半年後に"Wave-length Shifts in Light Scattering"という論文を同じ *Nature* 誌から出版した[2)]．また，フランスの Y. Rocard[3)] と J. Cabannes[4)] や，ロシアの G. Landsberg と L. Mandelstam[5)] も Raman と同様の実験を 1928 年中に報告した．世界中で少なくとも 5 つのグループが一線で競っていたわけで，もし Raman の論文の印刷が少しでも遅れていたら，ラマン散乱は別の名前で呼ばれることになっていたかもしれない．1923 年の A. Smekal[6)]，1925 年の H. A. Kramers, W. Heisenberg[7)]，1927 年の P. A. M. Dirac（図 2.2.1 の写真参照）[8)] による理論的予言もあり，ラマン散乱発見の機は当時すでによく熟していた．科学研究の革新が少数の天才によってもたらされることがしばしばあるが，ラマン散乱の発見に限っては，量子論の確立直後の物理学における大きなうねりの一産物であったと考えるのが妥当であろう．Raman はラマン散乱の発見によって，1930 年のノーベル物理学賞を授与された．わずか 2 年という異例の速さで業績が認められたことは，Raman の発見が意味するものを熟知した大勢の物理学者がいたことを示唆している．当時科学研究の中心はヨーロッパおよび英国にあった．その中心から遠く離れたインドで行われた研究で，非欧米人である Raman がノーベル賞の栄誉をかちえたことは，特筆すべき出来事であった．科学のもつ真の普遍性，国際性をよく示したものとして，その意義はきわめて大きい．Raman は 1928 年当時，インドの税務関係の役所に勤務しており，職務の傍ら行っていた研究でこの大きな発見をした．この事実は，科学研究を担うのは組織ではなく，個人であることを雄弁に物語っており興味深い（**図 1.2.2**）．

Raman の発見直後から，世界中でラマン散乱の実験的研究が開始された．1931 年に出版された K. W. F. Kohlrausch の"*Der Smekal–Raman–Effect*"と題された本[9)] には，発見からわずか 3 年でおびただしい数のラマンスペクトルが測定されたことが記載さ

図 1.2.2　C. V. Raman と 1928 年当時のラマン分光器
ラマン散乱の発見の実験は，本文に記したようにフィルターを用いて行われたが，その直後に写真のような分光器によってより精密な検証がなされた．
［*The Raman Effect* (An Interational Historic Chemical Landmarks), American Chemical Society (1998) より転載］

れている（Raman−Effect ではなく，Smekal−Raman−Effect と呼ばれていることに注意）．我が国でも Raman の発見の直後から，複数の研究室でラマン散乱の実験が始まった．東京帝国大学の S. Mizushima の研究室では，回転異性体の発見という大きな業績につながる研究がなされ（4.1.2 項参照），以後の我が国におけるラマン分光学の隆盛の基礎が築かれた．ラマン分光学関連の最大の国際会議である ICORS（International Conference on Raman Spectroscopy）は，1969 年にオタワで第 1 回が開催され，1970 年の第 2 回以降は，隔年で西暦偶数年に開催されている．1984 年には東京で第 9 回が，2006 年には横浜で第 20 回が開催された．また，我が国の日本学術振興会とインドの Department of Science and Technology の間の協定により，Mizushima と Raman の名を冠した Mizushima−Raman Lecture が毎年開催されており，ラマン分光学という学術を通した両国の文化交流の一端を担っている．

1.3 ■ ラマン分光の過去，現在，未来

RamanとKrishnanの実験[1]では，太陽を光源として試料を励起し，散乱光をフィルターで分光した後に肉眼で検出し，脳によって情報処理を行った．励起，分光，検出，情報処理は分光の4要素であり，ラマン分光もこれらの要素の技術進歩とともに発展してきた．

1.3.1 ■ 第I世代のラマン分光

第I世代のラマン分光は，1928年の発見から1960年代の中頃まで続いた．光源として水銀灯，分光器としてガラスプリズム分光器が用いられ，検出器は写真乾板であった．当時の最先端の技術を駆使した光源として，Toronto arc（**図1.3.1**）と呼ばれた大型の螺旋状水銀アーク灯がある．ラマン分光測定に際しては，試料が入った試料セル（ラマン管）をアーク灯の螺旋内部に挿入し，その端面から出てくる散乱光をレンズで集光し，分光写真器の入口スリット上に結像していた．ラマンスペクトルの測定に長い時間を要したので，露光の間に試料が変化することもしばしばあったと思われる．実際，Mizushimaのグループによる回転異性体の発見の端緒は，液体の低温測定中に学生が誤って試料を凝固させ，結晶のラマンスペクトルを測定してしまったことであると伝えられている．気体試料の測定の場合，露光が数日に及ぶことさえあった．このような困難にもかかわらず，膨大な数の物質のラマンスペクトルが測定され，その後のラマン分光学の礎となった．回転スペクトルを用いたベンゼンなど基本分子の分子構造の精密決定は，第I世代のラマン分光研究の輝かしい成果である（4.1.2項参照）．

一方，ラマンスペクトルの理論的解釈でも大きな進展があった．G. Placzek（図2.2.1写真参照）は，Kramers–Heisenberg–Diracの分散式から出発し，(1) 励起光の波長が試料の電子吸収波長から遠く離れていること（非共鳴条件），(2) 基底電子状態が縮重していないこと（非縮重条件）の2つの条件が満たされるとき，振動ラマン散乱の散乱テンソル成分が，分極率テンソル成分の振動行列要素で良く近似されることを示した（Placzekの分極率近似[10]，2.2.2項および図2.2.1参照）．分極率近似によって振動ラマンスペクトルの選択律がきわめて明瞭な形で示され，「**分極率を変化させる振動の基本音がラマン活性となる**」というよく知られた形で確立された．「**電気双極子能率を変化させる振動の基本音が赤外線吸収活性となる**」という相補的な選択律をもつ赤外線吸収分光と対になり，赤外・ラマン分光という用語が，振動分光を意味す

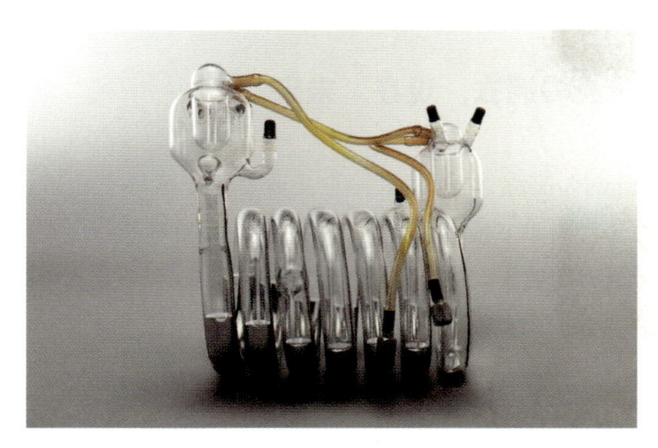

図 1.3.1　Toronto arc

るものとして定着した．このようにして，「ラマンスペクトル」は「振動ラマンスペクトル」とほぼ同義となった．また，赤外・ラマンスペクトルの解析法も進展し，Urey–Bradley–Shimanouchi force field などのモデル分子力場を用い，GF 行列法により計算した基準振動数に基づいて観測された振動スペクトルを解析する方法論が確立された．G. Herzberg の *"Infrared and Raman Spectra of Polyatomic Molecules"*[11]，E. B. Wilson, J. C. Decius, P. C. Cross の *"Molecular Vibrations"*[12]，および我が国における S. Mizushima, T. Shimanouchi の『赤外線吸収とラマン効果』[13]など，赤外・ラマン分光に関する優れた教科書が出版され，振動分光学の発展，普及に大きく貢献した．第I世代のラマン分光は，分極率近似の成立しない共鳴ラマン散乱が脚光を浴びる 1960 年代中頃まで続いた．水銀アーク灯とラマン管による測定では，励起光を吸収する着色試料の測定は非常に困難であり，詳細な共鳴ラマン散乱の実験的研究は，第II世代のハードウェア，特にレーザー光源の登場を待たなければならなかったのである．

1.3.2 ■ 第II世代のラマン分光

レーザーは，Light Amplification by Stimulated Emission of Radiation（放射の誘導放出による増幅）の頭文字をとった造語で，誘導放出を用いた光源を意味する．レーザー装置から射出されるレーザー光は，ラマン分光の光源として理想的な特性をもっている（3.2.1 項参照）．そのため，1960 年代初頭のレーザーの発明は，ラマン分光学に大きなインパクトをもたらした．特に，Ar^+ レーザーや He–Ne レーザーなどの気体レーザー（**図 1.3.2**）が安定に提供されるようになった 1970 年代以降は，ラマン分光の光源はすべて水銀灯からレーザーに置き換えられ，いわゆる「**レーザーラマン分光**」の時代となった．ほぼ同時期に回折格子の製造技術が進歩し，これを用いた高性能分光

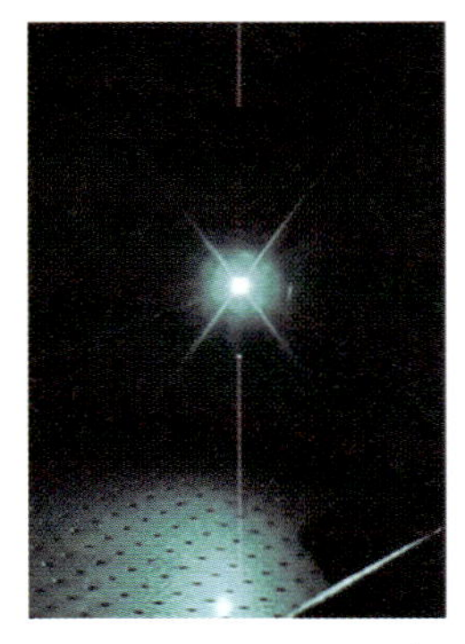
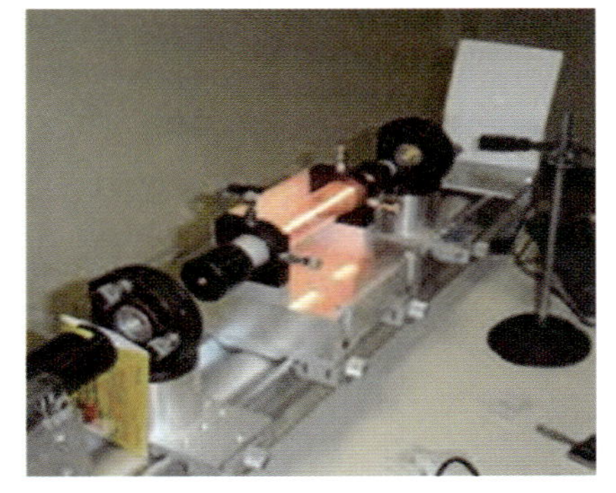

図 1.3.2　Ar^+ レーザー（左）と He–Ne レーザー（右）

器が製造されるようになった．回折格子を複数枚使用した多重モノクロメーターは高い迷光除去能をもち，まさにラマン分光のための分光器となった（3.2.3 項参照）．また，外部光電効果を利用した光電子増倍管（フォトマル）が開発され，散乱光子を 1 個ずつ数える光子計数法による微弱光検出が可能となった（3.2.4 項参照）．このようにして，レーザーを光源とし，多重モノクロメーターで分光し，光子計数法で散乱光を検出する第 II 世代のラマン分光が幕を開けた．多種のラマン分光光度計が市販されるようになり，ラマン分光学は科学の基礎研究から，周辺領域での応用研究にもその翼を大きく広げた．

レーザー光の利用によって，励起光を試料の微小部分に絞り込むことが可能となり，ラマン分光の適用範囲は格段に広がった．例えばガラスキャピラリー中の 1 マイクロリットルの液体試料や，顕微鏡下でしか見ることができない 1 マイクロメートルの微粒子のラマン測定が，分単位の測定時間で容易に行えるようになった．その結果，水銀灯の時代には考えられなかった貴重な合成試料や生物試料などの微量分析が可能となった．W. Kiefer と H. J. Bernstein[14)] によって初めて作られた回転セル（3.2.2 項参照）は，レーザー光の高い収束性を利用したもので，水銀灯の時代には実現不可能であった．回転セルの使用によって，着色試料を加熱，分解の影響なく測定することができるようになり，共鳴ラマン散乱の研究が急速に展開した．**共鳴ラマン散乱**は，試料のもつ電子吸収帯内，あるいはその近傍の波長の光で励起したときに見られるラマン散乱の共鳴現象であり（2.2.3 項参照），その理解は，ラマン分光の応用上きわめて重要である．Placzek は，分極率近似に基づく選択律や偏光則が，共鳴条件下では破綻することを当初から予言していたが，それを正しく理解していたラマン分光学者の数は当時きわめて少なかった．

1970年，W. Holtzer, W. F. Murphy, H. J. Bernsteinは，I_2など6種類の気体ハロゲン分子の共鳴ラマンスペクトルを報告した[15]．ハロゲン伸縮振動の高次倍音が観測されることを示したこの報告は，当時の常識を覆すものとして，多くのラマン分光学者に衝撃を与えた．Placzekの分極率近似に従い，高次倍音は基本音に比べ無視できるほど弱いと信じられていたからである．一方，A. C. Albrecht（図2.2.1写真参照）は1961年にはすでに，励起状態の振電相互作用を取り入れた共鳴ラマン散乱の理論を発表していた（2.2.3項参照）[16]．Albrechtの理論に基づいて共鳴ラマン散乱の機構を解明する研究が競って行われ，1970年代の中頃までには，高次倍音をともなう全対称振動の共鳴ラマン散乱強度はAlbrechtのA項（Franck–Condon項）に由来し，非全対称振動の共鳴ラマン強度はB項（振電相互作用項）に由来するとの共通認識が得られるに至った（図2.2.7参照）．

1972年，T. G. Spiro, T. C. Strekasは，ヘモグロビンとシトクロムcの共鳴ラマンスペクトルにおいて，非全対称振動バンドの偏光解消度が0.75より大きくなる偏光解消異常を発見した[17]．1975年，H. Hamaguchi, I. Harada, T. Shimanouchiは，基底電子状態が縮重したIr錯体において，全対称振動バンドを含めたすべてのラマンバンドの偏光解消度が異常な値をとることを報告した[18]．Placzekの分極率近似の下では，ラマン散乱テンソルは分極率テンソルと同じく対称テンソルでなければならず，偏光解消度の最大値は0.75を超えない．しかし，共鳴条件下や，電子縮重のある系では，分極率近似の2つの前提が崩れ，上記2つの例のような0.75を超える偏光解消度の「異常」が観測されるのである（2.4.2項参照）．このようにして，第II世代のラマン分光はPlaczekが予言した分極率近似の破綻を実証し，分極率近似の枠組みを超えたラマン散乱のより深い理解に到達した．

1.3.3 ■ 第III世代のラマン分光

1980年代に入って，Nd : YAGレーザーやTi : Sapphireレーザーなどの使いやすいパルス固体レーザーが供給されるようになり，第III世代のラマン分光が登場した．この第III世代のラマン分光は，現在に至るまで続いている．分光器では，励起線の波長のみを鋭く反射する「ノッチフィルター」（3.2.3項参照）が開発され，多重分光器に代わってこのフィルターをシングル分光器と組み合わせて使用するのが標準となった．回折格子の数を1枚に抑えることによって，分光器の効率は著しく改善された．検出器では，光子計数法が使えない低繰り返し実験にも適用可能な蓄積型マルチチャンネル検出器が開発され，パルスレーザー励起のラマン分光が困難なく行えるようになった．初期の段階ではIPDA(intensified photodiode array)が多用されていたが，その後 CCD（charge coupled device）に置き換わった．CCD カメラによるマルチチャンネル検出は，光子計数法に匹敵する感度を有するうえ，分光器の掃引を必要としないため，ラマンスペクトルの取得効率を飛躍的に向上させた（3.2.4 項参照）．その結果，通常の有機液体試料であれば，1 秒以下の露光時間で測定を行うことができるようになった．第 I 世代のラマン分光に比べると実に 4 桁，第 II 世代に比べても 2 桁の測定時間短縮がなされたことになる．コンピュータの性能向上も第 III 世代のラマン分光の発展に大きく寄与した．量子化学計算による分子の基準振動数計算，複雑な多数のスペクトルから必要な情報を抽出するケモメトリックスなど，大容量高速コンピュータを用いたスペクトル解析が行われるようになった．これらの手法はいわば「分子からの手紙」の自動解読法であり，便利で効率は高いが，同時に手紙の伝える真意を読み損じる危険もはらんでいる．

パルスレーザーの高速性を利用した**時間分解ラマン分光**は，第 III 世代のラマン分光を特徴づける大きな分野である．レーザー技術の進歩に歩調を合わせて，1980 年代はナノ秒，1990 年代はピコ秒，2000 年代はフェムト秒と時間分解能が向上した．時間とエネルギーの不確定性関係から（10 ps は約 1 cm^{-1}，1 ps は約 10 cm^{-1} に対応する），高速パルスレーザーによる時間分解測定は，ラマンバンド幅を増大させ，スペクトル情報を劣化させる．その意味では，ラマン分光の高速化はすでにピコ秒で極限に到達している．ナノ秒およびピコ秒時間分解ラマン分光はすでによく確立されており，励起電子状態やラジカルなど短寿命種の研究に応用され，物理化学研究の中核的手法として大きな役割を果たしている（4.1.2 項参照）[19,20]．

パルスレーザービームを集光することによって 10^{10} V m^{-1} 以上の強い光電場を作り出すことができる．この強い光電場を利用した**非線形ラマン分光**（2.1.3 項参照）も第 III 世代のラマン分光として大きく進展した．**誘導ラマン利得分光**（stimulated Raman gain spectroscopy），**誘導ラマン損失分光**（stimulated Raman loss spectroscopy），**コヒーレントアンチストークスラマン散乱**（coherent anti-Stokes Raman scattering, **CARS**）**分光**，**コヒーレントストークスラマン散乱**（coherent Stokes Raman scattering, **CSRS**）**分光**などである[21]．非線形ラマン分光では 2 色以上のレーザー光を用いるため，通常の線形ラマン分光では不可能なさまざまな新しい実験が可能になる．一方，高い自由度は，実験の難易度の高さも意味する．実験の難易度の高さを克服し，通常の線形ラマン分光を補う分光手法として，非線形ラマン分光がいかに確立されるかが注目される．

第 III 世代になって本格化したラマン分光の新しい展開として，**ラマン分光イメージング**がある．ラマン分光計と光学顕微鏡を組み合わせ，ラマンスペクトルによる分

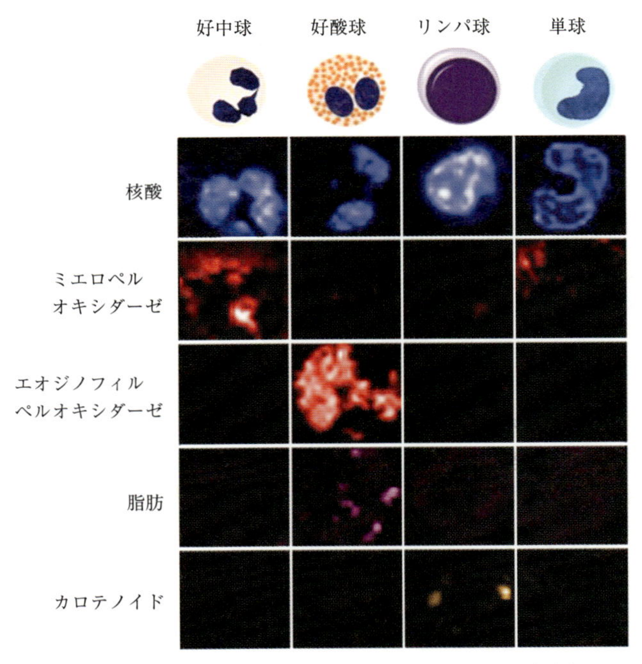

図1.3.3　白血球のラマン分光イメージ（安藤正浩博士 提供）

子イメージを取得する試みはすでに1970年代の後半からあったが[22)]，多重分光器の効率が低く，イメージの取得に何時間もの時間を要するという大きな欠点があった．2000年以降，ノッチフィルター，シングル分光器，CCDを組み合わせた高感度ラマン分光計の登場により，イメージ取得時間が分ないし秒の単位に大幅に短縮され，**顕微ラマン分光**（3.2.7項参照）が実用されるようになった[23)]．特に，生きた細胞や組織のラマン分光測定とラマン分光イメージングは，生命科学研究の新しい戦略的手法として認知されつつある（4.2節参照）．**図1.3.3**に，例として白血球のラマン分光イメージを示す．

近接場ラマン分光（2.1.4項参照）も，第III世代に大きく展開したラマン分光の一分野である．近接場ラマン分光は，金属表面や金属コロイド表面に吸着した分子が示す**表面増強ラマン散乱**（surface enhanced Raman scattering, **SERS**）としてまず認知され[24,25)]，その後，走査型顕微鏡の探針を増強媒体とする**チップ増強ラマン散乱**（tip enhanced Raman scattering, **TERS**）[26,27)]が登場した．近接場ラマン分光によって光の回折限界を超える高い空間分解能で単一分子を検出する可能性が議論されている．しかし，SERS や TERS の機構解明はいまだ不十分であり，選択律も確立されていない．近接場ラマン分光で何が見えるのか，どのような信頼度の高い分子情報が得られるのか今後の解明が待たれる．

第 II 世代のラマン分光はすでに歴史に組み込まれているが，第 III 世代のラマン分光は現在も進行中であり，まだ大きな可能性とそれに付随する不確定性をはらんでいる．その真の評価はさらに時を待たなければならない．

1.3.4 ■ 近未来のラマン分光

第 I 世代から第 III 世代に至るラマン分光の発展は，新しいハードウェアの開発によって先導された．レーザー，分光器，検出器などのハードウェアの性能向上が飽和しつつある現在，これからのラマン分光は，成熟したハードウェアを駆使して「個別化」の方向に向かって発展していくものと考えられる．ラマン分光の応用の無限ともいえる可能性を考慮すると，万能型の 1 台の分光計がすべての応用をカバーすることは不可能である．ちょうど，疾患医療中心の医療が，いわゆるテーラーメード医療に転換していくのと同様に，応用分野に応じたテーラーメードラマン分光装置が開発され，それぞれの応用でその力を存分に発揮していくものと予測される．

手のひらに乗るポータブルラマン分光計がすでに市販されている．これらが日常的な食品検査や健康診断などに使われるようになれば，ラマン分光は我々にとってきわめて身近なものとなる．2014 年時点で世界中に存在するラマン分光装置は，高々数万台であると思われる．もし，ポータブルラマン分光計が日常的に使われるようになれば，その数が一挙に百万台に到達することも決してありえない話ではない．ラマン分光生誕 100 周年の 2028 年には，ラマン分光は成熟した科学の眼として，さまざまな新しい日常を我々にもたらしてくれていることであろう．

文　献

1） C. V. Raman and K. S. Krishnan, *Nature*, **121**, 501 (1928)
2） R. W. Wood, *Nature*, **122**, 349 (1928)
3） Y. Rocard, *Compt. Rend.*, **186**, 1107 (1928)
4） J. Cabannes, *Compt. Rend.*, **186**, 1201 (1928)
5） G. Landsberg and L. Mandelstam, *J. Russ. Phys. Chem. Soc.*, **60**, 335 (1928)
6） A. Smekal, *Naturwissenschaften*, **11**, 873 (1923)
7） H. A. Kramers and W. Heisenberg, *Z. Phys.*, **31**, 681 (1925)

8) P. A. M. Dirac, *Proc. Royal Soc.* (London), **A114**, 710 (1927)
9) K. W. F. Kohlrausch, *Der Smekal-Raman-Effect*, Julius Springer, Berlin (1931)
10) G. Placzek, *Rayleigh Steuung und Raman-Effect, in Handbuch der Radiologie VI*, Akademische Verlag, Leipzig (1934)
11) G. Herzberg, *Molecular Spectra and Molecular Structure II. Infrared and Raman Spectra of Polyatomic Molecules*, Van Nostrand Reinhold, New York (1945)
12) E. B. Wilson, J. C. Decius, and P. C. Cross, *Molecular Vibration*, McGraw-Hill, New York (1955)
13) 水島三一郎，島内武彦，赤外線吸収とラマン効果，共立出版 (1958)
14) W. Kiefer and H. J. Bernstein, *Appl. Spectrosc.*, **25**, 500 (1971)
15) W. Holtzer, W. F. Murphy, and H. J. Bernstein, *J. Chem. Phys.*, **52**, 399 (1970)
16) A. C. Albrecht, *J. Chem. Phys.*, **34**, 1476 (1961)
17) T. G. Spiro and T. C. Strekas, *Proc. Natl. Acad. Sci. USA*, **69**, 2622 (1972)
18) H. Hamaguchi, I. Harada, and T. Shimanouchi, *Chem. Phys. Lett.*, **32**, 103 (1975)
19) H. Hamaguchi (J. R. During ed.), *Vibrational Spectra and Structure, Vol. 16*, Elsevier Science, Oxford (1987), chapter 4 Transient and Time-resolved Raman Spectroscopy of Short-lived Intermediate Species
20) H. Hamaguchi and T. L. Gustafson (J. R. Durig ed.), "Ultrafast Time-resolved Spontaneous and Coherent Raman Spectroscopy : The Structure and Dynamics of Photogenerated Transient Species", *Ann. Rev. Phys. Chem.*, **45**, 593 (1994)
21) H. Hamaguchi (R. W. Field, E. Hirota, J. P. Maier, and S. Tsuchiya eds.), *Nonlinear Specrtroscopy for Molecular Structure Determination*, Blackwell Science, Oxford (1998), chapter 8 Non-linear Raman Spectroscopy
22) M. Delhaye and P. Dhamelincourt, *J. Raman Spectrosc.*, **3**, 33 (1975)
23) G. J. Puppels, F. F. M. De Mul, C. Otto, J. Greve, M. Robert-Nicoud, D. J. Arndt-Jovin, and T. M. Jovin, *Nature*, **347**, 301 (1990)
24) D. L. Jeanmaire and R. P. Van Duyne, *J. Electroanal. Chem.*, **84**, 1 (1977)
25) M. G. Albrecht and J. A. Creighton, *J. Am. Chem. Soc.*, **99**, 5215 (1977)
26) N. Hayazawa, Y. Inouye, Z, Sekkat, and S. Kawata, *Optics Commun.*, **183**, 333 (2000)
27) R. M. Stoeckle, Y. D. Suh, V. Deckert, and R. Zenobi, *Chem. Phys. Lett.*, **318**, 131 (2000)

第2章　ラマン分光の基礎

ラマン分光の基礎を学ぶうえで，ラマン分光に特有な用語を正確に理解しておくことはきわめて重要である．本章では，これらの用語を系統的かつ一般論として解説しながら，ラマン分光学の全体像を示すことを意図した．初出時に簡潔な解説をつけることが難しい用語については，やむを得ず後出の詳細な記述を参照する形をとった．したがって，初学者が本章を通読することは容易ではないと予想される．しかし，一度読み進んだ後に何回か反復することによって，ラマン分光の全体像がはっきりと見えてくるはずである．

2.1 ■ 広義のラマン散乱と狭義のラマン散乱

広義のラマン散乱は，異なる角振動数 $\omega_1, \omega_2, \cdots$ をもつ2個以上の電磁波と物質が相互作用する光学過程のうち，**ラマン共鳴条件**

$$k\omega_m - l\omega_n = \Omega \quad (\Omega \text{ は物質の遷移角振動数，} k, l \text{ は正整数})$$

を満たすものを意味する．広義のラマン散乱は，以下2.1.1項で述べる線形自発ラマン散乱に加えて，2.1.3項で扱うハイパーラマン散乱，コヒーレントアンチストークスラマン散乱，誘導ラマン利得，誘導ラマン損失，コヒーレントストークスラマン散乱などの高次の非線形ラマン散乱過程を含む．一方，狭義のラマン散乱は，線形自発ラマン散乱を意味する．本書では以下，ラマン散乱を狭義に用いる．

2.1.1 ■ ラマン散乱（線形自発ラマン散乱）

物質に角振動数 ω_i の単色光を照射し散乱される光の角振動数 ω_s を分光器を用いて調べると，入射光と同じ（$\omega_\mathrm{s} = \omega_\mathrm{i}$）成分以外に，角振動数がマイナス方向に Ω（>0）だけシフトした $\omega_\mathrm{s} = \omega_\mathrm{i} - \Omega$ の成分と，プラス方向に Ω だけシフトした $\omega_\mathrm{s} = \omega_\mathrm{i} + \Omega$ の成分が存在することがわかる（**図 2.1.1**）．$\omega_\mathrm{s} = \omega_\mathrm{i}$ の成分が**レイリー散乱**，$\omega_\mathrm{s} = \omega_\mathrm{i} \pm \Omega$ の成分が**ラマン散乱**である．$\omega_\mathrm{i} - \omega_\mathrm{s} = \pm\Omega$ は**ラマンシフト**と呼ばれ，物質の遷移角振動数に等しい．$\omega_\mathrm{s} = \omega_\mathrm{i} - \Omega$ の成分（ラマンシフト Ω）を**ストークスラマン散乱**，

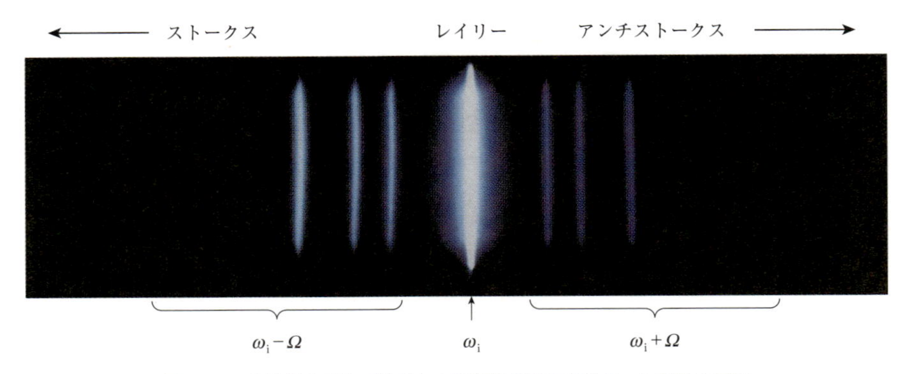

図 2.1.1　分光器を通して撮影した四塩化炭素の振動ラマン散乱の写真

$\omega_s = \omega_i + \Omega$ の成分（ラマンシフト $-\Omega$）を**アンチストークスラマン散乱**と呼ぶ.

ラマン散乱は，物質のさまざまなエネルギー状態間の遷移をともない，それらの遷移の角振動数 Ω がラマンシフトとして観測される．したがって，ラマン散乱を観測することによって，物質のエネルギー準位に関する知見を得ることができる．これがラマン分光の基本原理である．分子からのラマン散乱は，電子遷移，振動遷移，回転遷移やそれらの複合遷移をともなう．結晶からのラマン散乱は，フォノン，プラズモン，マグノン，ポーラロンなどの準粒子の励起をともなう．どのような遷移をともなうかを明確にする必要がある場合には，「電子ラマン散乱」，「マグノンラマン散乱」などの呼称を用いる．分光手法としてもっともよく用いられる（99％以上）振動ラマン散乱の場合は，「振動」を略して単にラマン散乱と呼ぶことが多い.

量子論によれば，角振動数 ω_i の光はエネルギー $\hbar\omega_i$（$\hbar = h/2\pi$，h はプランク定数）をもつ光子の集合であり，角振動数 ω_s の光はエネルギー $\hbar\omega_s$ をもつ光子の集合である．この見方に従えば，ストークスラマン散乱は，1個のエネルギー $\hbar\omega_i$ をもつ光子が物質と衝突し，物質をエネルギー E_m の始状態から $E_n = E_m + \hbar\Omega$ の終状態に励起する過程である．アンチストークスラマン散乱は，1個のエネルギー $\hbar\omega_i$ をもつ光子が物質

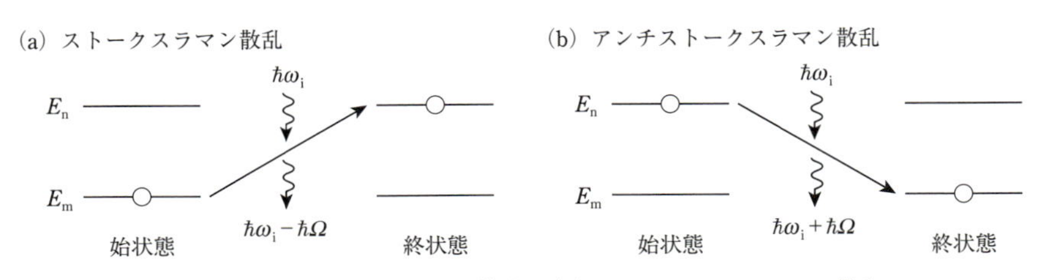

図 2.1.2　(a) ストークスラマン散乱と (b) アンチストークスラマン散乱

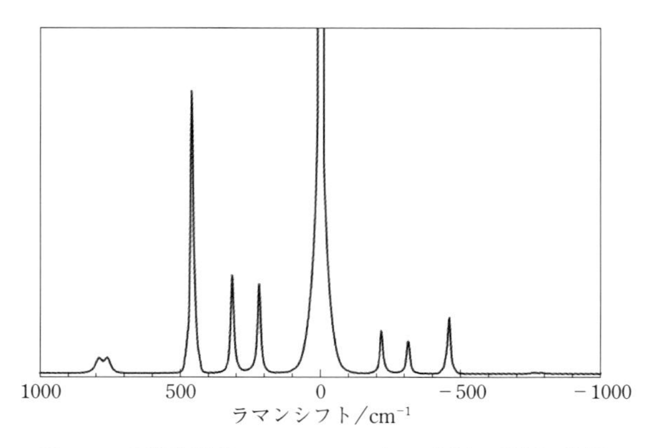

図 2.1.3　四塩化炭素のラマンスペクトル（岡島 元博士 提供）

と衝突し，物質をエネルギー E_n の始状態から $E_m = E_n - \hbar\Omega$ の終状態へ脱励起する過程である（**図 2.1.2**）．これらの過程でエネルギーは保存されなければならないので，$\hbar\omega_s = \hbar\omega_i \pm \hbar\Omega$ が成立しなければならない．これがラマン散乱光の角振動数 ω_s を与える基本式である．

図 2.1.1 に写真で示した四塩化炭素のラマン散乱の強度をグラフ化すると，**図 2.1.3** のラマンスペクトルが得られる．ラマンスペクトルは縦軸にラマン散乱強度，横軸にラマンシフトをとったグラフである．縦軸はラマン散乱光の強度に比例したスケールで目盛る．ラマン散乱の絶対強度を決定することはきわめて難しく，縦軸に任意スケールの相対強度を表示することが多いが，単位時間あたりの散乱光子数などの量を単位をつけて表示することもある．横軸のラマンシフトは，光の波数 $\tilde{\nu} = \omega/2\pi c$（単位 cm^{-1}，c は光速度）を，右から左に向かって増大するように目盛るのが，IUPAC（国際純正・応用化学連合）が推奨する標準である．横軸をこのように目盛ると，ラマンスペクトルと赤外線吸収スペクトルの対応がつけやすくなる．一方，横軸の単位としてエネルギー $E = \hbar\omega$（単位 eV）や振動数 $\nu = \omega/2\pi$（単位 Hz）が用いられることもある．また，ラマンスペクトルのみを単独で表示するときには，ラマンシフトを左から右に増大するように目盛る例も増えてきている．

図 2.1.3 の四塩化炭素のラマンスペクトルから明らかなように，アンチストークスラマン散乱強度は，ラマンシフト Ω が増大すると急速に減少する．一般にラマン散乱強度はラマン散乱テンソル（2.2.1 項参照）の二乗と，始状態に分布する分子数に比例する．非共鳴ラマン散乱では，アンチストークス散乱とストークス散乱の散乱テンソルは等しい（式(2.2.11)）．したがって，アンチストークス/ストークス強度比は，

表 2.1.1　ボルツマン因子（$\exp(-\hbar\Omega/k_{\mathrm{B}}T)$）のラマンシフトおよび温度依存性

ラマンシフト Ω/cm^{-1}	温度 T/K							
	100	300	500	700	900	1100	1300	1500
200	0.056	0.383	0.562	0.663	0.726	0.769	0.801	0.825
400	0.003	0.147	0.316	0.439	0.528	0.593	0.642	0.681
800	0.000	0.022	0.100	0.193	0.278	0.351	0.413	0.464
1600	0.000	0.000	0.010	0.037	0.077	0.123	0.170	0.216
3200	0.000	0.000	0.000	0.001	0.006	0.015	0.029	0.046

それぞれの過程の始状態に分布する分子数の比と等しくなる．アンチストークスラマン散乱の始状態は，ストークスラマン散乱の始状態より $\hbar\Omega$ だけ高いエネルギーをもつ（図 2.1.2）．熱平衡が成立しているとき 2 つの状態の分布数の比はボルツマン因子 $\exp(-\hbar\Omega/k_{\mathrm{B}}T)$ で表される．ここで，k_{B} はボルツマン定数，T は絶対温度である．したがって，非共鳴ラマン散乱におけるアンチストークス/ストークス強度比は，次の式で与えられる．

$$\frac{I_{\text{anti-Stokes}}}{I_{\text{Stokes}}} = \left(\frac{\omega_{\mathrm{i}} + \Omega}{\omega_{\mathrm{i}} - \Omega}\right)^3 \exp\left(-\frac{\hbar\Omega}{k_{\mathrm{B}}T}\right) \tag{2.1.1}$$

ここで，アンチストークス/ストークス比が，ボルツマン因子以外に，ラマン散乱強度の ω^3 因子を含むことに注意する必要がある（式(2.2.24)参照）．常温 300 K における $k_{\mathrm{B}}T/\hbar$ の値は 208.5 cm^{-1} である．したがって，ラマンシフト $\Omega = 200$ cm^{-1} のラマンバンドのアンチストークス/ストークス強度比は 0.38，$\Omega = 400$ cm^{-1} では 0.15 となり，これは図 2.1.3 のスペクトルとよく対応している．異なるラマンシフト，温度でのボルツマン因子（$\exp(-\hbar\Omega/k_{\mathrm{B}}T)$）の値を**表 2.1.1** に示す．逆に，測定されたアンチストークス/ストークス強度比から，温度を求めることができる．精度よく分光器の感度較正を行えば，この方法で温度を ±1 度以下の精度で求めることができる．また，時間分解ラマン分光でアンチストークス/ストークス強度比を観測すれば，ピコ秒の時間スケールでの超高速温度測定が可能となる．

ラマン散乱を振動スペクトルの観測手段としてとらえる場合，同じく振動スペクトルの観測手段である**赤外線吸収**との対比は重要である．赤外線吸収は光と分子の相互作用を 1 回含むので，その選択律は遷移双極子能率 $\mu_\alpha(\alpha = x, y, z)$ の対称性によって決まる．ラマン散乱は光と分子の相互作用を 2 回含むので，その選択律は遷移双極子能率の積 $\mu_\alpha\mu_\beta(\alpha, \beta = x, y, z)$ の対称性によって決まる．この選択律の違いは，ラマン散乱と赤外線吸収が振動スペクトルの観測手段として相補的な役割を果たすことを示している．例えば対称中心をもつ物質系では，対称中心に対して対称な振動は赤外不活性，反対称な振動はラマン不活性となり，赤外，ラマンともに活性な振動は存在しない．これを**交互禁制律**という（図 2.1.5 参照）．

2.1.2 ■ ラマン散乱の電子共鳴効果（共鳴ラマン散乱）

ラマン散乱の励起光の角振動数が物質の電子遷移の遷移角振動数に近づくと，電子共鳴効果（2.2.4 項）によってラマン散乱の強度が著しく増大するとともに，選択律や偏光則が変化する．このような条件下で観測されるラマン散乱を特に共鳴ラマン散乱（resonance または resonant Raman scattering）と呼ぶ．共鳴ラマン散乱を便宜上，前期共鳴（pre-resonance）ラマン散乱と真正共鳴（rigorous resonance）ラマン散乱に区別することがある．しかし，非共鳴ラマン散乱と前期共鳴ラマン散乱，前期共鳴ラマン散乱と真正共鳴ラマン散乱の境界は明確なものではない．共鳴ラマン散乱の完全な理解には，2.2.4 項で述べる量子論に基づく理論が必要であるが，ここでは応用上重要な事項を現象論的に概説する．

共鳴ラマン散乱における強度の増大率は，10^4 倍を超えることがある．この強度増大により，例えば 10^{-4}～10^{-6} mol dm^{-3} 程度の希薄溶液試料から，溶質の共鳴ラマンスペクトルを溶媒の非共鳴ラマンスペクトルと同程度の強度で観測することができる．また，分子量数万にものぼる有色タンパク質中の発色団の振動ラマンスペクトルを，

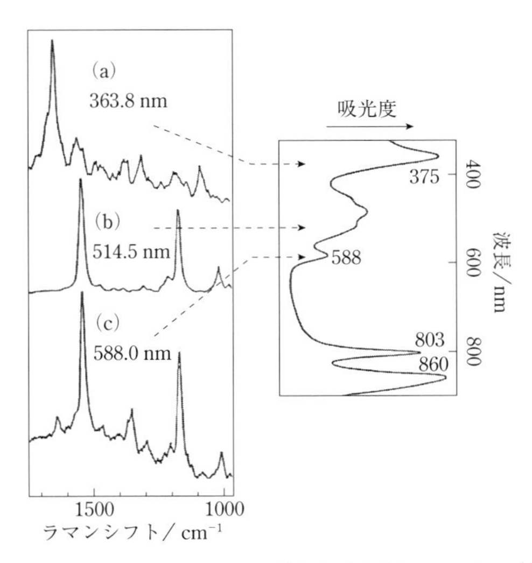

図 2.1.4　光合成細菌膜標品の共鳴ラマンスペクトル（左）と電子吸収スペクトル（右）（林 秀則博士 提供）
(a) 363.8 nm 励起，(b) 514.5 nm 励起，(c) 588.0 nm 励起．(a)ではバクテリオクロロフィル，(b)ではカロテノイドのスペクトルが選択的に観測され，(c)では両方が観測されている．

タンパク質の部分の妨害を受けることなく選択的に観測することもできる．共鳴ラマン散乱の高感度および高選択性は，ラマン分光の応用上きわめて重要である．**図 2.1.4** に例として，光合成細菌膜標品の共鳴ラマンスペクトルを示す．

2.1.3 ■ 非線形ラマン散乱

レーザー光を収束することにより生じる強い光電場と物質が相互作用すると，通常の線形光学効果に加えて，さまざまな非線形光学効果が誘発される．**非線形ラマン散乱**もその一種である．複数の種類の重畳した入射光電場 $\boldsymbol{E}_\alpha, \boldsymbol{E}_\beta, \boldsymbol{E}_\gamma, \cdots$中に置かれた物質には，次式で表される分極 $\boldsymbol{P}$ が生じる．分極 $\boldsymbol{P}$ は，光電場によって物質中に誘起された電気双極子能率の単位体積あたりの大きさで，物質と光の相互作用の程度を表す量である．

$$\boldsymbol{P} = \boldsymbol{P}_1 + \boldsymbol{P}_2 + \boldsymbol{P}_3 + \cdots \tag{2.1.2}$$

$$(P_1)_i = \chi_{ij}^{(1)} \sum (E_\alpha)_j \tag{2.1.3}$$

$$(P_2)_i = \chi_{ijk}^{(2)} \sum\sum (E_\alpha)_j (E_\beta)_k \tag{2.1.4}$$

$$(P_3)_i = \chi_{ijkl}^{(3)} \sum\sum\sum (E_\alpha)_j (E_\beta)_k (E_\gamma)_l \tag{2.1.5}$$

ここで，$\boldsymbol{P}_1, \boldsymbol{P}_2, \boldsymbol{P}_3$ はそれぞれ一次，二次，三次の分極，$\chi_{ij}^{(1)}, \chi_{ijk}^{(2)}, \chi_{ijkl}^{(3)}$ はそれぞれ一次，二次，三次の電気感受率テンソル，(i, j, k) は (x, y, z) を表す．これらの式からわかるように，物質中に生じる分極 $\boldsymbol{P}$ は，入射光電場の一次に比例する線形分極 $\boldsymbol{P}_1$，二次に比例する二次の非線形分極 $\boldsymbol{P}_2$，三次に比例する三次の非線形分極 $\boldsymbol{P}_3$ などの和として表される．光電場中の物質には，これらの分極が同時に生じ，さまざまな光学過程を誘発する．線形分極 $\boldsymbol{P}_1$ と非線形分極 $\boldsymbol{P}_2$ や $\boldsymbol{P}_3$ の相対的な大きさは，電場強度に強く依存する．通常の線形自発ラマン測定では，出力 10 mW 程度の連続発振（cw）レーザーがよく用いられるが，非線形ラマン測定ではピーク出力 1 MW 程度のパルスレーザーが使用されることが多い．これらのレーザー光を同じ条件で試料に絞り込んだときに得られるピーク出力はパルスの場合が cw の場合の 10^8 倍，電場強度は 10^4 倍になる．したがって，感受率の大きさが等しいと仮定すると，P_2/P_1 はパルスの場合が cw の場合の 10^4 倍，P_3/P_1 に至っては 10^8 倍の大きな値となることがわかる．実際の物質の高次の電気感受率は一次の感受率に比べて何桁も小さな値をとるが，それでもパルスレーザーのつくる強い光電場下では $\boldsymbol{P}_2$ や $\boldsymbol{P}_3$ が $\boldsymbol{P}_1$ と同程度の大きさをもつよ

表 2.1.2　「ラマン散乱」の類別

ラマン散乱　～　E_i	自発	線　形
ハイパーラマン散乱　～　E_i^2	自発	非線形
CARS, SRG, SRL, CSRS　～　E_i^3	誘導	非線形

うになる．

式(2.1.3)，(2.1.4)，(2.1.5)は，さまざまなラマン散乱をその光電場依存性により分類するうえで，たいへん便利である．ラマン散乱は $\boldsymbol{P}_1$ から発生する**線形ラマン散乱**である．**ハイパーラマン散乱**は，$\boldsymbol{P}_2$ から発生する**非線形ラマン散乱**であり，**コヒーレントアンチストークスラマン散乱**（coherent anti-Stokes Raman scattering, **CARS**），**誘導ラマン利得**（stimulated Raman gain, **SRG**），**誘導ラマン損失**（stimulated Raman loss, **SRL**），**コヒーレントストークスラマン散乱**（coherent Stokes Raman scattering, **CSRS**）は $\boldsymbol{P}_3$ から発生する非線形ラマン散乱である．さらに高次の分極から生じるラマン散乱の研究例も報告されているが，分光手法としては確立されていない．

広義のラマン散乱はまた，光の自然放出による**自発ラマン散乱**（**インコヒーレントラマン散乱**）と，誘導放出による**誘導ラマン散乱**（**コヒーレントラマン散乱**）に類別することもできる．ラマン散乱はもっとも基本的な線形自発ラマン散乱である．ハイパーラマン散乱は，$\omega_s = 2\omega_i \pm \Omega$ の散乱光を与える非線形自発ラマン散乱である．CARS，SRG，SRL，CSRS は誘導ラマン散乱に類別される．**表 2.1.2** に「ラマン散乱」の類別をまとめた．

A.　ハイパーラマン散乱

ハイパーラマン散乱は，2 個のエネルギー $\hbar\omega_i$ をもつ光子が消失し，1 個のエネルギー $\hbar\omega_s = 2\hbar\omega_i - \hbar\Omega$ をもつ光子が生成する非線形自発ラマン散乱である．ハイパーラマン散乱は，ラマン散乱や赤外線吸収と同様に分子の振動スペクトルを観測する手段として有効である．ハイパーラマン散乱は光と分子の相互作用を 3 回含むので，その選択律は遷移双極子能率の積 $\mu_\alpha\mu_\beta\mu_\gamma$ $(\alpha, \beta, \gamma = x, y, z)$ の対称性によって決まり，ラマン散乱とも赤外線吸収とも異なる．したがって，ラマン散乱にも赤外線吸収にも不活性な振動がハイパーラマン活性になることがある．例として**図 2.1.5** にベンゼンのハイパーラマン，ラマン，赤外線吸収スペクトルを示す．同じ振動スペクトルでも，観測方法によってスペクトルパターンが大きく異なることがわかる．

B.　誘導ラマン散乱（コヒーレントラマン散乱）

角振動数 ω_1，波数ベクトル $\boldsymbol{k}_1$ および角振動数 ω_2，波数ベクトル $\boldsymbol{k}_2$ をもつ 2 つの入射光が物質に入射すると $(\omega_1 > \omega_2, \boldsymbol{k}_1 > \boldsymbol{k}_2)$，角振動数 $\omega_1 - \omega_2$，波数ベクトル

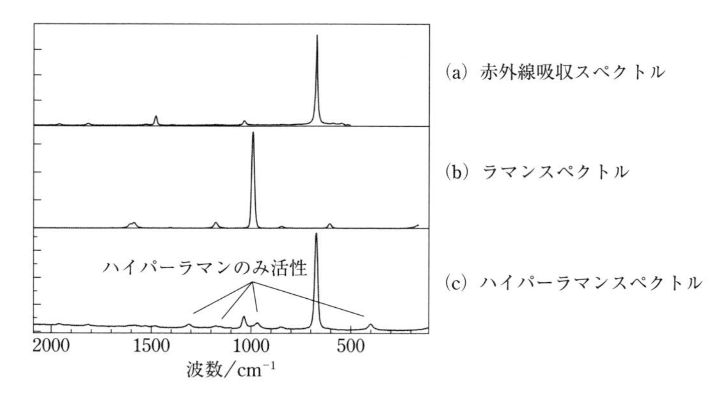

図 2.1.5　ベンゼンの振動スペクトル（島田林太郎 博士提供）
(a) 赤外線吸収スペクトル，(b) ラマンスペクトル，(c) ハイパーラマンスペクトル

$\boldsymbol{k}_1 - \boldsymbol{k}_2$ をもつうなりが生じる．ラマン共鳴条件（$\omega_1 - \omega_2 = \Omega$；$\Omega$ は物質の遷移角振動数）が満たされると，このうなりと物質の振動が共鳴し，角振動数 $\Omega = \omega_1 - \omega_2$，波数ベクトル $\boldsymbol{K} = \boldsymbol{k}_1 - \boldsymbol{k}_2$ をもつ物質の振動が強制的に励起される．この振動励起は，波数ベクトル $\boldsymbol{K}$ で決まる位相で伝搬し，光の波長に比べて大きな空間領域に広がる（**図 2.1.6**）

角振動数 Ω，波数ベクトル $\boldsymbol{K}$ をもつ強制振動励起が，$\omega_1, \boldsymbol{k}_1$ の入射光電場と相互作用すると，$\omega_1 \pm \Omega$，$\boldsymbol{k}_1 \pm \boldsymbol{K}$（複号同順）の 2 つの振動電場が生成し，そこから 2 つの光信号が発生する．$\omega_1 + \Omega = 2\omega_1 - \omega_2$，$\boldsymbol{k}_1 + \boldsymbol{K} = 2\boldsymbol{k}_1 - \boldsymbol{k}_2$ の成分がコヒーレントアンチストークスラマン散乱（CARS），$\omega_1 - \Omega = \omega_2$, $\boldsymbol{k}_1 - \boldsymbol{K} = \boldsymbol{k}_2$ の成分が誘導ラマン利得（SRG）である．同様にして，$\Omega, \boldsymbol{K}$ をもつ励起が $\omega_2, \boldsymbol{k}_2$ の入射光電場と相互作用すると，$\omega_2 \pm \Omega$，$\boldsymbol{k}_2 \pm \boldsymbol{K}$（複号同順）の 2 つの振動電場が生成し，そこから 2 つの光信号が発生する．$\omega_2 + \Omega = \omega_1$，$\boldsymbol{k}_2 + \boldsymbol{K} = \boldsymbol{k}_1$ の成分が誘導ラマン損失（SRL），$\omega_2 - \Omega = 2\omega_2 - \omega_1$，$\boldsymbol{k}_2 - \boldsymbol{K} = 2\boldsymbol{k}_2 - \boldsymbol{k}_1$ の成分がコヒーレントストークスラマン散乱（CSRS）である．これ

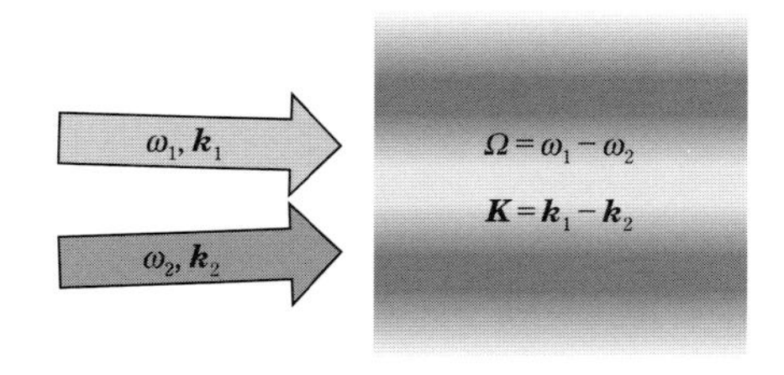

図 2.1.6　ラマン共鳴条件を満たす 2 つの入射光電場 $\omega_1, \boldsymbol{k}_1$ および $\omega_2, \boldsymbol{k}_2$ によって生成する $\Omega = \omega_1 - \omega_2$, $\boldsymbol{K} = \boldsymbol{k}_1 - \boldsymbol{k}_2$ の強制振動励起

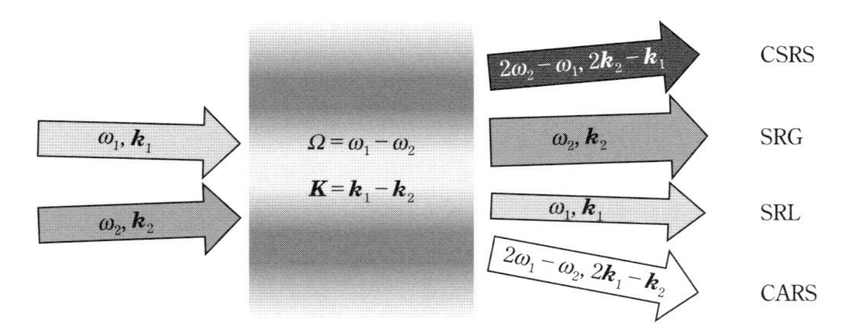

図 2.1.7　CSRS, SRG, SRL, CARS の発生機構

らの誘導ラマン散乱は，強制振動励起に電場 $\boldsymbol{E}_1\boldsymbol{E}_2$，励起の検出に電場 $\boldsymbol{E}_1$ または $\boldsymbol{E}_2$ を要する三次の非線形ラマン散乱である．**図 2.1.7** に CSRS, SRG, SRL, CARS の信号の角振動数と波数ベクトルをまとめた．SRG（SRL）では，角振動数が ω_2（ω_1）である入射光の強度が増大（減少）する．CARS（CSRS）では，角振動数 $2\omega_1-\omega_2$（$2\omega_2-\omega_1$）をもつ新しい信号光が位相整合条件（後述）を満たす（入射光とは異なる）方向に射出される．

C.　CARS と CSRS

以下では CARS について述べるが，ω_1 と ω_2 を入れ換えることによって，同じ議論が CSRS にも適用される．

CARS 信号の発生には，$\omega_{\mathrm{CARS}}=2\omega_1-\omega_2$ および $\boldsymbol{k}_{\mathrm{CARS}}=2\boldsymbol{k}_1-\boldsymbol{k}_2$ の 2 つの式が同時に成立することが必要である．波数ベクトルの長さ $|\boldsymbol{k}|$ と，角振動数 ω には $|\boldsymbol{k}|=n(\omega)\omega/2\pi c$（$n(\omega)$は屈折率，$c$ は真空中の光速度）の関係がある．一般に，屈折率には波長分散があるため，$n(\omega_{\mathrm{CARS}})\neq n(\omega_1)\neq n(\omega_2)$であり，$\boldsymbol{k}_{\mathrm{CARS}}=2\boldsymbol{k}_1-\boldsymbol{k}_2$ の関係は $\boldsymbol{k}_1$ と $\boldsymbol{k}_2$ が $n(\omega_{\mathrm{CARS}}), n(\omega_1), n(\omega_2)$によって決まるある角度 θ をなすときにのみ成立する．これを**位相整合条件**という．位相整合条件を満たすとき，CARS 信号は $\boldsymbol{k}_{\mathrm{CARS}}$ で決まる波数ベクトルをもって，一定の方向に射出される．気体など屈折率の波長分散が小さい物質では θ はほぼゼロであるが，通常の有機液体では数度の大きさとなる．光学的に均一な物質で，振動励起と入射光電場が相互作用する距離 L（相互作用長）が光の波長 λ に比べて十分に大きい場合には（$L\gg\lambda$），位相整合条件が厳密に成立する．一方，生体組織など光学的に不均一な試料では，$L<\lambda$ となり位相整合条件が緩和され，CARS 信号光の集束度は低下し，強度は減少する．

CARS 信号強度は三次の分極 $\boldsymbol{P}_3$ がつくる電場の絶対値の二乗，したがって三次の感受率 $\boldsymbol{\chi}^{(3)}$ の絶対値の二乗に比例する．$\boldsymbol{\chi}^{(3)}$ は相互作用長内の単位体積あたりの分子数 N に比例するので，CARS 信号強度は N^2 に比例する．一方，ラマン散乱強度はレーザービーム内の各試料分子からの散乱強度の和であり，分子数Nに比例する．したがって，相互作用長内の単位体積あたりの分子数Nが増加すると，N^2に比例するCARS信号強度は，Nに比例するラマン散乱強度に比べ急速に増大する．光学的に均一な物質（$L \gg \lambda$）では，Nは大数であるから，CARSはラマン散乱に比べてはるかに大きな信号強度を与えることができる．一方，光学的に不均一な試料では$L < \lambda$であり，CARS／ラマン散乱強度比は急速に減少する．また，CARS信号強度の濃度依存性は不確定（NとN^2の中間）となる．したがって，CARSは位相整合が成立しない光学的に不均一な試料の定量分析には適さない．例えば，CARS強度による分子イメージは試料分子の分布を厳密に反映するものではない．

CARS信号のもう一つの特徴として，**非共鳴バックグラウンド**との干渉がある．非共鳴バックグラウンドは，三次の非線形電気感受率から生じるラマン共鳴条件を満たさない信号で，CARSと必ず共存する．CARSと非共鳴バックグラウンド信号は感受率として（絶対値の二乗をとる前に）足し合わされるので，観測される信号には2種類の信号の交差項が含まれる．この干渉効果のために，CARSスペクトルは分散型を含む複雑なバンド形を示す．観測されたバンド形からラマン共鳴条件を満たすCARS信号を取り出すためには，モデル関数を用いたバンドフィッティングや，最大エントロピー法などを用いた数値解析が必要となる．

D．SRGとSRL

以下SRGについて述べるが，ω_1とω_2を入れ換えることによって，同じ議論がSRLにも適用される．

SRG信号の発生には，$\omega_{\mathrm{SRG}} = \omega_2$および$\boldsymbol{k}_{\mathrm{SRG}} = \boldsymbol{k}_2$の2つの式が同時に成立することが必要であるが，これは自動的に満たされている．したがって，SRGには位相整合の必要がない．SRGはω_2光の強度を増大させる（図2.1.7）．試料透過後に観測されるω_2光強度は，SRG信号の電場$\boldsymbol{\chi}^{(3)}E_1{}^2E_2$と，入射$\omega_2$光の電場$E_2$の和の絶対値の二乗$|E_2 + \boldsymbol{\chi}^{(3)}E_1{}^2E_2|^2$であるが，$\boldsymbol{\chi}^{(3)}E_1{}^2E_2 \ll E_2$の場合には，交差項$E_2\boldsymbol{\chi}^{(3)}E_1{}^2E_2$が実質的に信号を与える（$E_2{}^2$の項は定数項である）．したがって，SRGの信号強度は$\boldsymbol{\chi}^{(3)}$に比例する．$\boldsymbol{\chi}^{(3)}$は分子数Nに比例するので，SRG信号はNに比例することになる．この線形性は，定量分析やイメージングへの応用上重要である．SRGはすでに存在するω_2光の強度変化を観測するので，ω_2光の強度が不安定であると，微弱な信号を高いS/N比で検出することが困難になる．一方，CARSはまったく新しく生成する光を検出するためバックグラウンドフリーであり，微弱信号の検出には有利である．

同じ誘導ラマン散乱でありながら，CARS/CSRSとSRG/SRLは異なった特徴をもつ．これらの特徴は，応用に際して長所ともなり，また短所ともなるので，誘導ラマン散乱の応用にはこれらの特徴の十分な理解が必要である．一般に，非線形ラマン散乱はラマン散乱に比べて複雑な実験，複雑な解析を必要とするので，ラマン散乱で可能な測定をことさら非線形ラマン散乱で行うのは得策でない．ラマン散乱では実現不可能な測定を，非線形効果の利用により可能にする新しい応用開発が期待される．非線形ラマン散乱による高速分子イメージングはその一つの可能性として注目される．

2.1.4 ■ 近接場ラマン散乱

ラマン散乱を含むさまざまな光学過程は，物質中の電子の分布に比べてはるかに大きな空間に広がる平面電磁波と，その中に置かれた物質の電気双極子能率との相互作用として定式化される（**双極子近似**）．光源から射出される電磁波は，十分遠く離れた場所では平面波とみなすことができるので(**遠隔場**)，双極子近似は良い近似となる．次節で詳しく述べるラマン散乱の理論は，すべてこの双極子近似に基づいている．双極子近似により導出されたラマン散乱の選択律や偏光則は，実際に観測されるラマンスペクトルをすべて明快に説明し，信頼度の高いラマン分光の理論的基礎となっている．一方，光源の近傍（物質中の電子の分布と同程度の空間領域，ナノメートルのスケール）では，光電場を平面波とみなすことはできず（**近接場**），そこでの光と物質の相互作用は，多極子間相互作用を含む複雑なものとなる．このような場合には，双極子近似に基づく理論は破綻するものと考えられる．

近接場で起こるラマン散乱として，**表面増強ラマン散乱**（surface enhanced Raman scattering, **SERS**）と**チップ増強ラマン散乱**（tip enhanced Raman scattering, **TERS**）が知られている．SERS は，金，銀，銅などの金属の表面に吸着した分子種から散乱されるラマン散乱強度が，自由分子の散乱断面積から予測される値に比べて何桁も増大する現象の総称であり，表面吸着種の高感度分析法としての可能性が注目されてきた．SERS における強度の増大は，金属表面の微細構造に強く依存することが知られている．特に，2 つの近接した金属ナノ粒子の接合部でもっとも顕著であることが明らかになっており，金属近傍の電磁気的効果が強度増大の原因であると考えられている．TERS は，SERS の変形であり，走査型プローブ顕微鏡の探針の表面を銀などの金属で修飾し，探針を試料に近づけることによって SERS を空間特異的に観測するものである．光の回折限界を超えた分光手法となる可能性が注目されている．

SERS や TERS をラマン散乱と同等のレベルで理解し，ラマン分光の一手法として実用するためには，近接場における光と物質の相互作用を正しく取り入れた理論と，それに基づく選択律，偏光則の確立が不可欠である．

2.2 ■ ラマン散乱の理論

ラマン分光の十二分な活用には，ラマン散乱の基礎概念をよく理解しておくことが不可欠である．本節では，まず古典論に基づいて，ラマン散乱の基礎概念を厳密に解説する．次に量子論によって Kramers–Heisenberg–Dirac（KHD）の分散式を導出し，その物理的意味を議論する．さらに KHD の分散式を出発点として，非共鳴ラマン散乱に適用される Placzek の分極率近似，および共鳴ラマン散乱に適用される Albrecht の振電理論に展開する（**図 2.2.1**）．

図 2.2.1　ラマン散乱の理論的枠組み

2.2.1 ■ ラマン散乱の古典論

ラマン散乱の古典論では，入射光を平面電磁波として取り扱い，分子を分極率をもつ粒子としてモデル化する．散乱光は，入射光電場により分子に誘起された誘起双極子から射出される球面電磁波（二次放射波）として表される（**図 2.2.2**）．

入射平面電磁波の電場ベクトル $\boldsymbol{E}_{\mathrm{i}}$ を次のように表す．

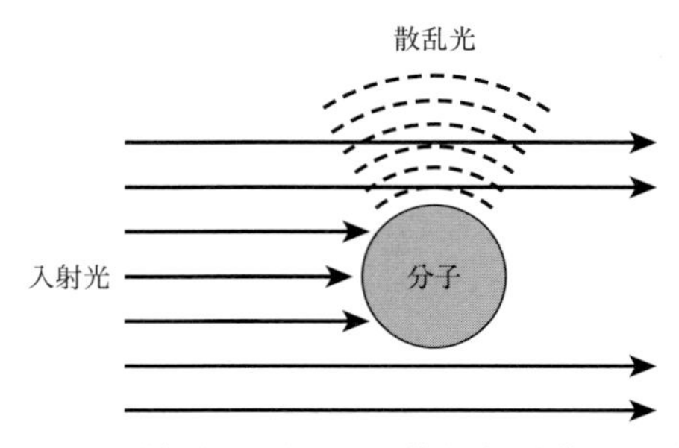

図 2.2.2　電磁気学的に見たラマン散乱（90 度散乱の場合）

$$\boldsymbol{E}_{\mathrm{i}} = E_{\mathrm{i}}\boldsymbol{e}_{\mathrm{i}}\cos\omega_{\mathrm{i}}t \tag{2.2.1}$$

E_{i} は入射光電場の振幅，$\boldsymbol{e}_{\mathrm{i}}$ は偏光ベクトル，ω_{i} は角振動数である．ベクトル $\boldsymbol{e}_{\mathrm{i}}$ は 3 つの成分をもち，以下のように表される．

$$\boldsymbol{e}_{\mathrm{i}} = \begin{pmatrix} e_{\mathrm{i}x} \\ e_{\mathrm{i}y} \\ e_{\mathrm{i}z} \end{pmatrix} \tag{2.2.2}$$

ここで，x, y, z はそれぞれ空間固定のデカルト座標である．分極率 $\boldsymbol{\alpha}$ は電場中の分子に誘起される電気双極子能率の方向と大きさを表す量であり，3 方向（x, y, z）の電場により誘起される 3 方向（x, y, z）の電気双極子能率の大きさを与える 2 階の対称テンソル（$\alpha_{xy} = \alpha_{yx}, \alpha_{yz} = \alpha_{zy}, \alpha_{xz} = \alpha_{zx}$）で，6 つの独立成分をもつ．

$$\boldsymbol{\alpha} = \begin{pmatrix} \alpha_{xx} & \alpha_{xy} & \alpha_{xz} \\ \alpha_{yx} & \alpha_{yy} & \alpha_{yz} \\ \alpha_{zx} & \alpha_{zy} & \alpha_{zz} \end{pmatrix} \tag{2.2.3}$$

分極率テンソルの成分 $\alpha_{\rho\sigma}$ $(\rho, \sigma = x, y, z)$ は，分子内の電子の分布とその動きやすさに関係する量で，分子内核配置の関数である．分子内の核配置は，平衡配置とそのまわりの変位座標で表すことができる．この変位座標として，分子の点群の既約表現に属する 1 組の座標，**基準座標**を用いる．分子のすべての振動運動は，この基準座標に沿った**基準振動**の一次結合として表すことができる（基準座標，基準振動と群論については 2.3.3 項を参照）．$\alpha_{\rho\sigma}$ を平衡配置のまわりで基準座標 Q_k のべき級数として展開し，一次の項まで残すと次式が得られる．

$$\alpha_{\rho\sigma} = (\alpha_0)_{\rho\sigma} + \sum_k \left(\frac{\partial\alpha_{\rho\sigma}}{\partial Q_k}\right)_0 Q_k \tag{2.2.4}$$

$(\alpha_0)_{\rho\sigma}$ は原子核の平衡配置における分極率，$(\partial\alpha_{\rho\sigma}/\partial Q_k)_0$ は核の平衡配置における，分極率成分 $\alpha_{\rho\sigma}$ の k 番目の基準座標による微係数である．分子は基準座標に沿って，基準角振動数 ω_k で周期的に運動する．したがって，Q_k は振幅 Q_{k0} と ω_k によって次のように表される．

$$Q_k = Q_{k0}\cos\omega_k t \tag{2.2.5}$$

式(2.2.5)を(2.2.4)に代入すると，$\alpha_{\rho\sigma}$ の時間変化を表す式が得られる．

$$\alpha_{\rho\sigma} = (\alpha_0)_{\rho\sigma} + \sum_k (\alpha_k)_{\rho\sigma}\cos\omega_k t \tag{2.2.6}$$

ここで，$(\alpha_k)_{\rho\sigma}$ は周期的に変動する部分の振幅で，次式で与えられる．

$$(\alpha_k)_{\rho\sigma} = \left(\frac{\partial \alpha_{\rho\sigma}}{\partial Q_k}\right)_0 Q_{k0} \tag{2.2.7}$$

入射光の電場によって分子に誘起される電気双極子能率 $\boldsymbol{\mu}$ は式(2.2.1)と式(2.2.6)の積で与えられる．成分 μ_ρ $(\rho = x, y, z)$ で書くと次のようになる．

$$\begin{aligned}\mu_\rho &= \sum_\sigma (\alpha_0)_{\rho\sigma} E_0 e_{\mathrm{i}\sigma} \cos\omega_0 t \\ &+ \frac{1}{2}\sum_\sigma \sum_k (\alpha_k)_{\rho\sigma} E_0 e_{\mathrm{i}\sigma} \cos(\omega_0 - \omega_k)t \\ &+ \frac{1}{2}\sum_\sigma \sum_k (\alpha_k)_{\rho\sigma} E_0 e_{\mathrm{i}\sigma} \cos(\omega_0 + \omega_k)t\end{aligned} \tag{2.2.8}$$

式(2.2.8)からわかるように，誘起電気双極子能率には，ω_0, $\omega_0 - \omega_k$, $\omega_0 + \omega_k$ の 3 種の角振動数で振動する 3 つの成分が含まれる．周期的に変動する電気双極子能率は，その角振動数と同じ角振動数の電磁波を放射する．したがって，式(2.2.8)の誘起電気双極子能率からは，ω_0, $\omega_0 - \omega_k$, $\omega_0 + \omega_k$ の 3 種の角振動数をもった電磁波が放射される．角振動数 ω_0 の成分がレイリー散乱，$\omega_0 - \omega_k$ の成分がストークスラマン散乱，$\omega_0 + \omega_k$ の成分がアンチストークスラマン散乱である．

図 2.2.3 のように，分子を原点に置き，誘起電気双極子能率 $\boldsymbol{\mu}$ から射出される球面散乱波の位置 $\boldsymbol{R}$ における電場ベクトル $\boldsymbol{E}_{\mathrm{s}}$ を，振幅 E_{s} と偏光ベクトル $\boldsymbol{e}_{\mathrm{s}}$ の積として表す．ベクトル $\boldsymbol{e}_{\mathrm{s}}$ は，$\boldsymbol{R}$ に垂直な平面への $\boldsymbol{\mu}$ の射影と平行である．

$$\boldsymbol{e}_{\mathrm{s}} = \begin{pmatrix} e_{\mathrm{s}x} \\ e_{\mathrm{s}y} \\ e_{\mathrm{s}z} \end{pmatrix} \tag{2.2.9}$$

マクスウェル方程式により，$\boldsymbol{E}_{\mathrm{s}}$ は $\boldsymbol{\mu}$ と次のように関係づけられる．

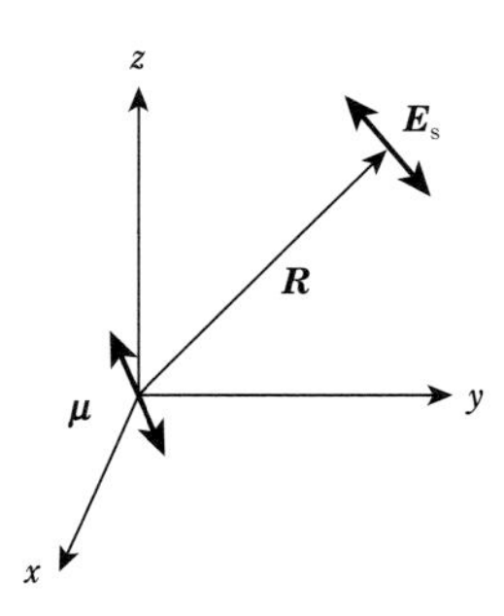

図 2.2.3　誘起電気双極子能率 $\boldsymbol{\mu}$ と位置 $\boldsymbol{R}$ における散乱光の電場ベクトル $\boldsymbol{E}_{\mathrm{s}}$

$$\boldsymbol{E}_{\mathrm{s}} = \frac{{\omega_{\mathrm{s}}}^2}{c^2 R} \boldsymbol{e}_{\mathrm{s}} \boldsymbol{a} \boldsymbol{e}_{\mathrm{i}} E_{\mathrm{i}} \cos\left(\omega_{\mathrm{s}} t - \frac{\omega_{\mathrm{s}} R}{c}\right) \tag{2.2.10}$$

ここで，ω_{s} は散乱光の角振動数，c は光速度，R は $\boldsymbol{R}$ の絶対値である．式(2.2.10)の両辺を二乗することにより，入射平面電磁波の強度 I_{i}（単位時間に単位面積を通って流れる入射光エネルギー）と，散乱球面電磁波の強度 $I_{\mathrm{s}}R^2$（単位時間に単位立体角を通って流れる散乱光エネルギー）が関係づけられる．

$$I_{\mathrm{s}} R^2 = \frac{{\omega_{\mathrm{s}}}^4}{c^4} (\boldsymbol{e}_{\mathrm{s}} \boldsymbol{a} \boldsymbol{e}_{\mathrm{i}})^2 I_{\mathrm{i}} \tag{2.2.11}$$

これが，光散乱の強度とその角度依存性を表す古典論の表式である．ここで，$\boldsymbol{a}$ は散乱テンソルで，レイリー散乱の場合 $\boldsymbol{a} = \boldsymbol{\alpha}_0$，ラマン散乱の場合は $\boldsymbol{a} = \boldsymbol{\alpha}_k/2$ である．ラマン散乱の散乱テンソルは，特にラマン散乱テンソルと呼ばれる．ラマン散乱テンソルは，古典論の枠組みの中では，ストークスラマン散乱とアンチストークスラマン散乱に共通である．式(2.2.11)から，散乱光の強度 I_{s} は，入射光の強度 I_{i} に比例し，散乱テンソル $\boldsymbol{a}$ の二乗，散乱光の角振動数 ω_{s} の四乗に比例することがわかる．I_{s} が I_{i} に比例することは，ラマン散乱が線形光学過程であることを示している．${\omega_{\mathrm{s}}}^4$ の項はいわゆる ν^4 則を示すものであるが，次節で示すように量子論では ν^3 則となるので注意する必要がある．また ν^3 則は，光の自然放出に付随する電磁場の縮重（散乱光の偏光ベクトルは x, y, z のどの方向も向くことができる）に由来するもので，ラマン散乱が自発放出過程によって起こることを意味している．

2.2.2 ■ ラマン散乱の量子論：Kramers–Heisenberg–Dirac の分散式

量子論では，存在する光子の数で目印をつけた占位数状態で光の状態を表す．具体的には，角振動数 ω_{i}，偏光ベクトル $\boldsymbol{e}_{\mathrm{i}}$ をもつ入射光子が n_{i} 個存在し，角振動数 ω_{s}，偏光ベクトル $\boldsymbol{e}_{\mathrm{s}}$ をもつ散乱光子が n_{s} 個存在する光の占位数状態を，ケットベクトル $|n_{\mathrm{i}}, n_{\mathrm{s}}\rangle$ で表す．ケットベクトルは，物質の状態を表す状態ベクトルの記法として Dirac が導入したもので，ブラケット $\langle|\rangle$ を $\langle|$（ブラ）と $|\rangle$（ケット）に 2 分割したものである．ケットベクトルを座標表示したものが波動関数（正確には状態関数）であるが，光の占位数状態を座標表示することはできない．したがって，以下，分子の状態も波動関数ではなく，ケットベクトルを用いて表す．ラマン散乱は，入射光子が 1 個消滅し散乱光子が 1 個生成すると同時に，分子が始状態 $|\mathrm{m}\rangle$ から終状態 $|\mathrm{n}\rangle$ へ遷移する過程であり（**図 2.2.4**），系全体の始状態 $|\mathrm{i}\rangle$ と終状態 $|\mathrm{f}\rangle$ は，光の状態と分子の状態の積として次のように表される．

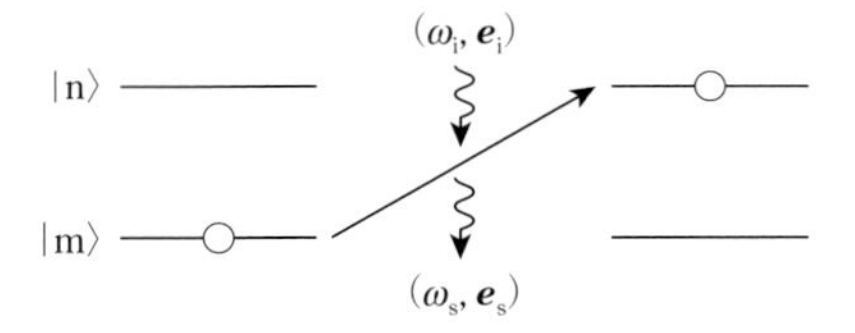

図 2.2.4　量子論で考察するラマン散乱の過程（ストークスラマン散乱）

$$|\mathrm{i}\rangle = |n_\mathrm{i}, n_\mathrm{s}\rangle|\mathrm{m}\rangle \tag{2.2.12}$$

$$|\mathrm{f}\rangle = |n_\mathrm{i} - 1, n_\mathrm{s} + 1\rangle|\mathrm{n}\rangle \tag{2.2.13}$$

すなわち，始状態では $\omega_\mathrm{i}, \boldsymbol{e}_\mathrm{i}$ をもつ光子（入射光子）が n_i 個，$\omega_\mathrm{s}, \boldsymbol{e}_\mathrm{s}$ をもつ光子（散乱光子）が n_s 個存在し，分子は状態 $|\mathrm{m}\rangle$ にある．終状態では，入射光子が 1 個減り，散乱光子が 1 個増え，分子の状態は $|\mathrm{n}\rangle$ に遷移する．

A.　光と相互作用する分子系のハミルトニアン

次に，ラマン散乱過程の確率を量子力学的に計算するために，光と相互作用する分子系のハミルトニアン H を書き下す．H は，光のハミルトニアン H_rad，分子のハミルトニアン H_mol，光と分子の相互作用ハミルトニアン H_int の和として表される．

光のハミルトニアン H_rad は，光子の占位数状態を固有状態としてもち，以下の固有方程式を満たす．

$$H_\mathrm{rad}|n_\mathrm{i}, n_\mathrm{s}\rangle = (n_\mathrm{i}E_\mathrm{i} + n_\mathrm{s}E_\mathrm{s})|n_\mathrm{i}, n_\mathrm{s}\rangle \tag{2.2.14}$$

ここで，$E_\mathrm{i} = \hbar\omega_\mathrm{i}$ および $E_\mathrm{s} = \hbar\omega_\mathrm{s}$ は，それぞれ入射光子および散乱光子のエネルギーである．

分子のハミルトニアン H_mol は，次の固有方程式を満たす．

$$H_\mathrm{mol}|\mathrm{m}\rangle = E_\mathrm{m}|\mathrm{m}\rangle \tag{2.2.15}$$

$$H_\mathrm{mol}|\mathrm{n}\rangle = E_\mathrm{n}|\mathrm{n}\rangle \tag{2.2.16}$$

$$H_\mathrm{mol}|\mathrm{e}\rangle = E_\mathrm{e}|\mathrm{e}\rangle \tag{2.2.17}$$

ここで，分子の始状態 $|\mathrm{m}\rangle$ と終状態 $|\mathrm{n}\rangle$ に加えて，中間状態 $|\mathrm{e}\rangle$ を考慮している．後に述べる理由で，$|\mathrm{e}\rangle$ は単一の状態ではなく，多くの中間状態の集合を表すものと考える．E_m，E_n，E_e はそれぞれ $|\mathrm{m}\rangle$，$|\mathrm{n}\rangle$，$|\mathrm{e}\rangle$ のエネルギーである．

古典論では，光と分子の相互作用ハミルトニアンは分子の電気双極子能率 $\boldsymbol{D}$ と光

電場 $\boldsymbol{E}$ の積として表される．これに対応する量子化した相互作用ハミルトニアンは，次のような形をしている．

$$H_{\mathrm{int}} \sim \boldsymbol{De}_{\mathrm{i}}(\hat{a}_{\mathrm{i}} + \hat{a}_{\mathrm{i}}^{\dagger}) + \boldsymbol{De}_{\mathrm{s}}(\hat{a}_{\mathrm{s}} + \hat{a}_{\mathrm{s}}^{\dagger}) \tag{2.2.18}$$

ここで，$\hat{a}_{\mathrm{i}}, \hat{a}_{\mathrm{i}}^{\dagger}$ および $\hat{a}_{\mathrm{s}}, \hat{a}_{\mathrm{s}}^{\dagger}$ はそれぞれ入射光子および散乱光子の消滅，生成の演算子で，例えば入射光子の個数を以下の式に従って変化させる．

$$\hat{a}_{\mathrm{i}} \,|\, n_{\mathrm{i}}, n_{\mathrm{s}} \rangle = (n_{\mathrm{i}})^{1/2} \,|\, n_{\mathrm{i}} - 1, n_{\mathrm{s}} \rangle \tag{2.2.19}$$

$$\hat{a}_{\mathrm{i}}^{\dagger} \,|\, n_{\mathrm{i}}, n_{\mathrm{s}} \rangle = (n_{\mathrm{i}} + 1)^{1/2} \,|\, n_{\mathrm{i}} + 1, n_{\mathrm{s}} \rangle \tag{2.2.20}$$

B.　ラマン散乱の中間状態

式(2.2.18)の相互作用ハミルトニアンは，光子の個数を 1 個だけ変化させることができる．1 個の入射光子が消滅し，1 個の散乱光子が生成するラマン散乱は，この相互作用ハミルトニアンを 2 回使った二次の摂動から導かれる．二次の摂動では，始状態から 1 回目の摂動でまず中間状態に遷移し，そこからさらに 2 回目の摂動で終状態に遷移する．ラマン散乱の始状態（式(2.2.12)）と終状態（式(2.2.13)）を結合する中間状態には 2 種類ある．第一の中間状態 $|\mathrm{v}_1\rangle$ は，入射光子が 1 個吸収された光の状態 $|n_{\mathrm{i}} - 1, n_{\mathrm{s}}\rangle$ と分子の中間状態 $|\mathrm{e}\rangle$ の積で表され，第二の中間状態 $|\mathrm{v}_2\rangle$ は，散乱光子が 1 個放出された光の状態 $|n_{\mathrm{i}}, n_{\mathrm{s}} + 1\rangle$ と $|\mathrm{e}\rangle$ の積で表される．

$$|\,\mathrm{v}_1\rangle = |\,n_{\mathrm{i}} - 1, n_{\mathrm{s}}\rangle\,|\,\mathrm{e}\rangle \tag{2.2.21}$$

$$|\,\mathrm{v}_2\rangle = |\,n_{\mathrm{i}}, n_{\mathrm{s}} + 1\rangle\,|\,\mathrm{e}\rangle \tag{2.2.22}$$

先に散乱光子が放出される中間状態 $|\mathrm{v}_2\rangle$ の存在は一見不思議に思われるが，分子の中間状態が始状態よりも小さなエネルギーをもつ場合があることを考慮すれば，**図 2.2.5** のダイアグラムで納得することができる．2 種類の中間状態の存在は，ラマン散乱が（吸収と放出の 2 つの 1 光子過程からなる）蛍光とは明瞭に区別される 2 光子過程であることを示している．

C.　Kramers–Heisenberg–Dirac の分散式

光を量子論で扱う場合，光の強度として単位時間に単位面積を通って流れる光子数，すなわち光子フラックス F を用いるのが便利である．光子フラックスと対応する電磁波の強度 I は，次のように関係付けられる．

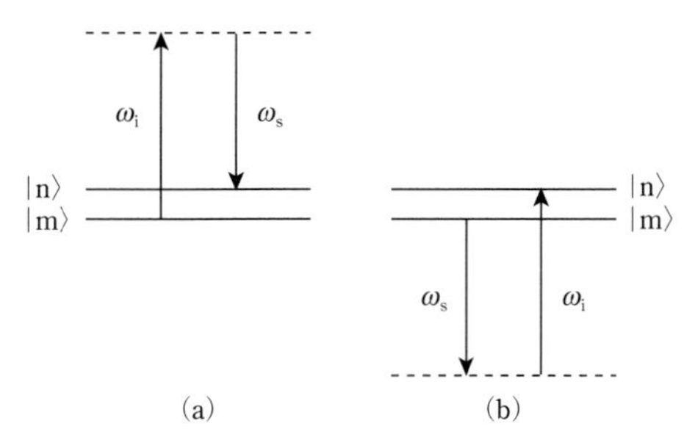

図 2.2.5　ラマン散乱に含まれる 2 種類の過程
(a) 入射光子が 1 個吸収された中間状態を経由する過程，(b) 散乱光子が 1 個放出された中間状態を経由する過程．破線は仮想的な中間状態（後出）を示す．

$$I = \hbar\omega F \tag{2.2.23}$$

ここで，$\hbar\omega$ は光子のエネルギーである．

式(2.2.18)と式(2.2.21)および式(2.2.22)を用い，二次の摂動論を用いてラマン散乱の起こる確率を計算すると，以下の式が得られる．ただし，$n_s = 0$ とおき，自発ラマン散乱のみを考える．

$$F_s R^2 = \frac{{\omega_s}^3 \omega_i}{c^4} |\boldsymbol{e}_s \boldsymbol{a} \boldsymbol{e}_i|^2 \ F_i \tag{2.2.24}$$

$$a_{\rho\sigma} = \sum_{e \neq m,n} \left\{ \frac{\langle n | D_\rho | e \rangle \langle e | D_\sigma | m \rangle}{E_e - E_m - E_i - i\Gamma_e} + \frac{\langle n | D_\sigma | e \rangle \langle e | D_\rho | m \rangle}{E_e - E_n + E_i + i\Gamma_e} \right\} \tag{2.2.25}$$

式(2.2.24)は単位時間，単位立体角あたりの散乱光子数（$F_s R^2$）を入射光子フラックス F_i と結びつける式であり，古典論の式(2.2.11)に対応する量子論の表式である．$F_s R^2$ の F_i に対する比（$({\omega_s}^3 \omega_i / c^4) |\boldsymbol{e}_s \boldsymbol{a} \boldsymbol{e}_i|^2$）を微分散乱断面積と呼ぶ．式(2.2.25)が分子の量子状態によって表されたラマン散乱テンソル成分の表式で，1925 年に Kramers と Heisenberg によって半古典論的に導出され[1]，後に 1927 年に Dirac[2] によって量子論的に導出された **Kramers–Heisenberg–Dirac（KHD）の分散式**である．古典論的に導出された式(2.2.11)の ${\omega_s}^4/c^4$ が，式(2.2.24)では ${\omega_s}^3\omega_i/c^4$ となっていることに注意する必要がある．

D. KHD の分散式の物理的意味

KHD の分散式(2.2.25)は，分子の始状態 |m⟩，終状態 |n⟩ 以外のあらゆる中間状態 |e⟩ に関する求和を含んでいる．それぞれの中間状態の寄与が位相をもって（絶対値の二乗 $|\ |^2$ をとる前に）求和されることは，ラマン散乱の過程で分子が中間状態 |e⟩ に実際に分布するわけではないことを示している．その意味で中間状態は仮想的

(virtual) であるといわれる．各中間状態はエネルギー分母に逆比例して散乱テンソル成分に寄与する．エネルギー分母は，光子エネルギーも含めた中間状態と始状態のエネルギー差と，共鳴条件下における発散を避けるために現象論的に導入された緩和項 $i\Gamma_e$ の和の形になっている．

式(2.2.25)の｛｝中の第1項は，式(2.2.21)の中間状態（図2.2.5(a)）に対応し，まず σ 方向に偏光した入射光子が相互作用 $\langle e|D_\sigma|m\rangle$ によって1個消滅し，続いて ρ 方向に偏光した散乱光子が $\langle n|D_\rho|e\rangle$ によって1個生成する過程を表している．エネルギー分母は，中間状態と始状態のエネルギー差 $E_e-E_m-E_i$ と緩和項 $i\Gamma_e$ からなる．第2項は，式(2.2.22)の中間状態（図2.2.5(b)）に対応し，ρ 方向に偏光した散乱光子が $\langle e|D_\rho|m\rangle$ によって1個生成し，続いて σ 方向に偏光した散乱光子が $\langle n|D_\sigma|e\rangle$ によって1個消滅する過程を表している．エネルギー分母は，中間状態と始状態のエネルギー差 $E_e-E_m+E_s=E_e-E_n+E_i$ と緩和項 $i\Gamma_e$ からなる．ここで，エネルギー保存の式 $E_m+E_i=E_n+E_s$ を用いた．また Buckingham と Fischer の提案に従い[3]，緩和項の符号を第1項ではマイナスに，第2項ではプラスにとってある（同符号にとるべきであるという説もある）．

2.2.3 ■ 非共鳴ラマン散乱の理論：Placzek の分極率近似[4]

KHD の分散式を，我々がもっとも興味をもつ基底電子状態の振動ラマン散乱に適用する．そのために，分子の始状態 $|m\rangle$，終状態 $|n\rangle$，中間状態 $|e\rangle$ を電子状態と振動状態の積として表す（断熱近似）．

$$|m\rangle=|g]|i) \tag{2.2.26}$$

$$|n\rangle=|g]|f) \tag{2.2.27}$$

$$|e\rangle=|e]|v) \tag{2.2.28}$$

ここで $|\ ]$ および $|\ )$ は，それぞれ電子状態と振動状態を表す状態ベクトルで，$|g]$ は基底電子状態，$|e]$ は励起電子状態，$|i)$，$|f)$，$|v)$ はそれぞれ振動の始状態，終状態，中間状態を示す．煩雑さを避けるために，基底電子状態は縮重していないものとする．

式(2.2.26)から(2.2.28)を，式(2.2.25)に代入すると，断熱近似の下での基底電子状態における振動ラマン散乱テンソルの表式が得られる．

$$a_{\rho\sigma}=(f|\sum_{e\neq g}\sum_{v}\left\{\frac{[g|D_\rho|e]|v)(v|[e|D_\sigma|g]}{E_{ev}-E_{gi}-E_i-i\Gamma_e}+\frac{[g|D_\sigma|e]|v)(v|[e|D_\rho|g]}{E_{ev}-E_{gf}+E_i+i\Gamma_e}\right\}|i) \tag{2.2.29}$$

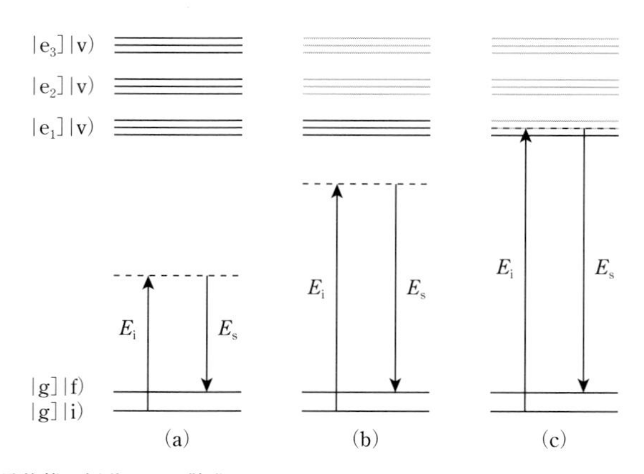

図 2.2.6　基底電子状態の振動ラマン散乱のダイアグラム
(a) 非共鳴，(b) 前期共鳴，(c) 真正共鳴．中間状態としての寄与が大きい |e] |v) を濃い実線で示してある．

基底電子状態 |g] の振動ラマン散乱では，中間電子状態 |e] は |g] より大きなエネルギーをもち，図 2.2.5(a) の過程が主要な寄与を示す．中間状態 |e] |v) と始状態 |g] |i) とのエネルギー差 $E_{ev}-E_{gi}$ と，励起光のエネルギー E_i の相対的な大きさによって，励起条件を非共鳴，前期共鳴，真正共鳴の 3 つのカテゴリーに分類する（**図 2.2.6**）．非共鳴では，$E_{ev}-E_{gi}$ が E_i に比べて圧倒的に大きく，エネルギー分母の $E_{ev}-E_{gi}-E_i$ の項は，多くの中間状態に対して同程度の大きさとなる．その結果，これらの |e] |v) がすべて中間状態として寄与する（図 2.2.6(a)）．前期共鳴では，E_i が $E_{ev}-E_{gi}$ に近づき，エネルギーがもっとも低い中間電子状態に属する振電状態が大きな寄与をもつ（図 2.2.6(b)）．真正共鳴では，E_i が $E_{ev}-E_{gi}$ にほぼ等しくなり，特定の振電状態の寄与が支配的となる（図 2.2.6(c)）．

非共鳴条件下では $E_{ev}-E_{gi} \gg E_i$ であり，$E_{ev}-E_{gi}-E_i$ が振動エネルギーに比べて十分に大きいので，$E_{ev}-E_{gi}-E_i \sim E_e-E_g-E_i$ が良い近似で成立する．ここで，E_e と E_g はそれぞれ |e] と |g] の電子エネルギーである．また $E_{ev}-E_{gi}-E_i$ は $i\Gamma_e$ に比べても十分に大きいので，$i\Gamma_e$ を無視する．そうすると式(2.2.29) の，|v) についての求和は $\sum |v)(v|$ となり，これは |v) の完全性から 1 に等しい．結果として中間電子状態 |e] に属する振動準位 |v) の寄与が丸め込まれ，式(2.2.29) は次のようになる．

$$a_{\rho\sigma} \cong (\mathrm{f}\,|\,\alpha_{\rho\sigma}\,|\,\mathrm{i}) \tag{2.2.30}$$

$$\alpha_{\rho\sigma} = \sum_{\mathrm{e}\neq\mathrm{g}} \left\{ \frac{[\mathrm{g}\,|\,D_\rho\,|\,\mathrm{e}][\mathrm{e}\,|\,D_\sigma\,|\,\mathrm{g}]}{E_\mathrm{e}-E_\mathrm{g}-E_\mathrm{i}} + \frac{[\mathrm{g}\,|\,D_\sigma\,|\,\mathrm{e}][\mathrm{e}\,|\,D_\rho\,|\,\mathrm{g}]}{E_\mathrm{e}-E_\mathrm{g}+E_\mathrm{i}} \right\} \tag{2.2.31}$$

式(2.2.31)は，分子の分極率の量子論的表式である．式(2.2.30)は，非共鳴条件下で，振動ラマン散乱テンソル成分 $a_{\rho\sigma}$ が，分極率テンソル成分 $\alpha_{\rho\sigma}$ の振動行列要素 $(\mathrm{f}|\alpha_{\rho\sigma}|\mathrm{i})$ によって近似的に与えられることを示している．これが Placzek の分極率近似である．

2.2.4 ■ 共鳴ラマン散乱の理論：Albrecht の振電理論[5)]

前期共鳴や真正共鳴条件下では，中間状態の振電的性質をあらわに考慮する必要がある．そのために，分子のハミルトニアン H_{mol} を電子座標のみを含む $H_{\mathrm{mol}}^{\mathrm{e}}$，原子核座標のみを含む $H_{\mathrm{mol}}^{\mathrm{v}}$，および電子と原子核の座標を含む $H_{\mathrm{mol}}^{\mathrm{ev}}$ に分解して表す．

$$H_{\mathrm{mol}} = H_{\mathrm{mol}}^{\mathrm{e}} + H_{\mathrm{mol}}^{\mathrm{v}} + H_{\mathrm{mol}}^{\mathrm{ev}} \tag{2.2.32}$$

ここで，$H_{\mathrm{mol}}^{\mathrm{e}}$ をゼロ次の電子ハミルトニアン，$H_{\mathrm{mol}}^{\mathrm{v}}$ をゼロ次の振動ハミルトニアンとし，$H_{\mathrm{mol}}^{\mathrm{ev}}$ を一次の摂動として取り扱う．ゼロ次の電子固有状態として基底電子状態 $|\mathrm{g}_0]$，共鳴している励起電子状態 $|\mathrm{e}_0]$，および $|\mathrm{e}_0]$ と振電相互作用している励起電子状態 $|\mathrm{s}_0]$ を考える（**図 2.2.7**）．これらはそれぞれエネルギー $E_{\mathrm{g}}^0, E_{\mathrm{e}}^0, E_{\mathrm{s}}^0$ をもち，次の固有方程式を満たす．

$$H_{\mathrm{mol}}^{\mathrm{e}} |\mathrm{g}_0] = E_{\mathrm{g}}^0 |\mathrm{g}_0] \tag{2.2.33}$$

$$H_{\mathrm{mol}}^{\mathrm{e}} |\mathrm{e}_0] = E_{\mathrm{e}}^0 |\mathrm{e}_0] \tag{2.2.34}$$

$$H_{\mathrm{mol}}^{\mathrm{e}} |\mathrm{s}_0] = E_{\mathrm{s}}^0 |\mathrm{s}_0] \tag{2.2.35}$$

また，振動の始状態 $|\mathrm{i})$，中間状態 $|\mathrm{v})$，終状態 $|\mathrm{f})$ は，それぞれ E_{i}^0，E_{v}^0，E_{f}^0 のエネルギーをもち，次の固有方程式を満たす．

$$H_{\mathrm{mol}}^{\mathrm{v}} |\mathrm{i}) = E_{\mathrm{i}}^0 |\mathrm{i}) \tag{2.2.36}$$

$$H_{\mathrm{mol}}^{\mathrm{v}} |\mathrm{v}) = E_{\mathrm{v}}^0 |\mathrm{v}) \tag{2.2.37}$$

$$H_{\mathrm{mol}}^{\mathrm{v}} |\mathrm{f}) = E_{\mathrm{f}}^0 |\mathrm{f}) \tag{2.2.38}$$

式(2.2.32)の $H_{\mathrm{mol}}^{\mathrm{ev}}$ を摂動として扱うと，$|\mathrm{s}_0]$ との振電相互作用の効果を一次まで考慮した中間電子状態 $|\mathrm{e}]$ の表式が得られる（Herzberg–Teller 展開）．

$$|\mathrm{e}] = |\mathrm{e}_0] + \sum_k \frac{[\mathrm{s}_0| \left(\dfrac{\partial H_{\mathrm{mol}}^{\mathrm{ev}}}{\partial Q_k} \right)_0 Q_k |\mathrm{e}_0]}{E_{\mathrm{e}} - E_{\mathrm{s}}} |\mathrm{s}_0] \tag{2.2.39}$$

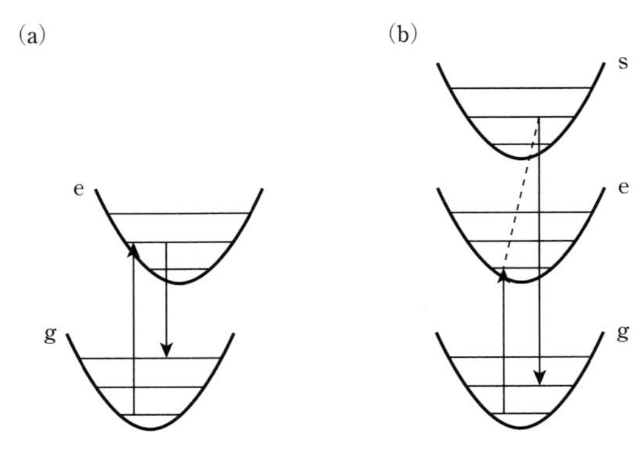

図 2.2.7　Albrecht の振電理論に含まれる電子状態

始電子状態および終電子状態として $|g_0]$，中間電子状態として $|e]$ をとり，式(2.2.29)に代入すると，断熱近似の下で振電相互作用を一次まで取り入れた基底状態の振動ラマン散乱テンソルが求まる．ただし，共鳴によって増大する式(2.2.29)の第1項（共鳴項）のみを考慮した．

$$a_{\rho\sigma} = \mathrm{A} + \mathrm{B} \tag{2.2.40}$$

$$\mathrm{A} = \sum_{\mathrm{e} \neq \mathrm{g}} \sum_{\mathrm{v}} \frac{[\mathrm{g}_0 | D_\rho | \mathrm{e}_0][\mathrm{e}_0 | D_\sigma | \mathrm{g}_0]}{E_{\mathrm{e}}^0 + E_{\mathrm{v}}^0 - E_{\mathrm{g}}^0 - E_{\mathrm{i}}^0 - E_{\mathrm{i}} - i\Gamma_{\mathrm{e}}} (\mathrm{f} | \mathrm{v})(\mathrm{v} | \mathrm{i}) \tag{2.2.41}$$

$$\begin{aligned}\mathrm{B} = &\sum_{\mathrm{e} \neq \mathrm{g}} \sum_{\mathrm{v}} \sum_{k} \frac{[\mathrm{g}_0 | D_\rho | \mathrm{e}_0][\mathrm{e}_0 | \left(\dfrac{\partial H_{\mathrm{mol}}^{\mathrm{ev}}}{\partial Q_k}\right)_0 | \mathrm{s}_0][\mathrm{s}_0 | D_\sigma | \mathrm{g}_0]}{(E_{\mathrm{e}}^0 + E_{\mathrm{v}}^0 - E_{\mathrm{g}}^0 - E_{\mathrm{i}}^0 - E_{\mathrm{i}} - i\Gamma_{\mathrm{e}})(E_{\mathrm{s}} - E_{\mathrm{e}})} (\mathrm{f} | \mathrm{v})(\mathrm{v} | Q_k | \mathrm{i}) \\ &+ \sum_{\mathrm{e} \neq \mathrm{g}} \sum_{\mathrm{v}} \sum_{k} \frac{[\mathrm{g}_0 | D_\rho | \mathrm{s}_0][\mathrm{s}_0 | \left(\dfrac{\partial H_{\mathrm{mol}}^{\mathrm{ev}}}{\partial Q_k}\right)_0 | \mathrm{e}_0][\mathrm{e}_0 | D_\sigma | \mathrm{g}_0]}{(E_{\mathrm{e}}^0 + E_{\mathrm{v}}^0 - E_{\mathrm{g}}^0 - E_{\mathrm{i}}^0 - E_{\mathrm{i}} - i\Gamma_{\mathrm{e}})(E_{\mathrm{e}} - E_{\mathrm{s}})} (\mathrm{f} | Q_k | \mathrm{v})(\mathrm{v} | \mathrm{i})\end{aligned} \tag{2.2.42}$$

式(2.2.40)の2つの項は，それぞれ Albrecht の A 項（Franck–Condon 項）および B 項（振電相互作用項）と呼ばれる[5]．

A 項には，基底電子状態 $|g]$ から1光子許容な励起電子状態 $|e]$ のみが関与する（図 2.2.7(a)）．ラマン散乱強度は Franck–Condon 因子 $(f|v)(v|i)$ によって決まる．基底電子状態 g と励起電子状態 e の平衡原子核配置のずれ Δ が大きくなると，$(f|v)$ および $(v|i)$ が振動量子数のさまざまな組み合わせに対して大きな値をもつことができるため，A 項由来の共鳴ラマン散乱が強く観測される．電子励起によって分子の対称

が大きく低下する例外的な場合を除いて，大きなΔをもつことができる振動は，全対称振動（分子の対称を保つ振動）に限られる．したがって，A項由来の共鳴ラマン散乱では，全対称振動とその高次倍音（$\Delta v \gg 1$）のバンドが強く観測されることが多い．

B項には，互いに振電相互作用していて，かつともに$|g]$から1光子許容な2つの励起電子状態$|e]$と$|s]$が関与する（図2.2.7(b)）．励起光の光子エネルギーが$|g]$から$|e]$への遷移エネルギーに近づくと，振電相互作用により$|e]$に$|s]$を混入させている振動（$[s_0|(\partial H^{ev}_{mol}/\partial Q_k)_0 Q_k|e_0] \neq 0$を満たす振動）のバンドの強度が増大する．B項由来の共鳴ラマン散乱では，$\Delta = 0$の非全対称振動も活性となる．また式(2.2.42)の振動行列要素，$(f|Q_k|v)(v|i)$および$(f|v)(v|Q_k|i)$からわかるように，高次の倍音は出現せず，$\Delta v = 1$の選択律が成立する．

以上のように，共鳴ラマン散乱は，非共鳴の場合と異なる選択律をもつ．また，縮重した基底電子状態のA項由来の共鳴ラマン散乱やB項由来の共鳴ラマン散乱では，ラマン散乱テンソルが非対称となり，偏光解消度の異常が見られることがある．

2.3 ■ ラマン散乱の選択律

選択律は分光学の応用上もっとも基本的な規則であり，光学現象を分光手法として用いることができるための大前提である．ラマン分光の選択律は，量子力学と群論に基づいて厳密に導出されており，分光法としての高い信頼度を支える基盤となっている．本節では，まずKHDの分散式に基づいてラマン散乱の一般的な選択律を議論し，続いて応用上もっとも重要である振動ラマン散乱の選択律をPlaczekの分極率近似に従って導出する．

2.3.1 ■ ラマン散乱の選択律

A. 物質の対称性，群論

対称をもたない物質系では，ラマン散乱を含むすべての光学過程に何の選択律も存在しない．光学過程に含まれるエネルギー固有状態（以下状態）を区別する目印が存在しないからである．物質に何らかの対称が存在する場合，それに対応する**対称操作**（物質の状態を不変に保つ空間変換操作）により，状態はそれぞれに特徴的な変換を受ける．この変換の様子は，群論で数学的に記述される[6]．すなわち，物質の状態は対称操作のつくる群の**既約表現**（対称種ともいう）のどれかと同じ変換のパターンを示す．群論の用語を用いると，物質の状態は必ずある既約表現に属する．既約表現は，対称操作による変換の基本パターンを示すものであり，そのパターンを状態の類別に

利用するのである．以下では状態 $|\mathrm{m}\rangle$ および $|\mathrm{n}\rangle$ がそれぞれ既約表現 γ_m および γ_n に属することを $|\mathrm{m}\rangle \in \gamma_\mathrm{m}$ および $|\mathrm{n}\rangle \in \gamma_\mathrm{n}$ のように表す．

B.　分子のラマン散乱の選択律

分子のラマン散乱の選択律は，分子の対称操作のつくる群，**点群**（空間の一点を動かさない対称操作からなる群）を用いて KHD の分散式から導かれる．KHD の分散式を形式的に次のように書き換えることができる．

$$a_{\rho\sigma} = \langle \mathrm{n} | \tilde{a}_{\rho\sigma} | \mathrm{m} \rangle$$

$$\tilde{a}_{\rho\sigma} = \sum_{\mathrm{e}\neq\mathrm{m,n}} \left\{ \frac{D_\rho |\mathrm{e}\rangle\langle \mathrm{e}| D_\sigma}{E_\mathrm{e} - E_\mathrm{m} - E_\mathrm{i} - i\Gamma_\mathrm{e}} + \frac{D_\sigma |\mathrm{e}\rangle\langle \mathrm{e}| D_\rho}{E_\mathrm{e} - E_\mathrm{n} + E_\mathrm{i} + i\Gamma_\mathrm{e}} \right\} \tag{2.3.1}$$

ここで，$\tilde{a}_{\rho\sigma}$ はラマン散乱テンソル演算子の $\rho\sigma$ 成分（$\rho, \sigma = x, y, z$）であり，その始状態 $|\mathrm{m}\rangle$ と終状態 $|\mathrm{n}\rangle$ の間の行列要素がラマン散乱テンソル成分となる．

テンソル演算子の成分 $\tilde{a}_{\rho\sigma}$ が分子の点群の対称操作によってどのように変換されるかを考える．式(2.3.1)において，中間状態に対応する演算子 $|\mathrm{e}\rangle\langle \mathrm{e}|/(E_\mathrm{e} - E_\mathrm{m} - E_\mathrm{i} - \mathrm{i}\Gamma_\mathrm{e})$ および $|\mathrm{e}\rangle\langle \mathrm{e}|/(E_\mathrm{e} - E_\mathrm{n} + E_\mathrm{i} + \mathrm{i}\Gamma_\mathrm{e})$ はすべての対称操作に対して不変に保たれることが証明される．一方，電気双極子能率成分 D_ρ や D_σ は，関数 ρ や σ と同じように変換される．したがって，$\tilde{a}_{\rho\sigma}$ は A および B を定数として，

$$\tilde{a}_{\rho\sigma} \approx \mathrm{A}\rho\sigma + \mathrm{B}\sigma\rho \tag{2.3.2}$$

で表される一次結合と同じように変換される．ここで，$\approx$ の記号は，両辺が同じ対称性をもつことを示すものとする．一般に，$\tilde{a}_{\rho\sigma}$ の適当な一次結合をとると，必ず分子の点群のある既約表現 η_i に属するようにすることができる．逆に，$\tilde{a}_{\rho\sigma}$ は必ずこれら η_i の一次結合 $\sum c_i\eta_i$ で書き表すことができる．

$$\tilde{a}_{\rho\sigma} \approx \sum c_i \eta_i \tag{2.3.3}$$

行列要素 $\langle \mathrm{n} | \tilde{a}_{\rho\sigma} | \mathrm{m} \rangle$ が 0 でない値をもつ，したがってラマン散乱が起こるための必要十分条件は，どれかの η_i について

$$\gamma_\mathrm{m} \times \gamma_\mathrm{n} \times \eta_i \supset \gamma_1 \tag{2.3.4}$$

が成立することである．ここで，$\gamma_\mathrm{m} \times \gamma_\mathrm{n} \times \eta_\mathrm{i}$ は既約表現 $\gamma_\mathrm{m}, \gamma_\mathrm{n}, \eta_\mathrm{i}$ の直積表現であり，簡約の操作によって 1 個以上の既約表現に分解される（以下の具体例を参照）．また，γ_1 はすべての対称操作に対して不変である全対称表現である．式(2.3.4)は，定数であるべき行列要素 $\langle \mathrm{n} | \tilde{a}_{\rho\sigma} | \mathrm{m} \rangle$ が，どの対称操作に対しても不変である全対称表現に属

さなければならないことを意味している．式(2.3.4)は

$$\gamma_{\mathrm{m}} \times \gamma_{\mathrm{n}} \subset \sum \eta_i \qquad (2.3.5)$$

と書き換えることができる．この式は，$\gamma_{\mathrm{m}} \times \gamma_{\mathrm{n}}$ を簡約して分解した成分に，η_i のどれかが含まれることを要求している．これがラマン散乱活性となるために，$|\mathrm{m}\rangle$ と $|\mathrm{n}\rangle$ が満たすべき対称性に関する条件であり，分子のラマン散乱の選択律を与える基本式である．

C.　結晶のラマン散乱の選択律

結晶のラマン散乱の選択律の議論には，結晶の対称についての考察が必要である．結晶の対称は，空間群と呼ばれる群によって記述される．空間群は結晶の規則構造の構成単位（以下，単位構造と呼ぶ）自身の対称操作と，1つの構成単位を空間的にずらせて他の構成単位に重ね合せる対称操作の組み合わせがつくる群である．後者は結晶のもつ並進対称に由来するもので，並進対称操作と呼ばれる．並進対称操作のつくる群を並進群という．空間群の性質を，それに含まれる並進群と，並進操作は異にするが他は共通である一組の対称操作の集合（これを剰余類という）の性質とに分解して調べることができる．剰余類自身も群をつくることが示される．この群を空間群の並進群による因子群と呼ぶ．因子群は結晶の単位構造の対称を反映する群である．結晶の因子群にはそれと同型（要素が1 : 1で対応し，同一の結合則が成立する）の点群が必ず存在する．結局，結晶のラマン散乱の選択律は，並進対称に由来するものと，単位構造の対称に関するものとのある種の積の形で表される．

並進対称に由来する選択律は，入射光子の運動量 $\boldsymbol{p}_{\mathrm{i}} = \hbar\boldsymbol{k}_{\mathrm{i}}$，散乱光子の運動量 $\boldsymbol{p}_{\mathrm{s}} = \hbar\boldsymbol{k}_{\mathrm{s}}$ と励起される結晶準粒子の運動量 $\boldsymbol{P} = \hbar\boldsymbol{K}$ の保存則として表すことができる．波数ベクトルを用いると，この保存則を次のように書くことができる．

$$\boldsymbol{k}_{\mathrm{i}} = \boldsymbol{k}_{\mathrm{s}} \pm \boldsymbol{K} \qquad (2.3.6)$$

ここで，プラス符号はアンチストークスラマン散乱，マイナス符号はストークスラマン散乱に対応する．励起される準粒子の波数ベクトル $\boldsymbol{K}$ の絶対値 $|\boldsymbol{K}|$ は，ラマン散乱の観測光学配置に依存する．ストークスラマン散乱では，前方散乱（$\boldsymbol{k}_{\mathrm{i}} \uparrow\uparrow \boldsymbol{k}_{\mathrm{s}}$）のときに最小値 $|k_{\mathrm{i}} - k_{\mathrm{s}}|$，後方散乱（$\boldsymbol{k}_{\mathrm{i}} \uparrow\downarrow \boldsymbol{k}_{\mathrm{s}}$）のときに最大値 $k_{\mathrm{i}} + k_{\mathrm{s}}$ をとる．

準粒子の波数ベクトル $\boldsymbol{K}$ は，結晶中の隣り合う単位構造間の位相差に対応する．物理的に意味のある $\boldsymbol{K}$ の絶対値 $|\boldsymbol{K}|$ は，単位構造の大きさ a（**格子定数**）により，$|\boldsymbol{K}| \leq \pi/a$ と表される．この波数ベクトル $\boldsymbol{K}$ の範囲を，（第一）**ブリルアンゾーン**と呼ぶ．高分子結晶などの例外を除くと，結晶の格子定数は通常 1 nm 程度の大きさで

ある．したがって，ブリルアンゾーンの範囲は，およそ $|\boldsymbol{K}| \leq \pi \times 10^7\ \mathrm{cm}^{-1}$ となる．いま励起光源として波長 500 nm の可視レーザーを用い，ラマンシフト $100\ \mathrm{cm}^{-1}$ の結晶のストークスラマン散乱を観測したとすると，$|\boldsymbol{k}_\mathrm{i}| = 4\pi \times 10^4\ \mathrm{cm}^{-1}$, $|\boldsymbol{k}_\mathrm{s}| = 3.98\pi \times 10^4\ \mathrm{cm}^{-1}$ となる．ただし，簡単のため結晶の屈折率を１とした．よって許容される $|\boldsymbol{K}|$ の最大値（後方散乱）は $7.98\pi \times 10^4\ \mathrm{cm}^{-1}$ となる．すなわち，可視レーザー光励起のラマン散乱では，許容される $|\boldsymbol{K}|$ の値の範囲は，ブリルアンゾーン中のゼロ点（**ゾーンセンター**）近傍のごく微小な領域に限られる．

一般に，結晶中の運動の角振動数 Ω は，$\boldsymbol{K}$ に依存して変化する．Ω を $\boldsymbol{K}$ に対してプロットした曲線を**分散曲線**という．フォノンの分散曲線は，$|\boldsymbol{K}| \to 0$ の極限で Ω がゼロに近づくものと，ゼロでない有限値に近づくものの２種類の曲線からなる．前者を**音響分枝**，後者を**光学分枝**と呼ぶ．ラマン散乱で許容されるゾーンセンター付近では，音響分枝の角振動数 Ω は事実上ゼロとなる．これは音響分枝の $|\boldsymbol{K}| \to 0$ の極限が，結晶全体としての平行移動であり，ラマン散乱を与える周期運動とはならないことを示している．一方，光学分枝の角振動数 Ω は，ゾーンセンター付近でほぼ一定の値をとる．その結果，フォノンのラマンスペクトルでは，観測される角振動数はベクトル $\boldsymbol{k}_\mathrm{i}$ と $\boldsymbol{k}_\mathrm{s}$ の相対的方向によらず一定であり，その値は近似的にゾーンセンターでの値に一致する（フォノンポラリトンなど，ゾーンセンター付近で Ω が $\boldsymbol{K}$ に依存する場合は，ラマン散乱で観測されるピークは $\boldsymbol{k}_\mathrm{i}$ と $\boldsymbol{k}_\mathrm{s}$ のなす角度に依存して変化する）．結局，結晶の並進対称に由来するラマン散乱の選択律は，可視レーザーを光源としている場合には，$\boldsymbol{K}=\boldsymbol{0}$ と表すことができる．ただし，結晶のサイズが励起光の波長に比べて小さい場合は，$\boldsymbol{K} \neq \boldsymbol{0}$ のモードもラマン活性となるので，注意を要する．

次に，単位構造の対称性に由来するラマン散乱の選択律について述べる．$\boldsymbol{K} \to \boldsymbol{0}$ の極限では，結晶のラマン散乱は分子のラマン散乱と同等に取り扱うことができる．数学的にいうと，$\boldsymbol{K}=\boldsymbol{0}$ のとき，単位構造の対称を表す因子群の既約表現は，それと同型の点群の既約表現と同等とみなすことができる．したがって，結晶のラマンスペクトルの選択律は，因子群と同型な点群の既約表現を用いて分子の場合とまったく同じように取扱うことができる．この選択律にはすでに並進対称が $\boldsymbol{K}=\boldsymbol{0}$ という形で考慮されている．もし格子定数 a が大きいなどの理由で $\boldsymbol{K}=\boldsymbol{0}$ の条件が適用できない場合には，因子群と同型の点群を用いて導かれる選択律は破綻する可能性がある．

2.3.2 ■ 分子の振動ラマン散乱の選択律

A.　分子対称による選択律

分子対称による振動ラマン散乱の選択律は，ラマン散乱テンソルの表式(2.2.29)か

ら導かれる．式(2.2.26)と(2.2.27)に対応して，始状態 $|\mathrm{m}\rangle$ と終状態 $|\mathrm{n}\rangle$ が属する既約表現は，$\gamma_{\mathrm{m}}=\gamma_{\mathrm{g}}\times\gamma_{\mathrm{i}}$ および $\gamma_{\mathrm{n}}=\gamma_{\mathrm{g}}\times\gamma_{\mathrm{f}}$ で与えられる．ここで，γ_{g} は基底電子状態の属する既約表現，γ_{i} および γ_{f} は振動始状態 $|\mathrm{i})$ と振動終状態 $|\mathrm{f})$ が属する既約表現である．ラマン散乱の選択律は，$\gamma_{\mathrm{m}}\times\gamma_{\mathrm{n}}=\gamma_{\mathrm{g}}\times\gamma_{\mathrm{i}}\times\gamma_{\mathrm{g}}\times\gamma_{\mathrm{f}}\subset\sum\eta_i$ から導かれるが，ほとんどすべての分子の基底電子状態は非縮重であるので，$\gamma_{\mathrm{g}}\times\gamma_{\mathrm{g}}=\gamma_1$ が成立し，

$$\gamma_{\mathrm{i}}\times\gamma_{\mathrm{f}}\subset\sum\eta_i \tag{2.3.7}$$

と簡略化される．ごく例外的に，縮重した基底電子状態をもつ分子では，$\gamma_{\mathrm{g}}\times\gamma_{\mathrm{g}}\neq\gamma_1$ となり，この簡略化された関係式を用いることができない（縮重した基底電子状態をもつ分子については，2.4.1 項を参照）．また，終状態が基底電子状態ではない電子ラマン散乱の場合にも，この簡略化された式を用いることができない．

以下，非縮重基底電子状態にある分子を考察する．振動始状態 $|\mathrm{i})$ および振動終状態 $|\mathrm{f})$ は，

$$|\,\mathrm{i}\,)=\prod|\,v_m^{\mathrm{i}}) \tag{2.3.8}$$

$$|\,\mathrm{f}\,)=\prod|\,v_m^{\mathrm{f}}) \tag{2.3.9}$$

で表される．ここで，v_m^{i} および v_m^{f} は，始状態と終状態における m 番目の基準振動モードの振動量子数である．一般に，調和振動子の固有状態 $|v)$ は，$(Q)^v$ と同じ対称をもち，既約表現 $(\gamma)^v$ に属する．ここで，γ は基準座標 Q が属する既約表現である（基準座標に関しては，2.3.3 項参照）．具体的に示すと，$|0)\in\gamma_1$，$|1)\in\gamma$，$|2)\in(\gamma)^2$，$|3)\in(\gamma)^3$，…のようになる．これにより，振動始状態 $|\mathrm{i})$ の属する既約表現は $\Pi(\gamma_m)^{v_m^{\mathrm{i}}}$，振動終状態 $|\mathrm{f})$ の属する既約表現は $\Pi(\gamma_m)^{v_m^{\mathrm{f}}}$ で表される．

k 番目の振動の**基本音**（$v_k^{\mathrm{f}}=1\leftarrow v_k^{\mathrm{i}}=0$）の場合，始状態ではすべての振動が基底状態にあり（$v_m^{\mathrm{i}}=0$），$|\mathrm{i})\in\gamma_1$ である．終状態 $|\mathrm{f})$ では k 以外のすべての振動が基底状態にあり（$v_m^{\mathrm{f}}=0,\ m\neq k$），$|v_k^{\mathrm{f}})\in\gamma_k$ であるので，$|\mathrm{f})\in\gamma_k$ である．したがって，$\gamma_{\mathrm{i}}\times\gamma_{\mathrm{f}}=\gamma_k$ となる．既約表現 γ_k に属する基準振動の基本音がラマン活性になるためには，γ_k が η_i のどれかと同一でなければならない．換言すると，**η_i のどれかと同じ既約表現に属する振動の基本音は，ラマン活性である**．η_i は既約表現指標表の右端に，xx, xy, …, zz などの表記で明示されているので，指標表を見れば直ちにどの既約表現に属する基準振動がラマン活性であるかを知ることができる．

k 番目の振動の**第一倍音**（$v_k^{\mathrm{f}}=2\leftarrow v_k^{\mathrm{i}}=0$）の場合，始状態ではすべての振動が基底状態にあり（$v_m^{\mathrm{i}}=0$），$|\mathrm{i})\in\gamma_1$ である．終状態 $|\mathrm{f})$ では k 以外のすべての振動が基底状

態にあり（$v_m^{\rm f}=0, m \neq k$），$|v_k^{\rm f}) \in (\gamma_k)^2$ であるので，$|{\rm f}) \in (\gamma_k)^2$ である．したがって，既約表現 γ_k に属する基準振動の第一倍音がラマン活性になるためには，$(\gamma_k)^2$ が η_i のどれかと同一でなければならない．k 番目の振動と j 番目の振動の**結合音**（$v_k^{\rm f}=1, v_j^{\rm f}=1 \leftarrow v_k^{\rm i}=0, v_j^{\rm i}=0$）の場合，始状態ではすべての振動が基底状態にあり（$v_m^{\rm i}=0$），$|{\rm i}) \in \gamma_1$ である．終状態 $|{\rm f})$ では k と j 以外のすべての振動が基底状態にあり（$v_m^{\rm f}=0, m \neq k, j$），$|v_k^{\rm f})|v_j^{\rm f}) \in \gamma_k \times \gamma_j$ であるので，$|{\rm f}) \in \gamma_k \times \gamma_j$ である．したがって，既約表現 γ_k に属する基準振動と，既約表現 γ_j に属する基準振動との結合音がラマン活性になるためには，$\gamma_k \times \gamma_j$ が η_i のどれかと同一でなければならない．

以上が分子の対称から導出した分子の振動ラマン散乱の選択律である．この対称性に基づく選択律は，ラマン散乱の強度に関して何の情報も与えない．例えば，倍音は通常基本音に比べてはるかに弱いが，この強度の違いは対称性に基づく選択律からは導かれない．対称性から活性であることと，ラマンスペクトルに観測されることとは，必要十分の関係にあるわけではないので注意を要する．強度を議論するためには，以下に述べるように，Placzek の分極率近似によって，分極率の性質とラマン散乱強度を関連づける必要がある．

B.　Placzek の分極率近似に基づく選択律

式(2.2.31)からわかるように，分極率テンソルは対称テンソルであるので，式(2.3.2)に対応して，

$$\alpha_{\rho\sigma} \approx \rho\sigma + \sigma\rho \tag{2.3.10}$$

と書くことができる．$\alpha_{\rho\sigma}$ の一次結合からつくられる既約表現は，式(2.3.3)に対応して次のように表される．

$$\alpha_{\rho\sigma} \approx \sum c_i \eta_i^{\rm s} \tag{2.3.11}$$

ここで，$\eta_i^{\rm s}$ は η_i のうち ρ と σ（1 番目の添え字と 2 番目の添え字）の交換に対して対称なものを示す．例えば $\alpha_{\rho\sigma}-\alpha_{\sigma\rho}$ は式(2.2.31)からわかるようにゼロとなり，$\eta_i^{\rm s}$ には含まれない($a_{\rho\sigma}-a_{\sigma\rho}$ はゼロにならないので，η_i には含まれる)．したがって，式(2.3.7)の代わりに，

$$\gamma_{\rm i} \times \gamma_{\rm f} \subset \sum \eta_i^{\rm s} \tag{2.3.12}$$

を用いる必要がある（分極率近似は基底電子状態の非縮重を仮定していることに注意）．これが分極率近似に基づく一般的な選択律である．

次に，分極率テンソル成分 $\alpha_{\rho\sigma}$ の振動行列要素$({\rm f}|\alpha_{\rho\sigma}|{\rm i})$を計算する．まず式(2.2.4)

で行ったように，$\alpha_{\rho\sigma}$ を基準座標で展開する．ただし，Q_k の一次の項だけでなく，$Q_k{}^2$ や Q_kQ_j などの二次の項も残しておく．

$$\alpha_{\rho\sigma}=(\alpha_0)_{\rho\sigma}+\sum_k\left(\frac{\partial\alpha_{\rho\sigma}}{\partial Q_k}\right)_0 Q_k+\frac{1}{2}\sum_{k_j}\left(\frac{\partial^2\alpha_{\rho\sigma}}{\partial Q_k\partial Q_j}\right)_0 Q_kQ_j \qquad (2.3.13)$$

以下では振動基底状態を始状態とする遷移を考察する．振動始状態 $|\mathrm{i})$ ではすべての基準振動 l について振動量子数 v_l^{i} がゼロであるが，振動終状態 $|\mathrm{f})$ では振動量子数 v_l^{f} はゼロ以外の値をとりうる．展開式(2.3.13)の各項に対して，調和振動子の固有状態の性質から，次の関係が得られる．

$$(\mathrm{f}\,|(\alpha_0)_{\rho\sigma}|\,\mathrm{i})=(\alpha_0)_{\rho\sigma}\prod_l\delta_{v_l^{\mathrm{f}},0} \qquad (2.3.14)$$

$$(\mathrm{f}\,|\left(\frac{\partial\alpha_{\rho\sigma}}{\partial Q_k}\right)_0 Q_k\,|\,\mathrm{i})\propto\left(\frac{\partial\alpha_{\rho\sigma}}{\partial Q_k}\right)_0\delta_{v_k^{\mathrm{f}},1}\prod_{l\neq k}\delta_{v_l^{\mathrm{f}},0} \qquad (2.3.15)$$

$$(\mathrm{f}\,|\left(\frac{\partial^2\alpha_{\rho\sigma}}{\partial Q_k{}^2}\right)_0 Q_k{}^2\,|\,\mathrm{i})\propto\left(\frac{\partial^2\alpha_{\rho\sigma}}{\partial Q_k{}^2}\right)_0\delta_{v_k^{\mathrm{f}},2}\prod_{l\neq k}\delta_{v_l^{\mathrm{f}},0} \qquad (2.3.16)$$

$$(\mathrm{f}\,|\sum\left(\frac{\partial^2\alpha_{\rho\sigma}}{\partial Q_kQ_j}\right)_0 Q_kQ_j\,|\,\mathrm{i})\propto\left(\frac{\partial^2\alpha_{\rho\sigma}}{\partial Q_k\partial Q_j}\right)_0\delta_{v_l^{\mathrm{f}},1}\delta_{v_j^{\mathrm{f}},1}\prod_{l\neq k,j}\delta_{v_l^{\mathrm{f}},0} \qquad (2.3.17)$$

式(2.3.14)がゼロでない値をもつためには，終状態 $|\mathrm{f})$ ですべての振動量子数 v_l^{f} がゼロでなければならない．すなわち，振動量子数はまったく変化しない．この項はレイリー散乱に対応する．

式(2.3.15)がゼロでない値をもつためには，終状態 $|\mathrm{f})$ で $v_k^{\mathrm{f}}=1$，k 以外のすべての振動量子数 v_l^{f} がゼロでなければならない．この項は k 番目の振動の**基本音**（$v_k^{\mathrm{f}}=1\leftarrow v_k^{\mathrm{i}}=0$）に対応する．さらに，$(\partial\alpha_{\rho\sigma}/\partial Q_k)_0\neq 0$ の条件も必要である．すなわち，**$(\partial\alpha_{\rho\sigma}/\partial Q_k)_0\neq 0$ を満たす振動の基本音がラマン活性となる**．あるいは，**分極率を変化させる振動がラマン活性となる**．$(\partial\alpha_{\rho\sigma}/\partial Q_k)_0$ は定数であり，分子の対称操作によって変化しない全対称表現に属する．したがって，$(\partial\alpha_{\rho\sigma}/\partial Q_k)_0\neq 0$ の条件は，Q_k と $\alpha_{\rho\sigma}$ が同じ既約表現に属するときのみ満たされる．式(2.3.11)から，$\alpha_{\rho\sigma}\approx\sum c_i\eta_i^{\mathrm{s}}$ であるので，この関係は，Q_k の属する既約表現 γ_k が η_i^{s} のどれかと同一であるときのみ成立する．結局，前出の一般論と同様の選択律が導かれるが，ここでは η_i が η_i^{s} で置き換えられていることに注意する必要がある．一般論では，ラマン散乱テンソルは非対称である可能性があるが，分極率近似では対称でなければならないからである．

式(2.3.16)がゼロでない値をもつためには，終状態 $|\mathrm{f})$ で $v_k^{\mathrm{f}}=2$，k 以外のすべての振動量子数 v_l^{f} がゼロでなければならない．この項は k 番目の振動の第一倍音（$v_k^{\mathrm{f}}=2\leftarrow v_k^{\mathrm{i}}=0$）に対応する．基本音のときと同様の考察から，$Q_k$ の属する既約表現 γ_k の

二乗$(\gamma_k)^2$が，η_i^{s}のどれかと同一である場合にのみ，この第一倍音がラマン活性となる．式(2.3.17)がゼロでない値をもつためには，終状態$|\mathrm{f})$で$v_k^{\mathrm{f}}=1$，$v_j^{\mathrm{f}}=1$，k, j以外のすべての振動量子数v_l^{f}がゼロでなければならない．この項はk番目の振動とj番目の振動の**結合音**（$v_k^{\mathrm{f}}=1 \leftarrow v_k^{\mathrm{i}}=0, v_j^{\mathrm{f}}=1 \leftarrow v_j^{\mathrm{i}}=0$）に対応する．$Q_k$の属する既約表現$\gamma_k$と，$Q_j$の属する既約表現$\gamma_j$の直積$\gamma_k \times \gamma_j$が$\eta_i^{\mathrm{s}}$のどれかと同一である場合にのみ，この結合音がラマン活性となる．

以上，Placzekの分極率近似に基づいて，電子基底状態の分子の振動ラマン散乱の選択律を導出した．式(2.2.4)と式(2.3.13)の相似からわかるように，同じ選択律を古典論から導出することもできる．狭義の振動ラマン散乱の選択律は，式(2.3.15)から導かれる**調和的選択律**により，

$$\left(\frac{\partial \alpha_{\rho\sigma}}{\partial Q_k}\right)_0 \neq 0 \tag{2.3.18}$$

$$\Delta v_k = v_k^{\mathrm{f}} - v_k^{\mathrm{i}} = 1 \tag{2.3.19}$$

と表される．一般に，式(2.3.13)の展開第2項（調和項）は，第3項（非調和項）に比べて大きく，観測される多くのラマンスペクトルは調和的選択律によってよく説明される．すなわち，分極率近似が成立する非共鳴条件下では，倍音や結合音の強度は基本音に比べて無視できるほど小さく，基本音の選択律のみを考慮すれば十分な場合が多い．分極率近似の成立しない共鳴ラマン散乱では，倍音や結合音の強度が増大し，強く観測されることがある（2.2.4項参照）．また大振幅振動などのように，分子ポテンシャルの非調和性の大きい系では，振動状態が調和振動子の固有状態から大きく逸脱し，調和的選択律が成立しなくなることがある．

2.3.3 ■ 基準振動と群論

振動スペクトルの解析には，群論に基づく基準振動の対称性の議論が必須である．ここではベンゼンを例として，基準振動について概説するとともに，赤外，ラマン，ハイパーラマンスペクトルの選択律をより具体的に示す．基準振動については参考文献[7,8]に詳しい解説がある．

ベンゼンは点群$D_{6\mathrm{h}}$の対称をもつ12原子分子である．各原子はそれぞれ3個の運動の自由度(x, y, z)をもつから，ベンゼン分子全体として36個の自由度をもつ．それらのうち，3個は分子全体の並進，3個は分子全体の回転に割り当てられ，残りの30個が振動の自由度に割り当てられる．この30の自由度から，**図2.3.1**に示す20個の基準振動が得られる．これらのうち，10個の基準振動は二重に縮重しており，20の

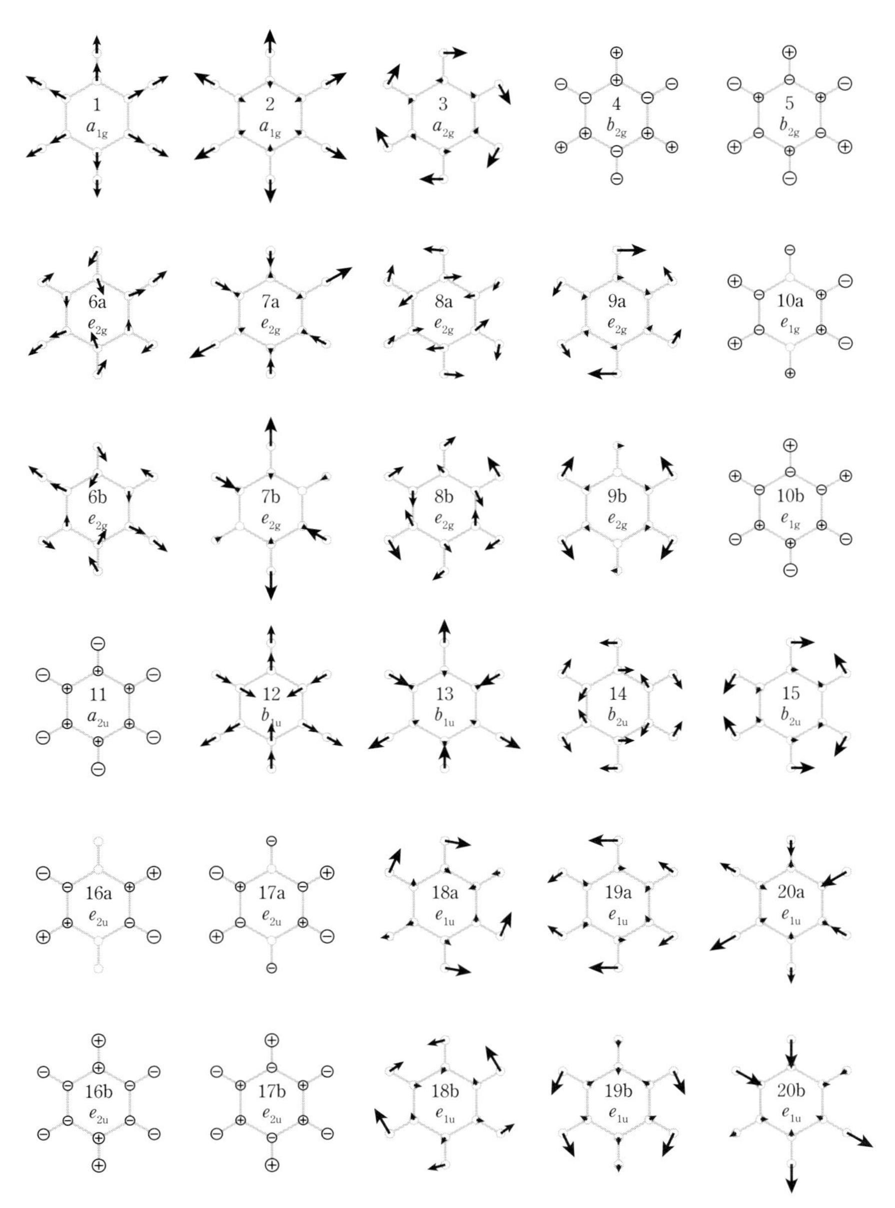

図 2.3.1　ベンゼンの基準振動

自由度に対応するので，合計30の自由度となる．

基準振動は，基準座標で表される変位座標に沿った原子核の振動運動である．図2.3.1では，基準座標を各原子核の平衡位置からの変位を表す矢印で表している．ベンゼン分子の任意の振動は，必ずこれらの基準振動の重ね合わせ（一次結合）として表される．量子論的に言うと，ベンゼン分子の任意の振動状態は，式(2.3.8)や(2.3.9)のように，20個の基準振動の状態の積として表される．振動スペクトルとして観測されるのは，基準振動数およびその倍音や結合音であり，それ以外の振動数が観測されることはない．

基準座標を分子内座標（分子の構造パラメータの平衡位置からの変位）を用いて表すと，対称性を議論するうえで便利である．分子内座標には，結合長の変位（伸縮）Δr，結合角の変化（変角）$\Delta\phi$，結合回りの内部回転（捩れ）$\Delta\tau$ などがある．ベンゼンの場合は，CH伸縮（Δr_{CH}），CC伸縮（Δr_{CC}），CCC変角（$\Delta\phi_{\mathrm{CCC}}$），HCC変角（$\Delta\phi_{\mathrm{HCC}}$），CC捩れ（$\Delta\tau_{\mathrm{CC}}$）のように表記される．分子内座標の一次結合をとって，分子内対称座標（分子の点群の既約表現に属するようにとった分子内座標の一次結合）をつくることができる．分子内対称座標は，分子の基準振動を理解するうえで，もっとも直観的で便利な座標である．ベンゼンの場合，6個のCH伸縮（$\Delta r_{\mathrm{CH}}^{1}, \Delta r_{\mathrm{CH}}^{2}, \Delta r_{\mathrm{CH}}^{3}, \Delta r_{\mathrm{CH}}^{4}, \Delta r_{\mathrm{CH}}^{5}, \Delta r_{\mathrm{CH}}^{6}$）があるが，これらは以下の6個の分子内対称座標をつくる．

$$\Delta r_{\mathrm{CH}}(a_{1\mathrm{g}}) = \Delta r_{\mathrm{CH}}^{1} + \Delta r_{\mathrm{CH}}^{2} + \Delta r_{\mathrm{CH}}^{3} + \Delta r_{\mathrm{CH}}^{4} + \Delta r_{\mathrm{CH}}^{5} + \Delta r_{\mathrm{CH}}^{6}$$
$$\Delta r_{\mathrm{CH}}(b_{1\mathrm{u}}) = \Delta r_{\mathrm{CH}}^{1} - \Delta r_{\mathrm{CH}}^{2} + \Delta r_{\mathrm{CH}}^{3} - \Delta r_{\mathrm{CH}}^{4} + \Delta r_{\mathrm{CH}}^{5} - \Delta r_{\mathrm{CH}}^{6}$$
$$\Delta r_{\mathrm{CH}}(e_{2\mathrm{g}}) = -\Delta r_{\mathrm{CH}}^{1} + 2\Delta r_{\mathrm{CH}}^{2} - \Delta r_{\mathrm{CH}}^{3} - \Delta r_{\mathrm{CH}}^{4} + 2\Delta r_{\mathrm{CH}}^{5} - \Delta r_{\mathrm{CH}}^{6}$$
$$\Delta r_{\mathrm{CH}}(e_{2\mathrm{g}}) = 2\Delta r_{\mathrm{CH}}^{1} - 2\Delta r_{\mathrm{CH}}^{2} + 2\Delta r_{\mathrm{CH}}^{4} - 2\Delta r_{\mathrm{CH}}^{6}$$
$$\Delta r_{\mathrm{CH}}(e_{1\mathrm{u}}) = -\Delta r_{\mathrm{CH}}^{1} - 2\Delta r_{\mathrm{CH}}^{2} - \Delta r_{\mathrm{CH}}^{3} + \Delta r_{\mathrm{CH}}^{4} + 2\Delta r_{\mathrm{CH}}^{5} + \Delta r_{\mathrm{CH}}^{6}$$
$$\Delta r_{\mathrm{CH}}(e_{1\mathrm{u}}) = -2\Delta r_{\mathrm{CH}}^{1} + 2\Delta r_{\mathrm{CH}}^{3} + 2\Delta r_{\mathrm{CH}}^{4} - 2\Delta r_{\mathrm{CH}}^{6}$$

ここで，既約表現 $e_{2\mathrm{g}}$ および $e_{1\mathrm{u}}$ は二重に縮重しているので，それぞれ2つの成分をもつ．同様の分子内対称座標は，6個のCC伸縮からもつくられる．

$$\Delta r_{\mathrm{CC}}(a_{1\mathrm{g}}) = \Delta r_{\mathrm{CC}}^{1} + \Delta r_{\mathrm{CC}}^{2} + \Delta r_{\mathrm{CC}}^{3} + \Delta r_{\mathrm{CC}}^{4} + \Delta r_{\mathrm{CC}}^{5} + \Delta r_{\mathrm{CC}}^{6}$$
$$\Delta r_{\mathrm{CC}}(b_{2\mathrm{u}}) = \Delta r_{\mathrm{CC}}^{1} - \Delta r_{\mathrm{CC}}^{2} + \Delta r_{\mathrm{CC}}^{3} - \Delta r_{\mathrm{CC}}^{4} + \Delta r_{\mathrm{CC}}^{5} - \Delta r_{\mathrm{CC}}^{6}$$
$$\Delta r_{\mathrm{CC}}(e_{2\mathrm{g}}) = -\Delta r_{\mathrm{CC}}^{1} + 2\Delta r_{\mathrm{CC}}^{2} - \Delta r_{\mathrm{CC}}^{3} - \Delta r_{\mathrm{CC}}^{4} + 2\Delta r_{\mathrm{CC}}^{5} - \Delta r_{\mathrm{CC}}^{6}$$
$$\Delta r_{\mathrm{CC}}(e_{2\mathrm{g}}) = 2\Delta r_{\mathrm{CC}}^{1} - 2\Delta r_{\mathrm{CC}}^{2} + 2\Delta r_{\mathrm{CC}}^{4} - 2\Delta r_{\mathrm{CC}}^{6}$$
$$\Delta r_{\mathrm{CC}}(e_{1\mathrm{u}}) = -\Delta r_{\mathrm{CC}}^{1} - 2\Delta r_{\mathrm{CC}}^{2} - \Delta r_{\mathrm{CC}}^{3} + \Delta r_{\mathrm{CC}}^{4} + 2\Delta r_{\mathrm{CC}}^{5} + \Delta r_{\mathrm{CC}}^{6}$$
$$\Delta r_{\mathrm{CC}}(e_{1\mathrm{u}}) = -2\Delta r_{\mathrm{CC}}^{1} + 2\Delta r_{\mathrm{CC}}^{3} + 2\Delta r_{\mathrm{CC}}^{4} - 2\Delta r_{\mathrm{CC}}^{6}$$

ベンゼンの20個の基準振動は，2個のa_{1g}，1個のa_{2g}，2個のb_{2g}，1個のe_{1g}，4個のe_{2g}，1個のa_{2u}，2個のb_{1u}，2個のb_{2u}，3個のe_{1u}，2個のe_{2u}の既約表現に属する基準振動に類別される．どの既約表現に何個の基準振動が属するかは，ベンゼン分子のもつ対称によって一意的に決まるもので，群論の既約表現の直交定理を用いると容易に算出することができる[6]．したがって，a_{2g}, e_{1g}, a_{2u}表現に属する基準振動は1つしか存在しないので，その形は分子内対称座標と同一で，群論のみで確定することができる．一方，同じ既約表現に複数の基準振動が属するときには，基準座標はその既約表現に属する複数の分子内対称座標の一次結合となる．ベンゼンは，2個のa_{1g}表現に属する基準振動をもつが，それらの2個の基準座標は，2個の分子内対称座標$\Delta r_{CH}(a_{1g})$と$\Delta r_{CC}(a_{1g})$の一次結合で表される．

既約表現a_{1g}に属する2個の基準座標が，$\Delta r_{CH}(a_{1g})$と$\Delta r_{CC}(a_{1g})$の一次結合としてどのような係数をもつかは，基準振動で表現されたポテンシャルエネルギーに対する$\Delta r_{CH}(a_{1g})$と$\Delta r_{CC}(a_{1g})$の寄与（ポテンシャルエネルギー分布，potential energy distribution, PED）によって決まる．図2.3.1のベンゼンの$\nu_1(a_{1g})$振動のポテンシャルエネルギーには$\Delta r_{CC}(a_{1g})$の寄与が圧倒的に大きいので，CHの結合距離はほとんど変わらず，CC結合のみが伸縮しているように見える．したがって，この振動はベンゼンの**環呼吸振動**と呼ばれる．一方，$\nu_2(a_{1g})$振動のポテンシャルエネルギーには，$\Delta r_{CH}(a_{1g})$の寄与が大きいので，CHの結合のみが伸縮しているように見える．この振動は全対称(a_{1g})**CH伸縮振動**と呼ばれる．しかし，厳密に言うと$\nu_1(a_{1g})$振動や$\nu_2(a_{1g})$振動の基準座標は，$\Delta r_{CC}(a_{1g})$や$\Delta r_{CH}(a_{1g})$とは異なる．分子内対称座標によって基準座標を近似的に表すことができるとたいへん便利であるが，これはあくまでも近似であり，基準座標を単一の分子内対称座標で表すことができない場合も数多く存在するので注意を要する．

ベンゼンのどの基準振動が赤外線吸収活性，ラマン散乱活性，ハイパーラマン散乱活性となるかは，点群の既約表現の指標表を参照することによって明らかになる．**表2.3.1**は，点群D_{6h}の既約表現とそれに属する電気双極子能率μ，分極率α，超分極βの成分を示したものである．通常，群論の教科書に掲載されている指標表の右端には，電気双極子能率と分極率の成分のみが記載されているが，ここでは超分極率成分も加えてある[9]．この表と2.3.2項で述べた原則から直ちに，1個のa_{2u}，3個のe_{1u}振動が赤外活性，2個のa_{1g}，1個のe_{1g}，4個のe_{2g}振動がラマン活性，1個のa_{2u}，2個のb_{1u}，2個のb_{2u}，3個のe_{1u}，2個のe_{2u}振動がハイパーラマン活性であることがわかる．この選択律は，分極率および超分極率に基づいて導出されているので，非共鳴ラマン散乱，非共鳴ハイパーラマン散乱に適用される（共鳴条件下では，非共鳴時

表 2.3.1　点群 D_{6h} の既約表現とそれに属する双極子能率 μ，分極率 α，超分極 β の成分
表中 $\alpha_{xx}-\alpha_{yy}$ は $\alpha_{xx}=1, \alpha_{yy}=-1$ かつそれ以外の成分はゼロであることを示す．

既約表現	赤外線吸収	ラマン散乱	ハイパーラマン散乱
a_{1g}		$\alpha_{xx}+\alpha_{yy}, \alpha_{zz}$	
a_{2g}			
b_{1g}			
b_{2g}			
e_{1g}		$(\alpha_{yx}, \alpha_{zx})$	
e_{2g}		$(\alpha_{xx}-\alpha_{yy}, \alpha_{xy})$	
a_{1u}			
a_{2u}	μ_z		$\beta_{zxx}+\beta_{yyz}, \beta_{zzz}$
b_{1u}			$\beta_{xxx}-3\beta_{xyy}$
b_{2u}			$\beta_{yyy}-3\beta_{xxy}$
e_{1u}	(μ_x, μ_y)		$(\beta_{xxx}+\beta_{xyy}, \beta_{yyy}+\beta_{xxy})$ $(\beta_{zzx}, \beta_{yzz})$
e_{2u}			$(\beta_{yyz}-\beta_{zxx}, \beta_{xyz})$

にはラマン不活性であった a_{2g} 振動が活性になるなど，選択律の一部が変わる）．

群論はこのように，分子の基準振動の既約表現ごとの個数，また，それらのどれが赤外線吸収，ラマン散乱，ハイパーラマン散乱に活性となるかを明らかにする．基準座標や基準振動数，またラマン散乱の強度を具体的に計算するためには，群論の解析に加えてさらに，分子内にはたらく力（分子内力場）の知見が必要である．1.3.1 項で述べたように，ラマン分光の第I世代では，分子内座標で表した運動エネルギー（G 行列）と，モデル分子内力場から導かれたポテンシャルエネルギー（F 行列）を用いた GF 行列法によって，基準振動数を理論的に計算する方法論が確立された．それにともなって，基準座標と基準振動数，分子内対称座標，分子内座標，分子内力場などの概念に基づく振動分光学の体系が確立された．しかし，第II世代以降，量子化学計算が基準振動数計算に用いられるようになると，原子核のデカルト座標で表した力場から（基準振動という概念を飛び越えて）直接基準振動数を計算することが可能となった．その結果，基準振動を議論することなく，計算された振動数を実測振動数と比べる安易な振動スペクトル解析が散見されるようになった．また，分子内対称座標をあたかも基準座標であるかのように錯覚している研究者も少なくない．振動スペクトルがもたらす情報を十分に活用するためには，基準振動や基準座標の理解が必須で，そのためには分子内対称座標，分子内座標，分子内力場など，分子構造と直接に関連した量との対応を正しく把握しておく必要があることを強調しておく．

2.4 ■ ラマン散乱の偏光則

ラマン散乱の過程には，入射光子と散乱光子の2つの光子が含まれる．偏光光学素子を用いると，この2つの光子の偏光を独立に設定することができるので，ラマン分光では種々の偏光測定が可能になる．ここでは単結晶の偏光ラマン測定と溶液・液体の偏光ラマン測定について解説する．

2.4.1 ■ 単結晶の偏光ラマン測定

単結晶中では分子は完全に配向している．単結晶のラマン測定ではしたがって，分子固定座標系と空間固定座標系を一致させてとることができる．具体的には，式(2.2.24)で $\boldsymbol{e}_\mathrm{i}=\boldsymbol{e}_\sigma$（入射光の偏光が σ），$\boldsymbol{e}_\mathrm{s}=\boldsymbol{e}_\rho$（散乱光の偏光が ρ）とおくと，次の表式が得られる．

$$(F_\mathrm{s})_\rho R^2 = \frac{{\omega_\mathrm{s}}^3\omega_\mathrm{i}}{c^4} a_{\rho\sigma}(F_\mathrm{i})_\sigma \tag{2.4.1}$$

すなわち，ある ρ と σ の組み合わせについて偏光ラマンスペクトルを測定すれば，ラマン散乱テンソルのある一成分 $a_{\rho\sigma}$ を測定することができる．

典型的な例として，ルチル型化合物 $\mathrm{MgF_2}$ の偏光ラマンスペクトルを**図 2.4.1** に示す．偏光ラマンスペクトルの測定条件は，「$\boldsymbol{k}_\mathrm{i}(\boldsymbol{e}_\mathrm{i}\boldsymbol{e}_\mathrm{s})\boldsymbol{k}_\mathrm{s}$」のように表すのが慣例である(Porto の記法[9])．ここで，$\boldsymbol{k}_\mathrm{i}$ と $\boldsymbol{e}_\mathrm{i}$ は入射光の進行伝搬方向と偏光方向，$\boldsymbol{k}_\mathrm{s}$ と $\boldsymbol{e}_\mathrm{s}$ は散乱光の進行伝搬方向と偏光方向を示す．図 2.4.1 に示した $X(ZZ)Y$ および $X(ZX)Y$ の組み合わせでは，a_{zz} と a_{xz} が観測される．$\mathrm{MgF_2}$ の因子群は D_4h と同型であり，ラマ

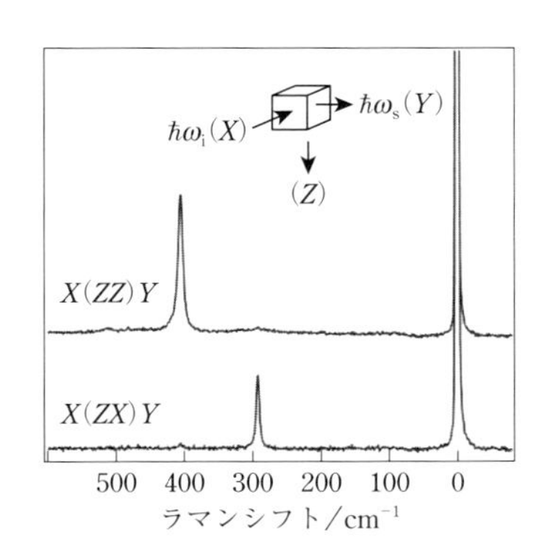

図 2.4.1　$\mathrm{MgF_2}$ 単結晶の偏光ラマンスペクトル（Vitaly Korepanov 博士 提供）

ン活性なフォノンは，a_{1g}, b_{1g}, b_{2g}, e_g にそれぞれ 1 個ずつ存在する．これらのうち，ラマン散乱テンソル成分 a_{zz} をもつのは a_{1g} のみ，a_{xz} をもつのは e_g のみである．したがって，$X(ZZ)Y$ の組み合わせで観測された 410 cm^{-1} のバンドは a_{1g} フォノンに，$X(ZX)Y$ の組み合わせで観測された 295 cm^{-1} のバンドは e_g フォノンに帰属される．このように，単結晶の偏光ラマン測定を行うことにより，観測されるフォノンの対称性に関する有用な情報を得ることができる．

2.4.2 ■ 溶液，液体の偏光ラマン測定

A. ラマン散乱の偏光解消度

溶液，液体など分子の配向がランダムな系でも，偏光ラマン測定によって基準振動の対称性に関する情報が得られる．図 2.4.1 の光学配置で，z 方向に偏光した入射光を用いると，散乱光には z 方向に偏光する平行成分($X(ZZ)Y$)と，x 方向に偏光する垂直成分($X(XZ)Y$)が含まれる．垂直成分の強度 $I_\perp$ の平行成分の強度 $I_\parallel$ に対する比を**偏光解消度** ρ（$\equiv I_\perp/I_\parallel$）と呼ぶ．分子の配向が完全にランダムな系では，$\rho$ は散乱テンソルの 3 つの回転不変量，G_0（トレース（対角和）成分），G_s（対称成分），G_a（反対称成分）により次のように与えられる．

$$\rho = \frac{5G_\mathrm{a} + 3G_\mathrm{s}}{10G_0 + 4G_\mathrm{s}} \tag{2.4.2}$$

回転不変量 $G_0, G_\mathrm{s}, G_\mathrm{a}$ は，ラマン散乱テンソル成分により次のように表される．

$$a_{\rho\sigma} = (a_0)_{\rho\sigma} + (a_\mathrm{s})_{\rho\sigma} + (a_\mathrm{a})_{\rho\sigma} \tag{2.4.3}$$

$$G_0 = \sum_{\rho,\sigma} |(a_0)_{\rho\sigma}|^2 \tag{2.4.4}$$

$$G_\mathrm{s} = \sum_{\rho,\sigma} |(a_\mathrm{s})_{\rho\sigma}|^2 \tag{2.4.5}$$

$$G_\mathrm{a} = \sum_{\rho,\sigma} |(a_\mathrm{a})_{\rho\sigma}|^2 \tag{2.4.6}$$

ここで，$(a_0)_{\rho\sigma} = (\sum a_{\rho\rho}/3)\delta_{\rho\sigma}$，$(a_\mathrm{s})_{\rho\sigma} = (a_{\rho\sigma} + a_{\sigma\rho})/2 - (a_0)_{\rho\sigma}$，$(a_\mathrm{a})_{\rho\sigma} = (a_{\rho\sigma} - a_{\sigma\rho})/2$ である．$\sum$ は $(\rho, \sigma) = (x, y, z)$ についての求和を意味する．座標の回転に際して，ラマン散乱テンソルのトレース成分 $(a_0)_{\rho\sigma}$ はスカラーとして，対称成分 $(a_\mathrm{s})_{\rho\sigma}$ は 2 階の対称テンソルとして，反対称成分は偽ベクトルとして変換されるので，分子の配向に関する空間平均をとると，これらの成分の交差項はすべてゼロとなり，3 個の回転不変量のみが残るのである．

B.　非共鳴ラマン散乱の偏光解消度

分極率近似が成立する非共鳴ラマン散乱では，ラマン散乱テンソルは対称テンソルである分極率テンソルの振動行列要素で近似される．したがって，$(a_{\mathrm{a}})_{\rho\sigma}=(a_{\rho\sigma}-a_{\sigma\rho})/2=0$ となり，$G_{\mathrm{a}}=0$ となる．したがって，式(2.4.2)は次のようになる．

$$\rho=\frac{3G_{\mathrm{s}}}{10G_0+4G_{\mathrm{s}}} \tag{2.4.7}$$

この式から，非共鳴ラマン散乱では，偏光解消度は0.75より大きな値をとることができないことがわかる．トレース成分は式(2.3.7)の $\gamma_{\mathrm{i}}\times\gamma_{\mathrm{f}}$ が全対称のときのみゼロでない値をもち，非全対称の場合は必ずゼロとなる．したがって，**全対称振動の基本音の偏光解消度は $0\leq\rho<0.75$**（記号 p で表す），**非全対称振動の基本音の偏光解消度は，$\rho=0.75$** (dp) となる．この偏光則は，ラマンスペクトルに観測されるラマンバンドを与える振動遷移の対称性を知るうえで重要な情報となる．

図 2.4.2 に液体四塩化炭素の偏光ラマン測定の結果を示す．四塩化炭素は T_{d} 対称の構造をもち，既約表現 a_1, e, t_2 に属する基準振動がラマン活性となる．図 2.4.2 では，a_1 に属する全対称伸縮振動の基本音（ν_1, 459 cm^{-1}）が $\rho=0$，それ以外の非全対称振動の基本音が $\rho=0.75$ の値をとることがわかる．点群 T_{d} の全対称伸縮振動の基本音 ν_1 は，トレース成分のみをもつので，偏光解消度はゼロとなる．

共鳴ラマン散乱の場合は，ラマン散乱テンソルが非対称（$G_{\mathrm{a}}\neq0$）となりうるので，0.75より大きな値の偏光解消度が観測されることがある[10]．0.75より大きな偏光解消度を異常偏光解消度と呼ぶ．異常偏光解消度の報告例は多くないが，通常用いられている式(2.4.7)が，実は非共鳴条件下でのみ成立する限定的なものであることを実証するうえで重要な役割を果たした．

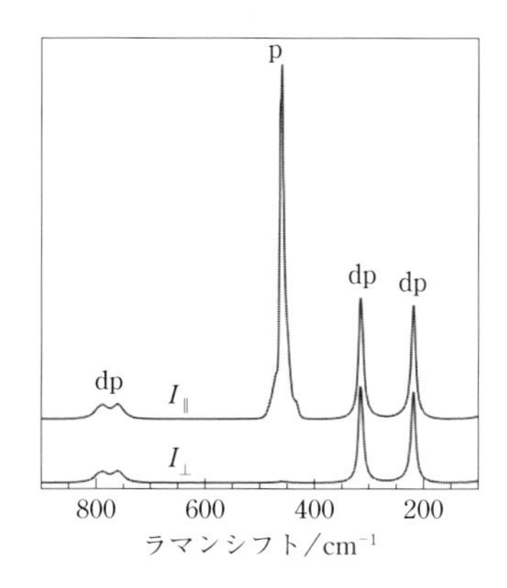

図 2.4.2　液体四塩化炭素の偏光ラマンスペクトル（岡島 元博士 提供）

文　献

1) H. A. Kramers and W. Heisenberg, *Z. Phys.*, **31**, 681 (1925)
2) P. A. M. Dirac, *Proc. Roy. Soc.* (London), **A114**, 710 (1927)
3) A. D. Buckingham and P. Fischer, *Phys. Rev.*, **61**, 5801 (2000)
4) G. Placzek, *Rayleigh Steuung und Raman-Effect, in Handbuch der Radiologie VI*, Akademische Verlag, Leipzig (1934)
5) A. C. Albrecht, *J. Chem. Phys.*, **34**, 1476 (1961)
6) 犬井鉄郎，田辺行人，小野寺嘉孝，応用群論，裳華房 (1976)
7) E. B. Wilson, J. C. Decius, and P. C. Cross, *Molecular Vibration*, McGraw-Hill, New York (1955)
8) 水島三一郎，島内武彦，赤外線吸収とラマン効果，共立出版 (1958)
9) T. C. Damen, S. P. S. Porto, and B. Tell, *Phys. Rev.*, **142**, 570 (1966)
10) H. Hamaguchi (R. J. H. Clark and R. E. Hester eds.), *Advances in Infrared and Raman Spectroscopy, Vol. 12*, Wiley, New York (1985), chapter 6 The Resonance Raman Effect and Depolarization in Vibrational Raman Scattering

第3章　ラマン分光の実際

本章では，ラマン分光を実際に応用するうえで必要となる基礎事項について述べる．まずラマンスペクトル（自発ラマンスペクトル）の測定に用いるラマン分光計の基本的概念について述べ，次にその構成要素である光源，照射・集光光学系と試料部，分光器，検出器およびデータ処理系のそれぞれについて解説する．ラマン分光の応用上，今後ますますその重要度が増していくと考えられる顕微ラマン測定については，項を設けて解説する．最後に，測定したラマンスペクトルの確度を担保するための強度とラマンシフト（スペクトルの縦軸と横軸）の較正について述べる．

3.1 ■ ラマン分光計

3.1.1 ■ ラマン分光の自由度

ラマン分光の大きな利点として，測定に際して実験者のもつ自由度が大きいことがあげられる．ラマンスペクトルの特性と，その測定のしくみをよく理解すれば，個々の実験者がそれぞれの目的にとって最善なラマンスペクトルの測定法を選択したり，あるいは自ら装置を改良したりすることが容易に実行できる．つまり，ラマンスペクトルの測定にあたっては，それぞれの実験者が「創造性」を発揮する余地が多分にあるのである．創意工夫によって独自の測定を行うことは，楽しくかつ有益である．このような測定を行うためにも，ラマン分光計について正しく理解することが大切である．

ラマン分光計には，気相の分子の高分解能測定のための分光計から，非線形ラマン過程を利用した顕微分光計まで，さまざまな種類がある．それぞれのラマン分光計は，測定の目的に適合するように設計・製作されている．一方で，これらのラマン分光計には共通する基本的な構成要素がある．光源，照射・集光光学系，試料部，分光器，検出器およびデータ処理系である（**図 3.1.1**）．ラマン分光計を製作，あるいは改良する際には，そのときの測定の目的に応じて最適な光源，照射・集光光学系，試料部，分光器および検出器を選択することが望ましい．使用するラマン分光計を市販のラマン分光計の中から選定する際には，ラマン分光計の構成要素が使用目的に適合しているかどうかを吟味することが重要である．

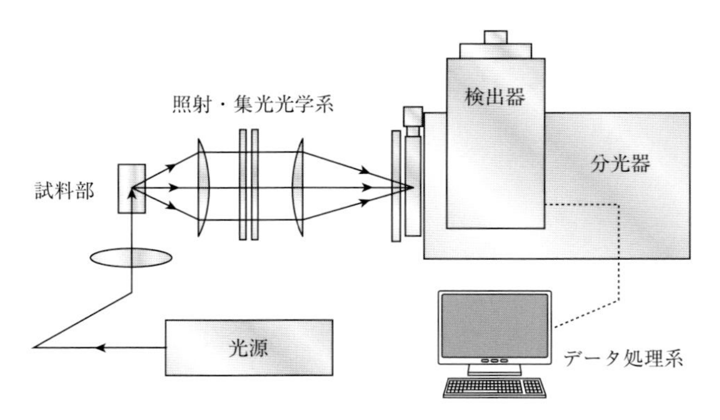

図 3.1.1　ラマン分光計の構成要素

3.1.2 ■ ラマン分光計に要求されること

ラマン分光計は，ラマンスペクトルの測定に特化した分光計である．ラマン散乱光の特性が，ラマン分光計がもつべき機能を規定する．今日では，ラマン分光計の構成はほぼ確立している．

ラマン散乱光あるいはラマンスペクトルの特徴としては，主に次の4つがあげられる．まず，振動ラマン散乱のラマンバンドが分布する波数領域は，ラマンシフトがほぼ0 cm^{-1} から3500 cm^{-1} までの範囲である．これは，励起光の波長が500 nmの場合，ストークス側では500 nmから610 nmの範囲に相当する．次に，ラマン散乱光は微弱である．ラマン散乱の散乱断面積（式(2.2.24)参照）は，大きくても 10^{-28} cm^2 程度である．これは，強い蛍光に比べると，約10桁小さい．ラマンスペクトルを測定するときには，分光器を通って検出器まで到達する光子の数が1秒間に10個程度であることも珍しくない．第三に，ラマン散乱光が散射されるときには，はるかに高い確率でレイリー散乱光も散射される．典型的なラマン散乱光の強度は，レイリー散乱光の 10^{-4} 倍程度かそれ以下である．したがって，ラマンスペクトルを測定するときには，圧倒的に大きな強度をもつレイリー散乱光をラマン散乱光から分離しなければならない．第四に，ラマン散乱光には偏光特性がある．励起光と散乱光の偏光の組み合わせによっては，ラマン散乱がまったく観測されないこともありうる．

ラマン分光計で2 cm^{-1} 離れた2つのバンドを分解するためには（波数分解能2 cm^{-1}），励起光が500 nmの場合，ラマン散乱光を検出する波長における光学的スリット幅が，波長に換算して0.06 nm程度である必要がある．すなわち，500 nmに 10^4

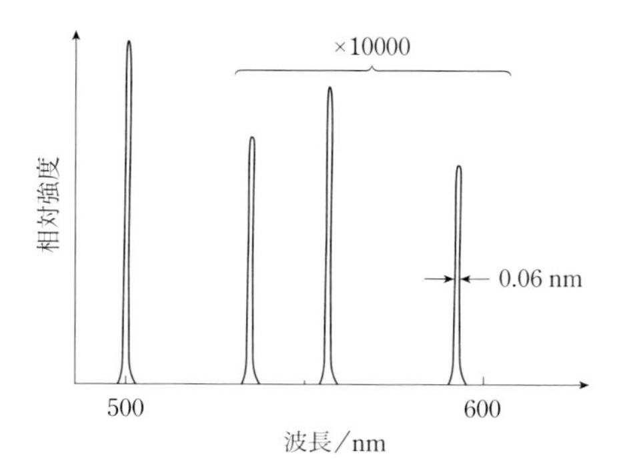

図 3.1.2　レイリー散乱光とラマン散乱光の分離

倍の強度のレイリー散乱光があるにもかかわらず，500 nm から 610 nm にかけて現れるラマン散乱光を 0.06 nm のスリット幅で測定するのである（**図 3.1.2**）．これは，容易な分光実験ではない．ラマンスペクトルの測定に細心の注意が必要である理由がここにある．

3.2 ■ ラマン分光計の構成要素

3.2.1 ■ 光　源

紫外域，可視，近赤外域でのラマンスペクトルを測定するための励起光源としては，レーザーが用いられる．遠紫外域や赤外域でのラマン分光は，いまだ学術的研究に止まっており，その実用化は今後の課題である．レーザーは，ラマン分光用の励起光源に要求される単色性，指向性，出力（単位時間あたりに射出される光エネルギー），偏光性のすべてにおいて優れた特性を有している．励起光源としてレーザーを選択する際には，その波長，単色性，時間特性，出力について留意する必要がある．

A. 波　長

ラマンスペクトルの励起波長の選択に際して考慮すべき因子は，「散乱確率」の波長依存性（ν^4 則，以下参照），共鳴効果，試料への影響，蛍光の妨害，検出器の感度などである．

自発ラマン散乱光の散乱断面積は，入射光の振動数の一乗および散乱光の振動数の三乗に比例する（近似的には散乱光の振動数の四乗に比例する；2.2.2 項参照）．したがって，励起光の波長が短いほど，ラマン散乱の断面積は増加する．具体的には，波長 400 nm のレーザーで励起した場合は，波長 800 nm のレーザーで励起した場合に比べ，散乱光の強度はおよそ16倍，光子数はおよそ8倍になる．

励起波長が試料分子の電子遷移の波長と一致すると，ラマン散乱の「共鳴効果」が起きる（2.1.2項参照）．このとき，ラマン散乱の確率は通常の「非共鳴」ラマン散乱に比べて10^3から10^4倍に増大する．共鳴ラマンスペクトルを測定するためには，測定対象の分子の電子吸収帯の位置と一致する励起波長を選ぶ必要がある．

通常の非共鳴ラマンスペクトル測定では，励起光は試料に吸収されず，レイリー散乱やラマン散乱で散乱される光を除いて，そのまま試料を透過する．一方，共鳴ラマンスペクトルを測定するときは，励起光は試料に吸収される．吸収された光のエネルギーのうちで，蛍光やリン光として外部に放出されなかったエネルギーは，試料内部で熱に変換される．例えば，共鳴ラマンスペクトルを測定するときに，励起波長での吸光度（光路長1 cm）が1になるように試料を調製したと仮定する（これはよく用いられる実験条件である）．この試料に1 mW（$\mathrm{W=J\,s^{-1}}$）の励起光を直径100 μm（面積$8\times10^{-3}\ \mathrm{mm^2}$）で集光したとすると，$8\times10^{-3}\ \mathrm{mm^2}\times10\ \mathrm{mm}=8\times10^{-2}\ \mathrm{mm^3}$の体積に，1秒間あたり9 mJのエネルギーを与えることになる（**図3.2.1**）．蛍光やリン光によって放出されるエネルギーがないと仮定すると，このエネルギーは系の温度上昇に使われる．この試料が水溶液だとすると，その比熱は$4.2\ \mathrm{J\,g^{-1}K^{-1}}$，比重は1とみなせるから，ラマンスペクトルの測定のための光照射によって照射された部分の試料の温度が1秒間で約30 K上昇することになる．場合によっては，この温度上昇が試料の分解につながることがある．また，励起光による電子励起が，試料の光分解につながることもある．励起光による試料の損傷が予想される場合には，試料部で損傷を避ける方策（後述）を考慮しなければならない．

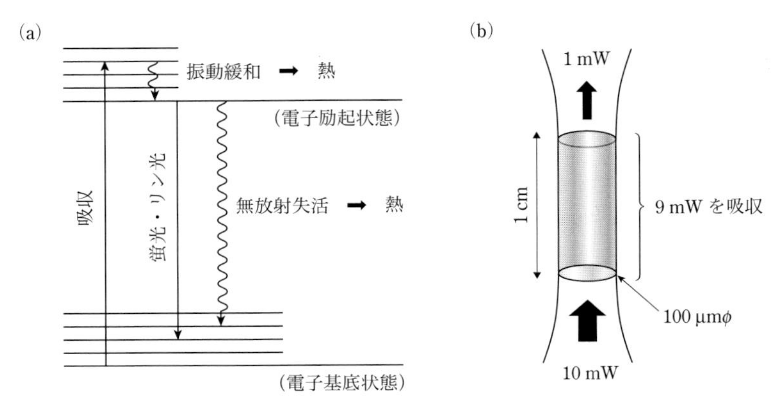

図3.2.1　励起光による試料の温度上昇

吸収された励起光のエネルギーが，熱に変換されずに蛍光やリン光となって放出される場合は，それらの光がラマンスペクトル測定にとって妨害となりうる．蛍光やリン光が起こる確率はラマン散乱が起こる確率よりもはるかに高いため，蛍光やリン光の統計的強度揺らぎ（ショットノイズ）の大きさがラマン散乱強度よりも何桁も大きくなる可能性がある．これまでにラマンスペクトルの測定時における蛍光の妨害を回避するための手段がいくつか提案されているが，蛍光が発生する励起波長を避けることは直接的で有効な対処法である．この目的のためには，近赤外域の励起波長を用いることが多い（4.2.5 項 C. および 4.3.9 項 C. 参照）.

出力波長を連続的に変えられるレーザーは，ラマンスペクトルの励起光源として理想的である．このような波長可変のレーザーは，パルスレーザーについてはほぼ実現している．光パラメトリック増幅器や色素レーザーと高調波・和周波発生などの非線形光学効果を組み合わせると，紫外域から近赤外域のかなりの領域で連続波長可変なレーザー出力を得ることができる．ただし，これらの方法で波長変換をした場合には，得られるレーザー光の線幅がラマン分光法で要求される水準よりも大きくなることがあり，単色性が悪化する．励起光の単色性については，次で取り上げる．

コヒーレントアンチストークスラマン散乱（CARS）などを利用した非線形ラマン分光法では，白色光を光源（の一つ）として利用したマルチプレックス測定を行う場合がある．光ファイバーの一種であるフォトニック結晶光ファイバーによって発生させた白色光は，波長に対する強度の揺らぎが小さく有用である．

B.　単色性

レーザー光源の単色性は，ラマンスペクトルの分解能を決める要因として重要である．レーザーでは，気体，液体，固体（非晶質を含む）のさまざまな物質を利得媒質（誘導放出によって光を増幅する物質）として利用する．ヘリウム−ネオン（He−Ne）レーザーやアルゴンイオン（Ar^+）レーザー，クリプトンイオン（Kr^+）レーザーなどは，気相原子（イオン）を利得媒質として利用している．これらの気体レーザーで利用する原子（イオン）遷移の線幅（主としてドップラー効果によって決まる）は半値全幅で 5 GHz（0.16 cm^{-1}）程度であり，これらのレーザーからは通常のラマンスペクトルを測定するのに十分小さい線幅をもつ光を得ることができる．液体や固体を利得媒質として利用する場合は，出力光の線幅が大きくなる場合がある．

波長変換を効率よく行うために，パルスレーザーを利用することが多いが，その場合出力光の線幅が大きくなることがある．特に，安定した出力を得やすいフェムト秒のパルスレーザーで光パラメトリック増幅器を励起した場合は，波長変換後の光の線幅が 20 cm^{-1} を超えるのが普通である．鋭いスペクトルを示す気体や結晶を測定する場合に限らず，溶液や生体試料を測定する場合でも，この線幅は大きすぎる．ラマンスペクトルの測定に利用するためには，例えばフィルターによって線幅を制限することが必要になる．

C. 時間特性

レーザーからの出力には，連続発振光（cw, continuous wave の略）とパルス光の2種類がある．パルス光の時間特性を特徴づけるのは，繰り返し周波数と時間幅である．平均出力が10 mW のとき，繰り返し周波数が10 Hz であればパルスエネルギー（光パルス1個あたりのエネルギー）は1 mJ である．繰り返し周波数が1 kHz であれば，パルスエネルギーは10 μJ となる．パルスエネルギーが1 mJ のとき，時間幅が1 ns であればその尖頭出力（ピークパワー）は，1×10^{-3} J/1×10^{-9} s = 1 MW であり，時間幅が1 ps であれば尖頭出力は1 GW にもなる．パルス光をラマン散乱の励起光として使用するときには，瞬間的に試料がこのような大きな光電場中に置かれていることに留意すべきである．

パルス光のもつ大きな尖頭出力を利用すると，さまざまな非線形ラマン散乱（2.1.3項参照）を効率よく測定することができる．パルス光の短い時間幅は，時間分解ラマン分光測定の際にも積極的に利用されている．

D. 出　力

一般的に，試料に対して何らかの測定を行うときには，測定が試料に与える影響が最小限であることが望ましい．その意味では，ラマン分光に用いる励起光の出力は，できる限り小さい方がよい．しかし，上述のように，ラマン散乱の散乱断面積はせいぜい10^{-28} cm^2程度であるので，十分なSN比でラマンスペクトルを測定するためには，一定の強度の励起光を照射することが必要になる（**図3.2.2**）．

自発ラマン散乱の場合には，ラマン散乱光の強度は励起光の強度に比例する．これは，励起光が連続発振光であるかパルス光であるかを問わない．10 mW の励起光強度が必要であると見積もられる場合，連続光であれば任意の時点での出力が10 mW であるが，パルス光の場合は上述のようにMW からGW の尖頭出力になりうるので，注意が必要である．

E. 偏光特性

レーザー発振は原理的に偏光･非偏光のいずれでも可能である．多くのcw 気体レーザーのように共振器内にブリュースター角の窓の付いた放電管を置く構造では，ほぼ完全な(99％以上の)直線偏光が得られる．固体レーザーでも，ロッドの端面をブリュースター角に仕上げたり共振器内に偏光素子を置いたりして偏光出力を得ることができる．後述するように，偏光ラマン測定では光源の偏光度以外の要素が測定精度を決め

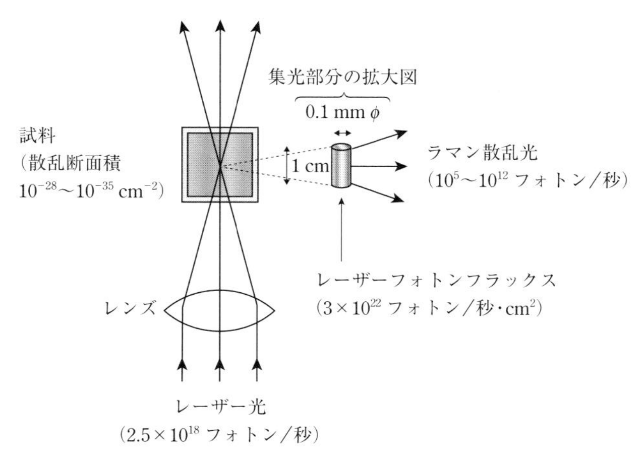

図 3.2.2　試料に照射するレーザー光の出力を検討するためのモデル

てしまう場合がほとんどであり，cw 気体レーザーからの偏光出力をそのまま測定に用いて差し支えない場合が多い．窒素レーザーなどの非偏光出力のレーザーを用いる場合や，より精度の高い偏光測定では，グラン–トムソンプリズムなどの偏光プリズムによって高い純度の偏光を得る必要がある．

市販のレーザーには，縦偏光出力のものと横偏光出力のものとの 2 種類がある．ラマン分光の励起光源として用いる場合には，いずれの型でもその電気ベクトルが観測方向と垂直になるような光学配置をとる必要がある．

F.　よく用いられるレーザー

ラマン分光の励起光源として現在よく用いられているのは，He–Ne レーザー（気体），Ar^+ レーザー（気体），Nd : YAG レーザー（固体），半導体レーザー（固体），チタンサファイアレーザー（固体）などである．これらのレーザーからの発振線の波長を巻末の表に示す．波長変換の手段としては，BBO（β–BaB_2O_4）などの非線形光学結晶を利用する高調波発生や和周波発生，および光パラメトリック増幅，有機蛍光色素などを利用する色素レーザー発振をよく用いる．

3.2.2 ■ 照射・集光光学系と試料部

本項では，（顕微鏡下ではない）通常の巨視的試料の測定のための照射・集光光学系と試料部について解説する．なお，顕微ラマン分光測定については 3.2.6 項で独立な項として解説する．

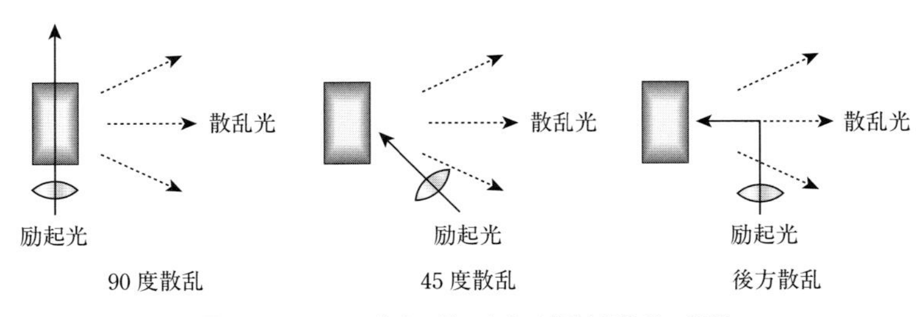

図 3.2.3　ラマン分光で用いられる照射光学系の配置

A.　照射光学系

2.2.1 項で述べたように古典的な描像では，試料に照射された光の電場によって誘起される誘起電気双極子能率が，散乱光を放射する．誘起電気双極子能率からは，軸対称に光が放射されるので，双極子軸に対して垂直な方向であれば，どの方向に検出器を置いても同じ大きさの信号を得ることができる．どの方向から励起光を照射して，どの方向への散乱光を信号として集めるかという光学系の配置には，いくつかの可能性がある．実験者は，それらの可能性の中から最適と考える配置を選択すればよい．

ラマン分光の実験でよく用いられる配置には，90 度散乱，45 度散乱，後方散乱などがある．それらの配置を**図 3.2.3** に示す．角セルの中の液体試料を測定する場合には 90 度散乱がよく用いられる．角セルでの 90 度散乱の配置で非共鳴ラマンスペクトルを測定する場合，下から上に（鉛直方向に）励起光を照射すると効率のよい測定ができる．これは鉛直方向に直線状に伸びる照射領域の像（励起光の光学像）が同じ鉛直方向に長い分光器の入射スリット上に結像するので，比較的大きな体積からの散乱光を分光器に導くことができるからである．これに対して，試料の近傍に光学素子を配置する余地が乏しい顕微分光法では，後方散乱の配置を採用する場合が多い．固体試料の測定で表面反射光が分光器に入るのを防ぎたい場合などには，45 度散乱の光学配置を用いる．

B.　集光光学系

ラマン散乱光を集光するための光学系における集光効率について考える．いま，集光のためのレンズとして，焦点距離が 50 mm，直径が 25 mm のレンズを使ったとする（**図 3.2.4**）．この場合，レンズ面が半径 50 mm の球面に占める割合を計算すると，0.0156 となる．つまり，光照射を受けた試料からの散乱光がすべての方向に均等に散乱されるとすると，この集光光学系で集められる散乱光は全体の 1.6% でしかない．

集光光学系を設計するときには，集光光学系と分光器の F 値が一致（F マッチング）するように注意しなければならない．分光器の F 値は，分光器の焦点距離 f（**図 3.2.5**）

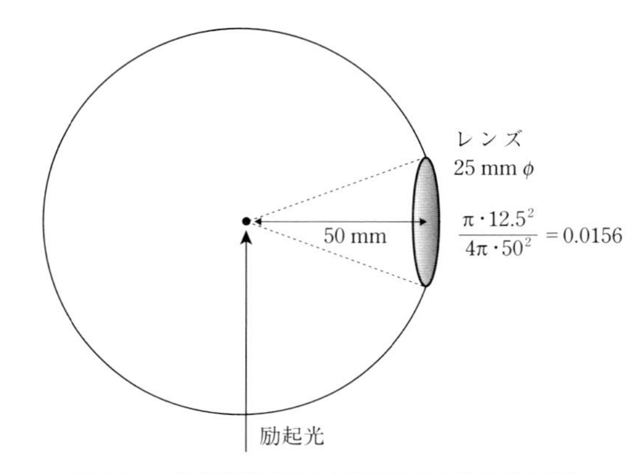

図 3.2.4　集光光学系により集められる散乱光の割合

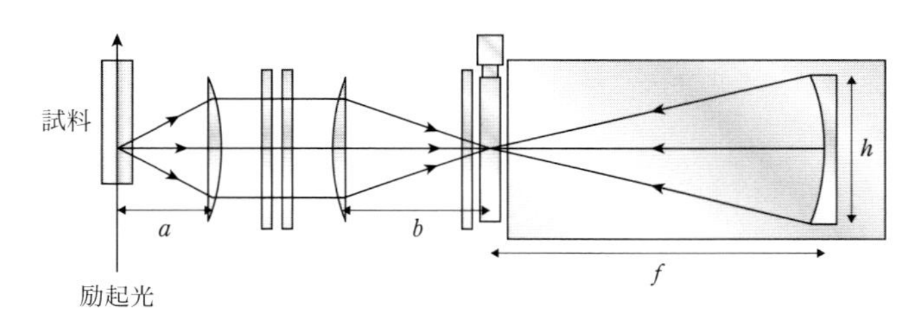

図 3.2.5　集光光学系と分光器のFマッチング（横から見た図）

と回折格子（あるいは凹面鏡）の高さ h との比で表される．仮に分光器のF値が5であり，分光器の入射スリット上で結像するためのレンズの直径が25 mmであるとすると，この結像レンズと分光器の入射スリットとの間の距離は125 mmでなければならない．レンズと分光器の間の距離が125 mmよりも短いと，分光器に入った光が回折格子よりも大きな面積に広がってしまい，光の損失が起こる．逆にレンズと分光器の間の距離が125 mmよりも長いと，回折格子を一部分しか利用しないことになり，波数分解能が低下する場合がある．

試料と結像レンズの間の距離は，どう決めるべきだろうか．上述のように結像レンズと分光器の間の距離は，分光器のF値によって決まる．これに対して，試料と集光レンズの間の距離は，集光の効率が大きくなるために短ければ短いほど良いように思われる．しかし，試料と集光レンズの間の距離を決めるときに考慮すべき要因がもう一つある．分光器の入射スリット上にできる像の大きさである．試料と集光レンズの間の距離を a，結像レンズと分光器の入射スリットとの間の距離を b とすると，入射スリット上での像の大きさは試料上での像の大きさの b/a 倍になる（図 3.2.5）．集光効率を上げるために a を小さくすると，その分だけ入射スリット上での像が大きくなる．試料からの散乱光をすべて分光器内部に導こうとすると，入射スリットの高さと幅を大きくしなければならなくなる．

実際に集光光学系を設計するときには，いくつかの要因を考慮しながら最善と思われる解を探すことになる．例えば，試料の直径 100 μm の範囲に，632.8 nm の照射光を集光する場合を考える．利用する分光器の焦点距離は 32 cm，F 値は 5 であり，1800 本／mm の回折格子を使うと仮定する．この分光器を使って，675 nm（ラマンシフト 1000 cm^{-1} に対応）付近の光に対して 8 cm^{-1} の波数分解を要求すると，入射スリットの幅を 250 μm にしなければならない．この入射スリットの幅は試料上の焦点の直径よりも 2.5 倍大きい．直径 25 mm のレンズ 2 枚で集光光学系を組むとすると，結像レンズの焦点距離は（F マッチングにより）125 mm となる．入射スリット上での像の大きさが試料上での像の 2.5 倍になり，かつ入射スリット上での像の大きさがスリット幅と同じになるようにするためには，焦光レンズの焦点距離を 50 mm としなければならない．

偏光子やノッチフィルターは平行光に対して用いるのが望ましいので，集光レンズと結像レンズの間に置くのがよい．

C．試料部（図 3.2.6）

ラマン分光計の試料部は，研究者の創意工夫を発揮しやすい部分である．測定する試料の形態や性質によって，いろいろな試料部を考えることができる．

角柱状のガラス（石英）製の角セルは，もっとも基本的な試料セルの一つである．ラマン分光測定には，4 面の垂直な光学窓に加えて，底面も光学窓にした「5 面透明」の角セルがよく用いられる，この 5 面透明セルに液体試料を保持し，底面から鉛直方向に励起光を照射する．90 度散乱の配置をとって，水平方向への散乱光を集光して分光器に導く．この配置では，励起光と散乱光の双方がガラス面に対して垂直方向から入射するので，ガラス面による光の屈折の影響や偏光特性の変化が少なくてすむ．また励起光が進む方向（鉛直方向）と分光器の入射スリットの長辺の方向が一致するので，試料に照射された励起光の像を入射スリットの空隙の中に結像させることができる．試料による励起光の吸収がない非共鳴ラマン散乱の測定では，この利点が顕著となる．

粉末状の試料を測定するときは，試料粉末をガラスキャピラリーに入れて試料部に固定し，90 度散乱の測定をするのが簡便である．単結晶の試料であれば，試料の方向を変化できるようなゴニオメーター付の試料ステージを使うのがよい．粉末試料の測定では後方散乱配置を採用することも多い．入射スリット上の像が点になる後方散

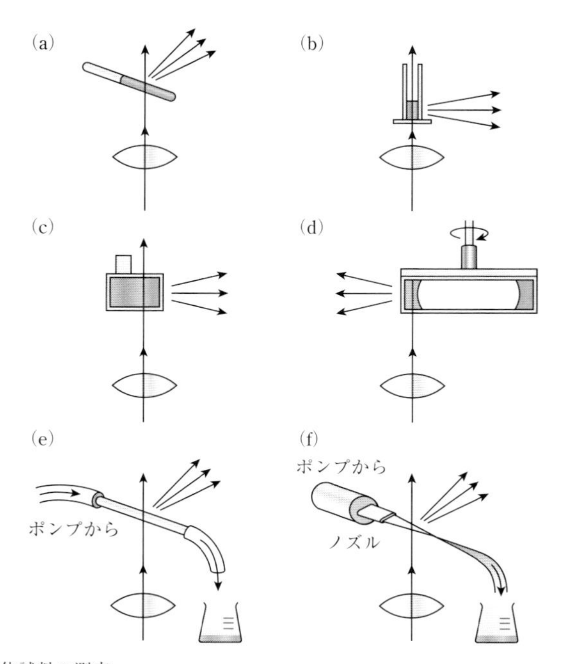

図 3.2.6 液体試料の測定
(a) 横型キャピラリーセル, (b) 縦型キャピラリーセル, (c) 角セル, (d) 回転セル, (e) キャピラリーフローセル, (f) 液膜ジェット.

乱配置では，入射スリットの縦方向を有効に使うことはできない．粉末試料の場合には，表面での乱反射のため，励起光は試料中を数 mm 以上進むことはできないので，90 度散乱を利用しても，液体試料のような長い照射領域の像をそのまま分光器に導入することは難しい．顕微ラマン分光測定（3.2.6 項参照）では，照射用と集光用に同一の対物レンズを使うので，後方散乱配置を用いることが多い．

試料の温度を制御しながらラマンスペクトルを測定するときには，クライオスタットや高温セルなどを用いる．どちらの場合も，セルに取り付ける光学窓の位置によって，90 度散乱や後方散乱などの配置を選択する．クライオスタットを使った低温測定の場合，試料の蒸気圧が小さいときには試料をそのまま真空下に保持する．液体などの蒸気圧が大きい試料の場合は，低温の試料を大気圧下に保持して，セルの外側との間に真空の断熱層を作る必要がある（デュワー瓶のような構成にする）．この場合，励起光と散乱光はそれぞれ 2 枚の光学窓を通過することになる．

共鳴ラマンスペクトルを測定するときなど，励起光が試料に吸収される場合は，試料の同じ場所を励起用レーザーで照射し続けると，試料が光や熱によって損傷するこ

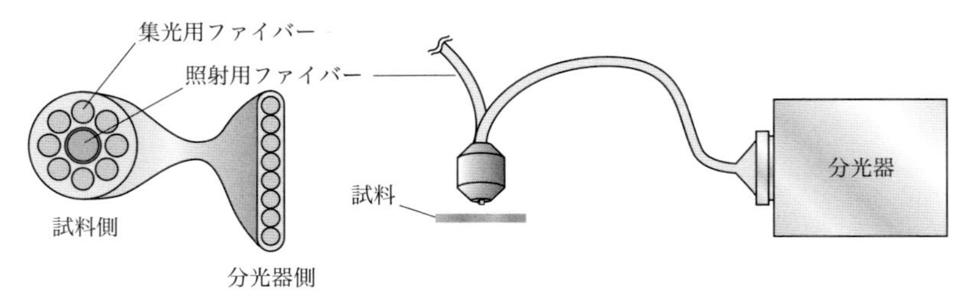

図 3.2.7　光ファイバーを用いた照射・集光光学系

とが多い．そのため，試料の同じ場所への光照射を避ける工夫が必要になる．試料が液体の場合には，**回転セル**を用いて試料液体を回転させるか，**フローセル**中に試料液体をポンプで循環させる．フローセルを使わずに，ノズルから試料液体を液膜状に噴出させる「液膜ジェット」を使う場合もある．この方法には光学窓を経ずに励起光を照射することができるという利点がある．しかし，生成した液膜の安定性が測定の精度を大きく左右する点に注意が必要である．

D. 照射光学系および集光光学系での光ファイバーの利用

近年，ラマン分光計全体の小型化が進み，携帯可能なラマン分光計が開発されている．励起光の照射および散乱光の集光のために光ファイバーを利用すると，測定用試料を置く場所を自由に決めることができる．実験室を出てフィールドでラマン分光測定を行う場合はもちろん，実験室の中で「通常の」ラマン分光測定を行う際にも，測定用の試料を通常の試料部位に配置するのが容易でない場合などに利用される．

ラマン分光測定の照射光学系および集光光学系に光ファイバーを利用するときには，それらの目的のための光ファイバーをまとめたファイバーバンドルを作ることが多い．励起用のレーザー光はファイバーバンドルの中心に配置した照射用のファイバーから導入する．照射用光ファイバーの周囲に別の光ファイバーを同心円状に配置して，これらの集光用ファイバーバンドルでラマン散乱光を集光する．ファイバーバンドルの試料とは反対側（分光器側）の端面では，集光用ファイバーを直線状に再配列して，分光器の入射スリットへと散乱光を導く（**図 3.2.7**）．

光ファイバーを用いると，ファイバーの端面での反射により光を損失するが，照射光学系や集光光学系の調整がほとんど不要になるという利点がある．簡便かつ迅速なラマン分光測定を実現するためには，たいへん有効な方法である．

3.2.3 ■ 分光器

A. 分光器の特性

分光器は，ラマン分光計の主要な構成要素である．ラマン分光計では，大部分の機種において，反射型の回折格子を分散素子とした分散型分光器が用いられる．さらにいえば，ツェルニーターナー型の分光器を用い，回折格子からの一次の回折を利用することが多い．しかし，透過型の回折格子を用いて分光器を設計することも可能である．分光器の特性を示す代表的なパラメーターには，焦点距離，F 値，回折格子の刻線数およびブレーズ波長がある．ラマン分光計を構成するときには，測定の目的に適した分光器を選ぶことになるが，その際に上記のパラメーターを最適化することになる．

試料部からの散乱光は，集光光学系によって分光器の入口スリット上に結像される．入口スリットを通過して分光器の内部を進んだ光は，凹面鏡で平行光にコリメートされて回折格子に向かう．スリットから凹面鏡までの距離は，この凹面鏡の焦点距離と一致する．この距離のことを**分光器の焦点距離**と呼ぶ．多くの分光器では，入口側と出口側を対称に設計してある．この場合，入口側の焦点距離と出口側の焦点距離が等しい．

焦点距離と回折格子の刻線数によってその分光器の分散がほぼ決まる．分光器の分散の大きさは，線分散（1 mm あたりの波長差（nm/mm））で表される．ラマン分光測定のためには，焦点距離が 30 cm から 50 cm 程度の分光器を用いることが多い．例えば 32 cm の焦点距離をもった分光器で 1200 本/mm の刻線数の回折格子を使った場合，その分光器の線分散はおよそ 2.3 nm/mm となる（表 3.2.1）．焦点距離が長い分光器や刻線数の大きな回折格子を使うと出口の焦点面での光の分散が大きくなり，より高いスペクトル分解能の測定を行えるようになる．

分光器の F 値は，前述したとおり，分光器の焦点距離と回折格子（あるいは凹面鏡）の高さとの比で表される．F 値が小さい「明るい」分光器を使うと，集光系の F 値も小さくすることができる．この場合，入口スリット上での像の実際の集光点の像に対する拡大率を小さく抑えられる．これは，集光の立体角を大きく保ったまま入口スリット上での像を小さくできることを意味する．そして，入口スリットの幅を大きくしなくても散乱光を効率よく分光器に導入できることになり，光の利用効率の良さと波数分解能の良さを両立させた測定が可能になる．

ここまでの説明をまとめると，ラマン分光測定に使う分光器は，焦点距離が長くかつ F 値が小さいものがよいといえる．この 2 つの条件を両立させるためには，大きな回折格子を使うことが必須となる．実際の分光器の選定の際には，大きな分光器を

表 3.2.1　焦点距離 32 cm の分光器の波長 500 nm における線分散の例
［HORIBA JOVIN YVON iHR320 のデータを転載］

回折格子の刻線数(g/mm)	線分散(nm/mm)
3600	0.20
2400	0.87
1800	1.38
1200	2.31
900	3.20
600	4.94
300	10.12
150	20.43

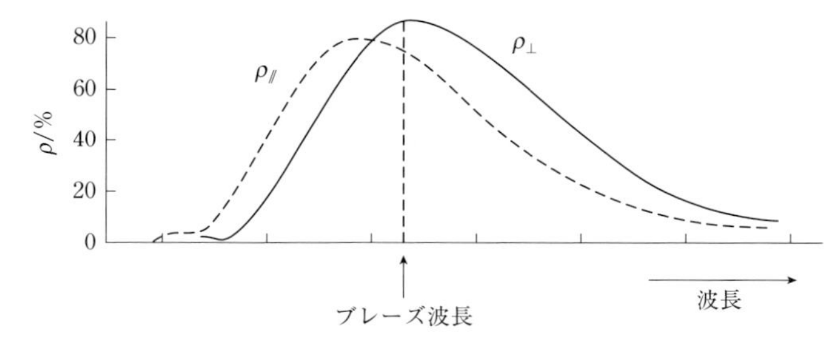

図 3.2.8　回折効率の例
$\rho_{/\!/}$：刻線の溝に平行な直線偏光の回折効率，$\rho_{\perp}$：刻線の溝に垂直な直線偏光の回折効率．

導入するための費用と設置場所の確保も無視できない条件となる．

焦点距離 32 cm のツェルニーターナー型分光器における，回折格子の刻線数と線分散の関係を**表 3.2.1** にまとめる．光学的スリット幅は機械的スリット幅と線分散の積で与えられる．刻線数 1200 本/mm および 1800 本/mm の回折格子を使った場合，100 μm の機械的スリット幅に対応する光学的スリット幅はそれぞれ 0.23 nm および 0.14 nm となる．これは，波長 632.8 nm の He-Ne レーザーを励起光に用いて 1000 cm^{-1} のラマンバンドを観測したときの 4.6 cm^{-1} と 3.1 cm^{-1} の光学的スリット幅に対応する．これらの値は，溶液，液体，固体などの凝縮相の試料のラマンスペクトルを測定するときには十分な値である．

回折格子には，機械的に刻線する回折格子と，ホログラフィで光学的に刻線する回折格子の 2 種類がある．機械刻線の場合は，回折格子表面につける溝に傾斜をつけることである特定の波長での回折効率のみを最適化することができる．このような溝の傾斜角のことをブレーズ角と呼び，最適化された波長のことをブレーズ波長と呼ぶ．回折格子の回折効率の例を**図 3.2.8** に示す．回折格子の回折効率は，ブレーズ波長よりも長波長側では緩やかに減少するが，ブレーズ波長よりも短波長側では急速に減衰する．

回折格子の回折効率は，回折格子への入射光の偏光特性によっても変化する．一般に，回折格子の溝に対して直交した偏光をもつ光の回折効率は，溝と平行な偏光をもつ光の回折効率よりも大きい．直線偏光で励起している場合，ラマン散乱光も偏光特性をもつ（2.4 節参照）．ラマン散乱光の偏光特性は，個々のラマンバンドによって異なるので，偏光したラマン散乱光をそのまま分光器に入射すると，ラマンバンド間の相対強度を正しく測定することができない．正確な測定のためには，分光器への入射光学系の中に偏光解消子を置かなければならない．偏光解消子としてバビネ板を使う場合は，光がバビネ板の広範囲を通過するように注意する必要がある．1/4 波長板を偏光解消子の代用品として用いる場合もあるが，完全には偏光を解消できないので注意を要する．このように偏光ラマンスペクトルや偏光解消度を測定するときにはもちろん，スペクトル強度の正確な測定のためには，偏光解消子の利用が不可欠である．市販のラマン分光計には偏光解消子が組み込まれていない場合があるので，注意を要する．

分光器の出口側では，波長ごとに異なる場所で入口スリットの像が結像される．分散された光が結像する領域（二次元）を焦点面と呼ぶ．光電子増倍管などの単一素子（シングルチャンネル）の光検出器を用いる場合には，出口スリットが必要になる．出口スリットの幅も，入口スリットと同様に測定の波数分解能を決定する因子である．入口側と出口側が対称な分光器の場合は，入口スリットと出口スリットの幅を同じにする．CCD 検出器などのマルチチャンネル検出器を用いる場合には，出口スリットは不要である．波数分解能の上限は検出器の「画素（ピクセル）」（あるいは「チャンネル」）の幅により決まるため，入口スリットの幅をピクセルの幅よりも狭くしても，波数分解能の向上にはつながらない．ラマン分光測定に用いられる CCD 検出器の多くでは，ピクセルの幅が 20〜25 μm になっている．入口スリットの幅をこの幅よりも狭く設定しても，分解能は向上しない．

B.　迷光の除去

ラマンスペクトルの測定では，ラマン散乱光と同時にレイリー散乱光も発生する．レイリー散乱が起こる確率は，ラマン散乱の 10^4 倍以上であるから，散乱光の大部分はレイリー散乱光だといえる．レイリー散乱光とラマン散乱光では波長が異なるから，分光器を使えば両者は分離できるはずである．しかし，実際の分光器では，光学素子のわずかな歪みや，高次回折光の分光器内部での散乱などによって，光が出口側の焦点面上で本来到達すべき位置とは異なる位置に到達してしまうことがある．このよう

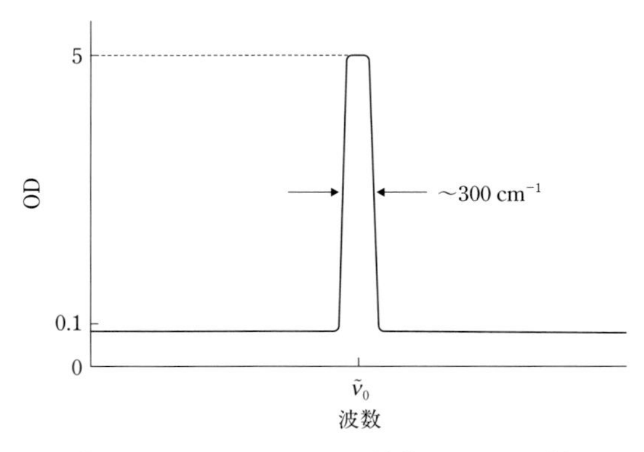

図 3.2.9　ノッチフィルターの透過スペクトルの例

な光のことを「迷光」と呼ぶ．ラマン散乱光の 10^4 倍の強度のレイリー散乱光が分光器に入ると，たとえ迷光の強度が正常な回折光の 10^4 分の1であったとしても，レイリー散乱光の迷光と「正規の」ラマン散乱光がほぼ同じ強度で測定されてしまうことになる．これは，実験者にとって深刻な問題である．ゆえに，ラマンスペクトルを測定するときには，迷光の影響を排除することが最重要課題として要請される．

「ノッチフィルター」の開発は，ラマン分光法にとって重要な意味をもった（1.3.3項参照）．ノッチフィルターは，きわめて狭帯域の光のみを反射する光学フィルターであり，1990年代の前半から市販されるようになった．ノッチフィルターの透過スペクトルの例を**図 3.2.9** に示す．この例では，ノッチフィルターが励起光から，ストークス側とアンチストークス側のともに約 150 cm^{-1} までの領域に含まれる光を反射している．中心波長での透過率は 10^{-5} 以下（光学密度（OD）は5以上）である．中心波長から 150 cm^{-1} 以上離れた領域では，80%程度の光を透過する．このノッチフィルターを使うと，レイリー散乱光を効率的に除去することができる．ラマン散乱光の集光光学系にノッチフィルターを加えると，分光器に入射するレイリー散乱光の強度を著しく小さくして，迷光の問題を回避できる．ノッチフィルターが広く利用されるようになる前は，ラマン分光測定にはダブルあるいはトリプルの多重分光器を用いることが常識であった．しかし，ノッチフィルターを利用することで，ダブルあるいはトリプルの分光器よりも透過率が1桁程度高く，かつ構造が単純なシングルの分光器を利用できるようになった．このようにノッチフィルターの開発は，ラマン分光に質的な転換をもたらしたといえる．近年，より狭帯域のノッチフィルターが開発され，励起光との波数差が 10 cm^{-1} 程度のラマンバンドの測定も比較的容易に行えるようになりつつある．ストークス側の光のみを選択的に透過する「エッジフィルター」も同

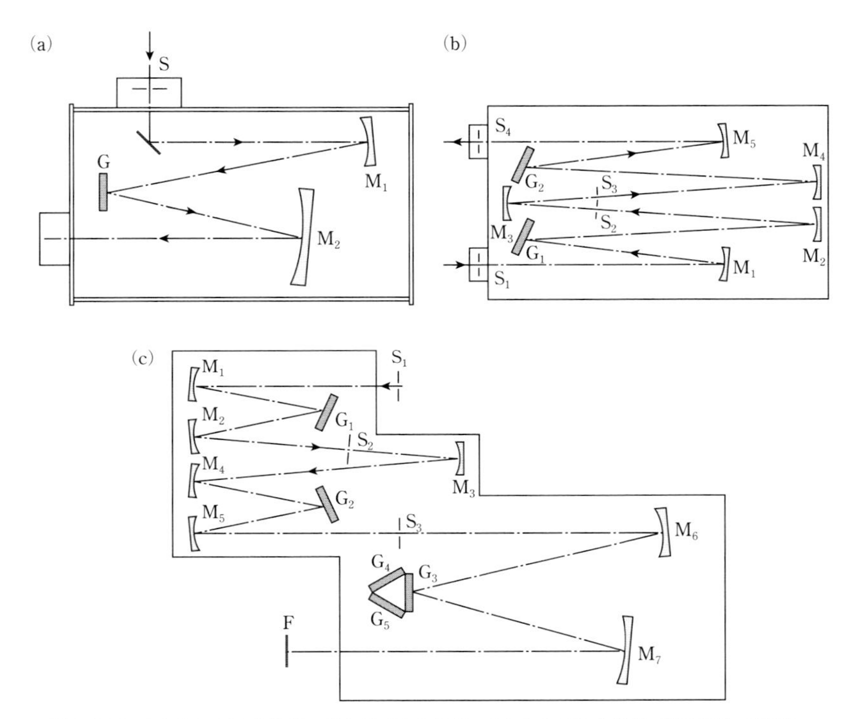

図 3.2.10 (a) シングル分光器, (b) ダブル分光器, (c) トリプル分光器 (差分散) の配置
S, M, G, F は, それぞれスリット, ミラー, 回折格子, 焦点面を示す.

様の目的で用いられる.

ノッチフィルターは万能ではない. 現在, ノッチフィルターが利用できるのは可視・近赤外光に対してのみであり, 紫外ラマンスペクトルを測定するときにはノッチフィルターを使うことができない. また, 励起波長を変えるたびに別のノッチフィルターが必要になるという問題もある. 前述のダブル分光器あるいはトリプル分光器には, このような問題はない. 典型的なシングル分光器とダブル分光器, トリプル分光器の配置を**図 3.2.10** に示す.

ダブル分光器は, 1 段目の分光器と 2 段目の分光器が連続していて, その間に中間スリットがある. 1 段目の分光器に入射したレイリー散乱光は中間スリットを通過できない. もしもレイリー散乱光が迷光として中間スリットを通過してしまっても, 2 段目の分光器で正しい (ラマン散乱と重ならない) 場所に回折される.

トリプル分光器では, 3 段の分光器が連続している. トリプル分光器をマルチチャンネル検出器と組み合わせて利用する場合は, 最初の 2 段の分光器を「差分散」の配置にして光学フィルターとして機能させる．初段の分光器で分散された光は1個目の中間スリットを通過する．この中間スリットの幅が，これより後段へと進むことのできるラマン散乱光の波長範囲を決める．すなわち，中間スリットの幅はマルチチャンネル検出器によりどの範囲の波長を検出したいかで決める．レイリー散乱光は，この段階で除去される．2段目の分光器は1段目と逆方向に分散する（差分散配置）ので，初段で分散されたラマン散乱光は再び「白色光」に戻る．ここに2個目の中間スリットがある．ラマン散乱光はこの2個目の中間スリットを通過できるが，最初の中間スリットを通過してしまったレイリー散乱光の迷光は2個目の中間スリットを通過できない．その後，2個目の中間スリットを通過したラマン散乱光を3段目の分光器で改めて分散させて，検出器で検出する．トリプル分光器では，初段と2段目の分光器をバンドパスフィルターとして利用したことになる．中心波長とバンド幅が両方とも可変である点で，非常に優れたバンドパスフィルターである．ただし，透過率は悪い．

分光器はきわめて精巧な機器であり，よい条件で測定するためには日常的に光軸を調整していることが望ましい．特にダブルおよびトリプル分光器の場合は，シングル分光器よりも多くの光学素子を使っていて，光軸が狂いやすく，また駆動の機構も複雑である．これらの分光器を使いこなすには，使用者側にも一定の素養が求められる．

C. イメージング分光器

通常の凹面鏡を利用する分光器では，入口スリット上での点が出口スリット上では縦方向に広がった像に歪む（凹面鏡による収差）．また，入口スリットの直線状の像が，出口スリット側で結像する際には三日月型に変形する．このような像の歪みを改善したのが「イメージング分光器」である．イメージング分光器は，入口スリット上の点が出口側でも点に，入口スリット上の直線状の像が出口側でも直線状になるように作られている．イメージング分光器の製作は，凹面鏡の工作技術の進歩とコンピュータを利用した光線追跡の利用によって可能になった．ラマン分光測定にイメージング分光器を用いると，ほぼ左右対称なスリット関数を得ることができる．そのため，スリット関数の影響をデコンボリューションなどの数学的操作で除去することが容易になり，より正確なバンド形の解析が可能になる．CCD検出器などの二次元マルチチャンネル検出器を使う場合は，試料と試料セルの壁面からの信号を検出器上で空間的に分離することもできるが（後述），イメージング分光器を用いればその分離の精度を向上できる．

3.2.4 ■ 検出器

ラマン分光測定で用いられる光検出器は，単一の素子からなるシングルチャンネル検出器と，多くの素子からなるマルチチャンネル検出器に大別される．シングルチャンネル検出器の代表が光電子増倍管（「フォトマル」; photomultiplier tube, PMT）であり，マルチチャンネル検出器の代表がいわゆるCCD（charge coupled device）検出器である．どちらの検出器を使っても，きわめて高い効率で光を検出することができる．検出器による雑音も，ほとんどの場合においてスペクトルの質には影響しない水準まで低減されている．スペクトルの質を評価する指標の一つに信号雑音比（SN比）があるが，信号増強と雑音抑制の双方の面においてこれらの検出器はほぼ限界まで高感度化している．ただし，このように高感度な検出器が利用できるのは，紫外域から可視域に限られる．近赤外域においては，現在でも検出器の性能がスペクトルの質を決める支配的な要因となっている．

光電子増倍管は，ガラス製の大きな真空管である．真空管の中に，外部からの光を受容するよう外向きに配置された光電面に光が入射すると，光電効果によって電子が発生する．光電面の後には，二次電子増倍電極（ダイノード）が何段もある．光電面で最初に発生した電子は，印加電圧によって加速された後で，この増倍電極面に衝突し，数個の二次電子を発生する．この過程を繰り返すことで，最初は1個であった電子を10^6から10^7個程度にまで「増幅」する．最後にその電子の集団を電流として取り出すのである．光電子増倍管の構造の例を**図 3.2.11** に示す．

光電子増倍管の波長特性は，光電面の材料によって決まる．いろいろな光電面における二次電子発生の量子収率の例を**図 3.2.12** に示す．可視域では，量子収率が50%に達する材料もあることがわかる．高感度の光電子増倍管を使うと，光子を1個ずつ分けて検出する「光子計数法」によって微弱なラマン散乱光を検出することも可能である．

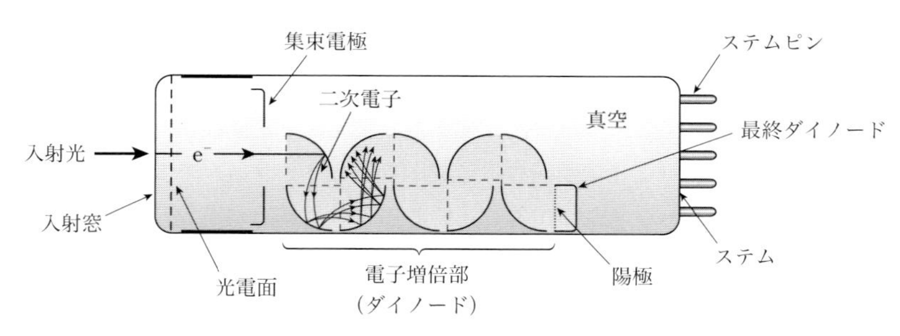

図 3.2.11 光電子増倍管の構造

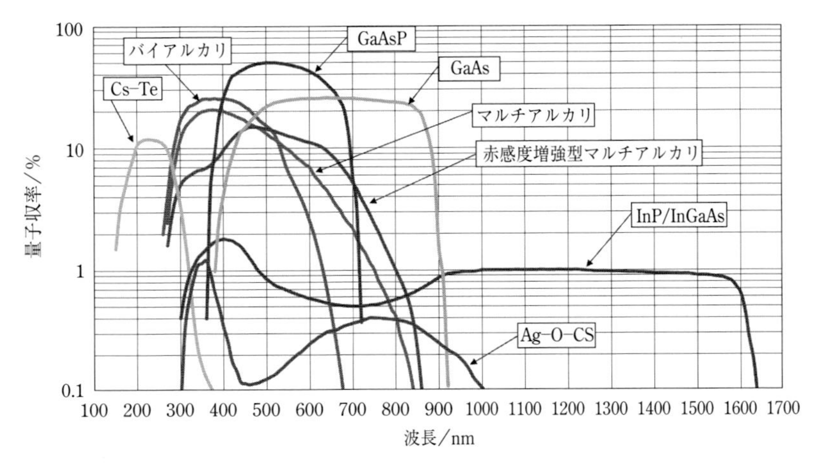

図 3.2.12　光電子の増倍管の光電面における二次電子発生の量子収率の例（浜松ホトニクス(株)提供）

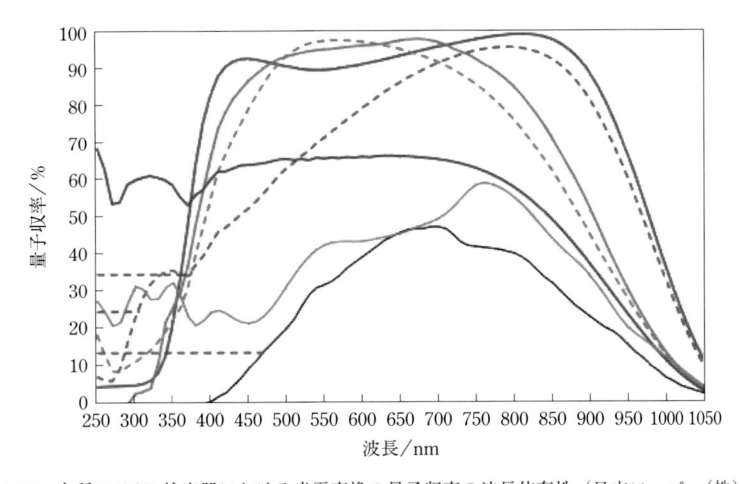

図 3.2.13　各種の CCD 検出器における光電変換の量子収率の波長依存性（日本ローパー(株)提供）

マルチチャンネル検出器には，一次元検出器（受光素子が直線状に並んでいるアレイ型）と二次元検出器（受光素子が面状に並んでいるカメラ型）の 2 種類がある．ラマン分光計でマルチチャンネル検出器を用いる場合は，多くの場合に二次元検出器を用いる. 低価格を追求した簡便な分光計などで一次元検出器を採用する場合もあるが，その例は限られる．ラマン分光計で利用する二次元検出器は，可視域の場合には CCD 検出器が最善である．CCD 検出器での光電変換の量子収率は，CCD チップの加工の仕方によって大きく変わる（**図 3.2.13**）．この図からわかるように，可視域の広い範囲にわたって 90％以上の量子収率をもつ検出器を利用することもできる．CCD 検出器はシリコンからなるので，シリコンのバンドギャップよりも小さいエネルギーをもつ波長 1 μm 以上の光に対しては CCD 検出器は感度をもたない．波長 350 nm よりも紫外側で感度をもたせるためには，受光部のコーティングなどの処理が必要になる．近赤外光の検出のために，InGaAs の一次元あるいは二次元検出器なども市販されるようになったが，その性能はラマン分光測定の目的にはまだ十分とはいえない．近赤外域でのより良い検出器の開発が待たれる．

ラマン分光計測にマルチチャンネル検出器を利用することには，いくつかの利点がある．まず，マルチチャンネル検出器を使うと，一度の露光で広い範囲（典型的には 1000 cm^{-1}）のラマンスペクトルを測定することができる．そのため，測定の効率が飛躍的に向上する．シングルチャンネル検出の場合には，目的のラマンシフトに相当する波長以外の光を出口スリットで除去してしまうが，マルチチャンネル検出の場合にはこの部分も含め，測定範囲のすべての波長の光を有効に利用することになる．例えば波長方向に 1024 画素をもつ CCD 検出器を使う場合，スリット関数の幅が 5 個の画素に相当するとすると，単純に考えて測定の効率が 200 倍向上する．シングルチャンネル検出の場合に，1 箇所の波数で 10 分間露光しつつ波数掃引することにはたいへんな時間を要するが（その間試料の状態やレーザー光の強度を一定に保たなければならない），マルチチャンネル検出器を使って 10 分間露光することは日常的に行われる．この測定では，波数掃引で 2000 分（33 時間）を要する測定と同等のスペクトルを得ることができる．

マルチチャンネル検出器を用いることの利点の 2 番目は，分光器の中の回折格子を機械的に動かすことなしに測定できることである．回折格子を動かさないので，連続した 2 回の測定の間でのスペクトルの横軸がよい精度で一致する．2 個のスペクトルの差を計算して，試料中の特定の成分のラマンスペクトルを得ることも，高い信頼性をもって行うことができる．

マルチチャンネル検出器を用いると，入口スリットの縦方向の光の分布を空間分解して記録することができる．これがマルチチャンネル検出器をラマン分光計測に用いることの第三の利点である．試料に下（あるいは上）から励起光を照射して水平方向に散乱（90 度散乱）された光を検出する場合は，励起光の進行方向に沿っていろいろな高さから散乱された光が入口スリット上の異なる高さに結像される．その結果，試料が置かれた部分（高さ）からのラマン散乱光を検出する CCD 検出器の画素もあるが，試料以外の部分からの光（散乱光や迷光）を検出する画素もある．マルチチャンネル検出器を用いると，試料以外の部分からの光信号を除去することにより，スペクトルのSN比を向上させることができる．

3.2.5 ■ データ処理系

ラマン分光測定を正しく行うためには，実験目的に応じて適切にラマン分光計を作動させなければならない．具体的には，光源（励起波長の選択，レーザー出力の設定），分光器（回折格子の選択，測定波数範囲の設定，スリット幅の設定），検出器（露光時間の設定，散乱光強度データの読み出し）のそれぞれについて，適切な設定，制御，駆動が必要である．これらの操作を行うためのヒューマンインターフェイスとして，コンピュータの使用が必須である．コンピュータはまた，検出器からの電気信号をラマンスペクトルへ変換し，さらにそれを解析するデータ処理機能をも担う．データ処理には，以下の3.3節に述べる波数較正（横軸，ラマンシフトの較正）と強度較正（縦軸，ラマン散乱強度の較正）から，スペクトル演算（横軸と縦軸の拡大や縮小，差スペクトルや微分スペクトルの計算，スペクトルの平滑化など），バンドフィッティングによる強度やバンド形解析まで，さまざまな機能が要求される．さらに，多数のスペクトルの化学計量的な解析や，多変量解析によるスペクトル分解など，より高度な解析を行う場合にも，コンピュータの使用は必須である．現在の高度なコンピュータ技術のおかげで，これらすべての制御とデータ処理を1台の汎用パーソナルコンピュータで効率よく実行することができる．

市販のラマン分光計では，上記のインターフェイス機能やデータ処理機能を担うソフトウェアが制御コンピュータに組み込まれており，処理結果のみが出力されるよう設計されている．例えば，多くの市販ラマン分光計では，工場出荷時に行った波数較正のデータを内蔵していて，それらを用いてラマンスペクトルを較正し，出力している．しかし，動作環境（特に温度）の違いや，経時変化によりこれらの較正データの確度が低下することがある．このような場合，出力されたスペクトルを，3.3節に述べる方法に従って再度較正することが必要になる．また，市販の分光計は，強度較正の機能をもたないのが普通であり，正しい強度のラマンスペクトルを得るためには，ユーザー自身が強度較正の操作を行う必要がある．

使用するラマン分光計に，適切なインターフェイスを備えた専用の外部コンピュータを常時接続しておき，データ処理を行うプログラムをそこに整備しておくことが大切である．ラマン分光計のハードウェアについてはもちろんのこと，ソフトウェアについてもその中身をよく理解し，決してブラックボックスとして使用することがないよう心掛けるべきである．

3.2.6 ■ 偏光ラマン測定

2.4 節でも述べたように，偏光測定はラマン分光において基本的に重要な応用測定であり，他の分光手法からは得られない貴重な情報の源となるが，正確な偏光データを得るためにはそれ相応の注意を要する．**図 3.2.14** に，偏光測定に必要な照射光学系および集光光学系を示す．

励起レーザー光は純度の高い（> 99%）偏光でなければならない（3.2.1 項 E. 参照）．通常の測定では，励起レーザー光の電気ベクトルが X 軸と一致するような光学配置をとるが，単結晶試料の測定などの目的で Y 軸方向に偏光したレーザー光が必要な場合が生じる．この目的には 1/2 波長板（光軸と角度 θ だけ傾いた偏光を入射されると，偏光面が 2θ 回転した出力光を与える）などの偏光面回転子を用いるのが便利である．

試料部には，偏光を乱さないような光学的条件を用いる必要がある．単結晶試料の場合には各面を研磨して乱反射を最小限に抑えること，また液体試料の場合には角セルを用いて各セル面での反射率が偏光特性をもたないようにすることが重要である．

高い精度で偏光測定を行う場合には，試料と集光レンズの間に絞りを入れて集光立体角を調節するのが望ましい．このとき集光立体角を小さくするほど偏光測定の精度は高くなるが，スペクトルの SN 比は低下するので，両者の兼ね合いで測定条件を決めるのがよい．集光レンズの後に検光子を置き，散乱光の偏光成分を X 成分（$/\!/$）と Z 成分（$\perp$）に分けて観測する．検光子としては市販の偏光板（ポラロイド）が便利で，

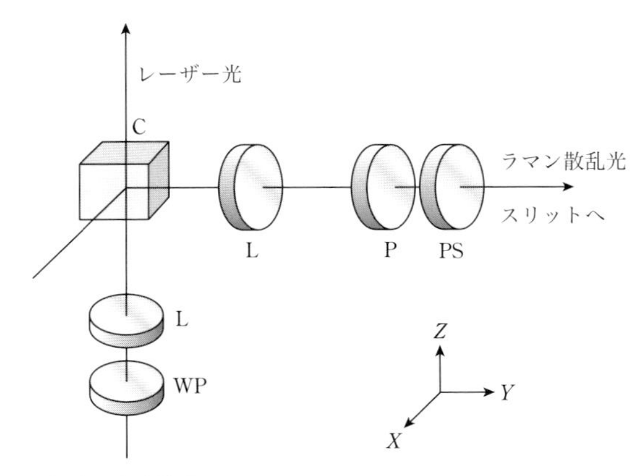

図 3.2.14　偏光測定光学系
1/2 波長板（WP），レンズ（L），セル（C），検光子（P），偏光解消子（PS）

可視領域では HN−32 膜，紫外領域では HNPB 膜がもっともよく用いられる．検光子の後には偏光解消子（3.2.3 項 A. 参照）を置き，分光器の偏光特性の影響を除去する．

単結晶の偏光測定では，偏光面回転子と検光子の組み合わせにより $Z(XX)Y, Z(XZ)Y, Z(YX)Y$，および $Z(YZ)Y$ の 4 組の測定を行うことができる．液体の偏光解消度の測定には 2 つの方法が用いられる．第一は，レーザー光の偏光を X 偏光に固定しておき，$Z(XZ)Y$ と $Z(XX)Y$ の強度比から偏光解消度を求める方法である．この方法は，簡便であるが，分光器の偏光特性による系統誤差を生じやすいのが短所である．第二は，検光子を X 偏光を透過するよう固定しておき，偏光面回転子によってレーザー光の偏光面を回転させ $Z(YX)Y$ と $Z(XX)Y$ の強度比を測定する方法である．この方法は分光器の偏光特性の影響を受けないのが長所であるが，偏光面回転子の効率についての検討が必要である．図 2.4.2 に，四塩化炭素の偏光ラマンスペクトルを示してある．このスペクトルは液体の偏光解消度測定の標準データとなるものである．

3.2.7 ■ 顕微ラマン分光計

本項では，自発ラマン散乱を利用した顕微ラマン分光計について述べる．自発ラマン散乱を測定する顕微ラマン分光計の基本的な構成は，これまでに述べてきた通常のラマン分光計と同一である．顕微ラマン分光計も，レーザー光源，照射・集光光学系，試料部，分光器，光検出器（CCD 検出器など）から構成されている．典型的な顕微ラマン分光計の装置図を**図 3.2.15** に示す．

顕微ラマン分光計では，照射光学系および集光光学系に顕微鏡の光学系を利用する．通常，顕微鏡の対物レンズを照射および集光の両方の目的のために用いるため，後方

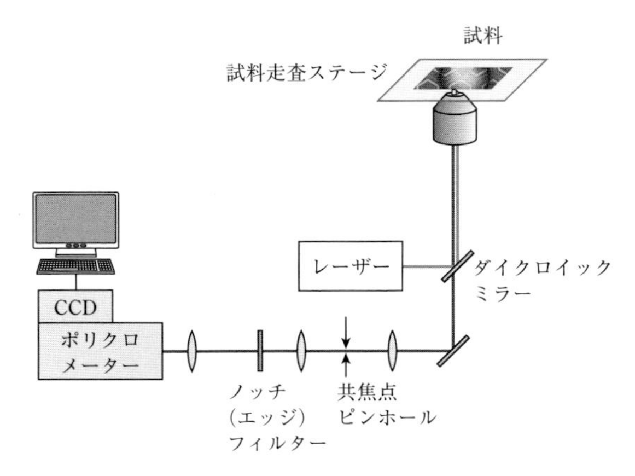

図 3.2.15　共焦点顕微ラマン分光計の配置図

散乱の配置でラマンスペクトルを測定することになる．顕微鏡の同じ対物レンズを使うと，レンズから試料までの距離（作動距離）が数 mm 以下になる．この距離は，通常のラマン分光計のレンズを使った場合（数 cm）に比べて著しく小さい．この距離の短さは，実験の際の制約となる．顕微鏡における対物レンズの配置には，試料の上方に対物レンズを配置する正立配置と，下方に配置する倒立配置がある．倒立配置を選ぶと，実験者が使える空間を試料の上部に確保することができる．

光学顕微鏡の空間分解能 δ は，アッベの式

$$\delta = 0.5\frac{\lambda}{\mathrm{NA}} \tag{3.2.1}$$

あるいはレイリーの式

$$\delta = 0.61\frac{\lambda}{\mathrm{NA}} \tag{3.2.2}$$

で見積もられる．ここで，λ は波長であり，NA は開口数（numerical aperture）

$$\mathrm{NA} = n\sin\theta \tag{3.2.3}$$

である．n はレンズに接する試料媒質の屈折率，θ はレンズを通る光と光軸がなす角の最大値である．NA が大きい対物レンズを使うと，大きな立体角で集光できる．

開口数の値は，よく用いられる 20 倍の対物レンズで 0.45，100 倍の対物レンズで 1.4 程度である．励起光の波長が 500 nm のときを考えると，20 倍（NA 0.45）と 100 倍（NA 1.4）の対物レンズで得られる空間分解能はそれぞれ 680 nm と 220 nm と見積もられる．つまり，光学顕微鏡の空間分解能は，使う光の波長程度になることがわかる．空間分解能をさらに向上させたい場合は，式(3.2.1)あるいは(3.2.2)からわかるように開口数 NA を大きくするのが一つの方法である．開口数は，式(3.2.3)からわかるように，レンズに接する媒質の屈折率 n に比例して大きくなる．試料を保持するスライドガラスと対物レンズとの間を空気ではなく油で満たすと，式(3.3.3)の n の値が空気の屈折率である 1 から油の屈折率に変わる．こうしたいわゆる「油浸対物レンズ」を使うと，このような原理で空間分解能を 1.5 倍程度向上させることができる．

試料の「深さ」方向での物質の空間分布を測定するときには，対物レンズ（あるいは試料ステージ）の高さを変えながらラマンスペクトルを測定する．ただし，深さ方向の空間分解能は，平面方向の空間分解能よりも劣り，10 μm 程度になる．深さ方向の高い空間分解能を得るためには，「共焦点配置」の光学系を用いる．共焦点配置の光学系では，物面（対物レンズの焦点面）に共役な像面（通常の顕微鏡ではカメラが置かれる位置）にピンホール（典型的には大きさ 100 μm）を置き，物面のある一点

を光源とする散乱光のみをピンホールを通過させる．それにより，深さ方向での空間分解能を数 μm 以下まで向上させることができる．

顕微鏡の試料ステージを移動させながら試料の各位置でのラマンスペクトルを測定すると，ラマンバンドの強度の二次元分布（二次元ラマン分光イメージ）を得ることができる．試料を固定してレーザーの照射点を掃引することで二次元ラマン分光イメージを得ることもある．このような測定はしばしば**ラマンマッピング**と呼ばれる．ラマン分光イメージは，異なるラマンバンドの空間分布を示すものであり，異なる分子種（あるいは官能基）ごとの空間分布を明らかにする分子イメージである（図 1.3.3 参照）．蛍光によるマッピングの際には，試料への蛍光分子プローブの導入が必要となるが，ラマンマッピングの場合には不要である．ラマンマッピング（ラマンイメージングともいう）は，試料の前処理をせずに物質の空間分布を分子ごとに明らかにすることのできる優れた分析法である．

ラマンマッピングでは，試料ステージを移動しながら多くのラマンスペクトルを測定するため，長い測定時間を要する．これをより短時間で行うために，いくつかの方法が考案されている．例えば，試料に照射する励起光を一次元の直線状にして，励起された各点からのラマン散乱光の像を分光器の入口スリット上に縦方向に結像し，それぞれの点でのラマンスペクトルを同時に測定すると，$n \times n$ 点のラマンイメージを測定するための露光の回数を n 回に減らすことができる（ラインスキャニング）．ラマンマッピング測定をさらに効率化できるのは，「多焦点ラマン分光法」の利用である．多焦点ラマン分光法による測定では，マイクロレンズアレイや回折光学素子（DOE）を用いて試料上の $n \times n$ 個の点に励起光を同時に集光し，それらの点からのラマン散乱光を光ファイバーバンドルで別々に集光し，一度に各点でのスペクトルを得る．この方法を用いると，1 回の露光のみで $n \times n$ 個の点のラマンイメージを測定することができる．顕微鏡の視野全体を励起光で照射し，そこからのラマン散乱光を狭帯域フィルターで選別して直接に二次元画像として観測することもできる．

3.3 ■ ラマンスペクトルの較正

分光器の出口の焦点面に検出器を置いて光の強度を測っただけでは，ラマンスペクトルを測定したことにならない．スペクトルの縦軸と横軸を適切に較正することで，はじめて正しいラマンスペクトルを手にすることができる．本節では，ラマンスペクトルの波数較正（横軸，ラマンシフトの較正）と強度較正（縦軸，ラマン散乱強度の較正）の方法について，それぞれ解説する．

3.3.1 ■ 波数の較正

ラマンスペクトルの測定にCCD検出器などのマルチチャンネル検出器を使った場合，得られるデータの横軸は画素番号である．この場合のラマンスペクトルの波数較正は，それぞれの画素番号をラマンシフトに対応させる作業となる．

スペクトルの横軸を較正するためには，「波数標準」となる物質のスペクトルを測定する．標準物質には，スペクトルの絶対波数が正確に測定されている絶対波数標準物質と，励起光からのラマンシフトが正確に測定されているラマンシフト標準物質がある．

絶対波数が正確に測定されている標準物質にはいくつかの種類があるが，ラマンスペクトルの波数較正のために利用しやすいのはネオンである．ネオンランプ中のネオン1価イオンおよび2価イオンの発光線の絶対波数は，干渉計を使った測定によって312.6 nmから891.9 nmの範囲の約300本について正確に求められている[1)]．ラマンスペクトルの波数較正を行うためには，数百 cm^{-1} 程度の波数領域の中に標準となる発光線を少なくとも数本は観測する必要がある．ネオンの発光スペクトルは，可視域の多くの範囲でこの条件を満たしている．巻末の付録にネオンの発光線の絶対波数の一覧表（表B.1）と，筆者らが測定したネオンの発光スペクトル（図B.1，図B.2）を掲載した．絶対波数の標準としては水銀の発光線も有名である．しかし，水銀の発光線は本数が少ないので，水銀の発光線のみを使ってラマンスペクトルの波数を較正することはできない．

ネオンの発光線を使ってスペクトルの絶対波数を得た後は，ラマン励起光の絶対波数との差を計算して，絶対波数をラマンシフトに換算する必要がある．代表的な気体レーザーの発振線の波数を，巻末の表A.1に掲載した．光パラメトリック増幅器や色素レーザーなどの出力を励起光に使う場合は，それらの光の絶対波数をラマンバンドと同様に決定する．空気中の光の波数は，空気の屈折率の影響を受け，温度によってわずかに変化する．したがって，一連の波数較正の作業には，必ず真空中の波数の値を用いる．分光測定におけるスペクトルの横軸はエネルギー準位の間隔を表す．真空中の波数は，光速とプランク定数を乗ずることによって，屈折率を考慮することなくエネルギーに換算できる．標準空気（0.03％の CO_2 を含む15℃，1気圧の乾燥空気）の屈折率 n_{air} と真空中の波数 $\tilde{\nu}_{\mathrm{vac}}(\mathrm{cm}^{-1})$ の間には，経験式

$$(n_{\mathrm{air}}-1)\times 10^{8}=6432.8+\frac{2949810}{146-\sigma^{2}}+\frac{25540}{41-\sigma^{2}} \tag{3.3.1}$$

$$\sigma=\tilde{\nu}_{\mathrm{vac}}\,/\,\mathrm{cm}^{-1}\times 10^{-4} \tag{3.3.2}$$

が成立する[2]．

標準物質のラマンシフトを使って波数較正を行うと，ネオンランプなどの光源を使うときとは異なり，ラマンスペクトルの測定のための照射光学系や集光光学系をそのまま使って標準スペクトルを測定することができ，たいへん便利である．ラマンシフトがもっとも正確に測定されている標準物質として，インデンがある．インデンは5員環と6員環が縮合した構造をもつ有機物質で対称性が悪く，強度が大きい多くのラマンバンドが指紋領域に測定される．筆者らが測定したインデンのラマンスペクトルを公表されているラマンシフトの値とともに巻末の付録Cに掲載している．インデンは，空気中で容易に酸化され，強い蛍光を発する物質に変化する．そのため，ラマンスペクトルを測定する前にインデンを蒸留して精製し，真空下でアンプルに封入して保存・使用する必要がある．

インデンよりも取り扱いが容易な各種の溶媒を使っても，ラマンスペクトルの波数を較正することができる．シクロヘキサンやトルエン，クロロホルム，アセトンなどがこの目的のためによく利用される．筆者らがシクロヘキサン，トルエン，およびアセトンのラマンバンドを使って波数較正を行った結果を**図3.3.1**に示す．図に示すように，これらの溶媒を使っても，$\pm 0.2\ \mathrm{cm}^{-1}$ 以内の精度での波数較正が可能である．巻末の付録Cに，筆者らが測定した24種類の溶媒のラマンスペクトルを掲載した．これらのスペクトルにおけるラマンシフトは，ネオンの発光線を使って較正したものである．

ラマンスペクトルを使って波数較正を行えるのは，標準となるラマンバンドが多数存在する指紋領域のみである．倍音・結合音の領域や，アンチストークス側の $500\ \mathrm{cm}^{-1}$ 以上の領域では，ラマンバンドを使った正確な波数較正を行うことはできない．

波数較正には，検出器の画素番号と波数を関係づける関係式が必要になる．標準と

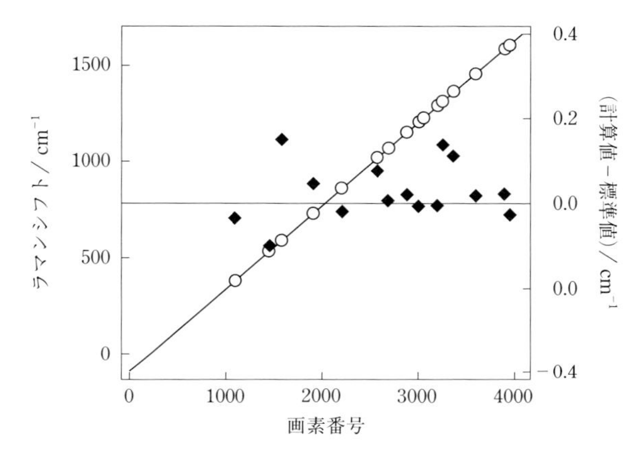

図 3.3.1 シクロヘキサン，トルエン，およびアセトンの 16 本のラマンバンドに対するラマンシフト（標準値）と画素番号の実測値（○），両者の回帰曲線（—）および回帰曲線から計算された値と標準値の差（◆）

なるラマンバンドの波数と画素番号を対応させ，最小二乗法を用いることでこの関係式は導かれる．この際，標準ラマンバンドの数が多く，それらが較正波数範囲で均等に分布していると，高い確度で較正を行うことができる．最小二乗法解析のモデル式としてもっともよく使われるのは，単純な多項式

$$\tilde{v} = \sum_{i=0}^{n} a_i (x - x_{1/2})^i \tag{3.3.3}$$

である．ここで，$\tilde{v}$ は波数，x は画素番号，$x_{1/2}$ は画素数の総数の半分（1024 画素の検出器であれば 512），a_i は i 次の項に対する定数である．最小二乗法によって定数 a_i の組を決める．何次の多項式を使えばよいかはそれぞれの分光計によって異なるが，CCD 検出器など歪みの少ない検出器を使う場合は三次までの多項式で十分である場合が多い．一般に，利用できる標準スペクトル線の外側の波数領域を，外挿によって較正するのは避けるべきである．多項式（式(3.3.3)）をモデル式として使った場合には，標準線の外側での回帰式が内側から予想される関係から大きく外れることがあるからである．

一次回折光を用いたツェルニーターナー式の分光器では，波長 λ と画素番号 x の間に

$$\lambda = d[\sin\alpha + \sin(\beta + \chi)] \tag{3.3.4}$$

の関係がある．この式は分散の式と呼ばれる．ただし，

$$\alpha = \sin^{-1}\frac{\lambda_0}{2d\cos\varepsilon} - \varepsilon \tag{3.3.5}$$

$$\beta = \sin^{-1}\frac{\lambda_0}{2d\cos\varepsilon} + \varepsilon \tag{3.3.6}$$

$$\chi = \tan^{-1}\frac{(x - x_{1/2})w}{f} \tag{3.3.7}$$

であり，λ_0 は分光器の中心波長，d は回折格子の刻線間隔，ε は回折格子上で入射光と波長 λ_0 の回折光のなす角の半分，w は検出器の画素間の間隔，f は分光器の焦点距離である．実際の波数較正操作では，標準ラマンバンドのラマンシフトと励起光の波長から絶対波数を求め，その逆数（波長）と画素番号との関係式を求める．分散の式（式(3.3.4)）を使うと，多項式をモデル式として使った場合とは異なり，標準線の外側での回帰式の様子が内側から予想される関係から大きく外れるという危険を回避することができる. 波数標準として利用できるスペクトル線の数が限られる場合は特に，分散の式を用いた波数較正を行うべきである．

3.3.2 ■ 強度の較正

ラマン分光計の感度は，回折格子の回折効率や検出器の応答などに依存して波長依存性，偏光特性を示す．測定によって得られる強度の生データにはこれらに由来する系統誤差が含まれるので，適当な較正が必要である．

3.2.3 項で述べたように，回折格子の回折効率は，回折格子に入射する光の偏光方向によって大きく異なる. ラマン分光では, 観測される散乱光の偏光度がバンドによって大きく異なる（2.5 節）ので，回折格子の偏光特性によって相対強度に大きな誤差が生じうる．各ラマンバンドの正しい強度を得るためには，集光した散乱光を分光器で分析する前に，偏光解消子で散乱光の偏光特性をなくしておくことが大切である．

A.　離散スペクトルの強度標準

強度が既知でラマン分光計の感度較正に有用なのは，**図 3.3.2** に示す重水素分子（D_2）の回転ラマンスペクトルである[3]．このスペクトルに現れる各バンドの強度は，ストークスラマンバンドに対して

$$I(J+2 \leftarrow J) \propto \frac{(J+1)(J+2)}{2J+3} g_J \exp\left(-\frac{F(J)}{k_B T}\right) \nu_s(J)^3 C_s(J) \tag{3.3.8}$$

アンチストークスラマンバンドに対して

$$I(J \rightarrow J-2) \propto \frac{(J-1)J}{2J-1} g_J \exp\left(-\frac{F(J)}{k_B T}\right) \nu_a(J)^3 C_a(J) \tag{3.3.9}$$

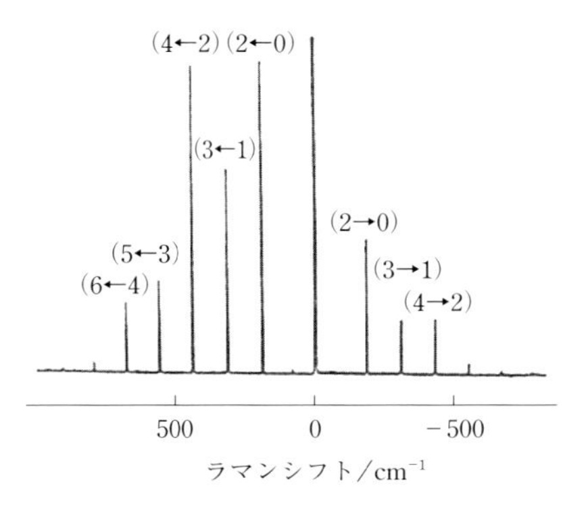

図 3.3.2 重水素分子の回転ラマンスペクトル

表 3.3.1 重水素分子の回転ラマン強度に対する振動・回転相互作用補正係数

J	$C_s(J)$	$C_s(J)$	J	$C_s(J)$	$C_s(J)$
0	1.0056		4	1.0578	1.0240
1	1.0129		5	1.0807	1.0390
2	1.0240	1.0056	6	1.1078	1.0578
3	1.0390	1.0129			

の式で与えられる．ここで，J は始状態の回転量子数，g_J は量子数 J をもつ回転準位のスピン重率（D_2 の場合 J が偶数のとき 6，奇数のとき 3），$F(J)$ は量子数 J をもつ回転準位のエネルギー，k_B はボルツマン定数，T は絶対温度，$\nu_s(J)$ と $\nu_a(J)$ はそれぞれストークスラマンバンドとアンチストークスラマンバンドの絶対波数，$C_s(J)$ と $C_a(J)$ は**表 3.3.1** に示す補正因子で振動・回転相互作用に由来するものである．式(3.3.8) および式(3.3.9)に含まれる未知数は試料である D_2 ガスの絶対温度 T のみであり，これを室温と仮定することにより各バンドの強度を算出し，これを強度標準とすることができる．また，同じ回転準位を始状態とするストークスラマンバンドとアンチストークスラマンバンドのバンド対の強度比（例えば $I(4\leftarrow 2)$ と $I(2\rightarrow 0)$）を用いれば，T による不確定性すら取り除くことができ，強度標準に含まれる未知数は完全になくなる．

低波数領域の強度較正のためには，窒素分子（N_2）の回転ラマンスペクトルを用いるとよい．室温の N_2 の回転ラマンバンドは，ストークス側とアンチストークス側の両方で 200 cm^{-1} 以下の領域にほぼ 8 cm^{-1} おきに観測される（**図 3.3.3**）．

強度標準としての D_2 や N_2 のラマンスペクトルの長所は，それ自身がラマンスペクトルであるためその測定にはラマン分光計以外の装置をまったく必要としないこと

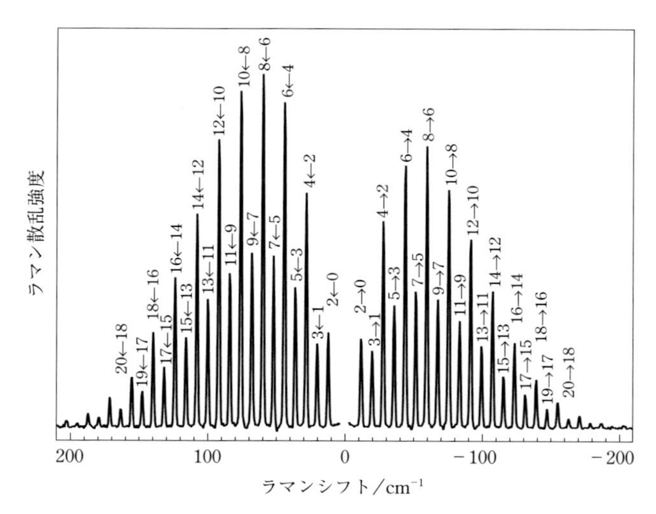

図 3.3.3　窒素分子の回転ラマンスペクトル（岡島 元博士 提供）

である．すべての回転ラマンバンドの偏光解消度は 0.75 であり，回転ラマンスペクトルは分光計の偏光特性に関係なく，式(3.3.8)および式(3.3.9)の相対強度で観測される．一方，その短所は強度が弱く精密な測定に長時間を要することである．D_2 のラマンスペクトルの場合は，回転ラマンバンドの間隔が広いので，それだけではマルチチャンネル分光器の波数較正はできない．

B. 連続スペクトルの強度標準

放射強度が精密に検定された標準電球はもっとも基本的な分光学的強度標準であるが，これはラマン分光においては必ずしも実用的ではない．第一にこれらの標準電球の入手が困難であること，第二に強度が検定されている条件を再現して点灯させることが容易でないこと，第三に電球の発光点が大きくかつ輝度が高いので，それをそのまま通常のラマン測定と同じ条件で測定するのが困難であること，などがその理由である．

厳密さを要求されない場合に狭い波数範囲の強度を補正するためには，市販の白熱電球を使うこともできる．白熱電球を白色光の発光体と仮定するのである．ノッチフィルターなどの光学フィルターの透過率を補正するときには便利である．ただし，国内では白熱電球が生産されなくなったので，その入手があまり容易でなくなってしまった．

標準電球に代わる連続スペクトル強度標準として標準物質からの蛍光を用いることもできる．キニーネの蛍光スペクトルの例を**図 3.3.4** に示す．キニーネの発光スペク

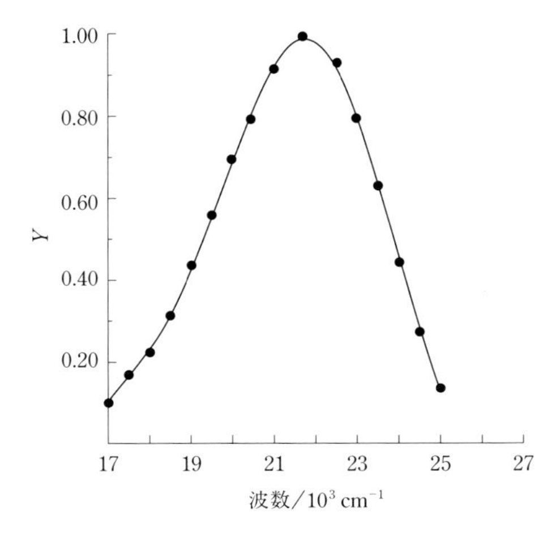

図 3.3.4　キニーネの蛍光スペクトル
1 mol/L 塩酸中 5×10^{-5} mol/L．温度は 25°C．

表 3.3.2　キニーネの蛍光スペクトルの多項式展開

a_i	値	a_i	値
a_0	9.8902×10^{-1}	a_4	5.0160×10^{-3}
a_1	1.7654×10^{-2}	a_5	4.8623×10^{-4}
a_2	-1.2053×10^{-1}	a_6	-3.8214×10^{-5}
a_3	-8.9960×10^{-3}		

トルは蛍光やリン光などの発光スペクトルの強度標準としても用いられており，345 nm で励起したときの絶対蛍光強度が 25000 cm^{-1} から 17000 cm^{-1} の波数領域で 500 cm^{-1} おきに 0.5% から 8% の精度で決められている（図 3.3.4 中の黒丸で示したデータ点）．ラマン分光に応用するためには 500 cm^{-1} よりもさらに細かい波数間隔での強度データが必要である．これは測定された強度を再現する多項式展開の係数を最小二乗法によって求めることにより得られる．**表 3.3.2** に六次の多項式

$$Y=\sum_i a_i(X-21.7)^i \tag{3.3.10}$$

を使って展開したときの係数を，**表 3.3.3** にそれから求めたキニーネの蛍光強度を示す．ただし，Y はキニーネの蛍光の相対強度，X は絶対波数（単位 cm^{-1}）を 1000 で割った値である．この多項式展開の妥当性は D_2 の回転ラマンスペクトルとの比較によって確認されている[4]．

キニーネの蛍光スペクトルを得るには，紫外域の適当な波長（300〜350 nm）の励

表 3.3.3　Ar^+レーザーの 488.0 nm および 514.5 nm の発振線からのシフトに対応したキニーネの蛍光強度

ラマンシフト/cm^{-1}	488.0 nm	514.5 nm	ラマンシフト/cm^{-1}	488.0 nm	514.5 nm
0	0.8157	0.5317	1100	0.5201	0.2846
100	0.7912	0.5050	1200	0.4937	0.2682
200	0.7657	0.4789	1300	0.4679	0.2528
300	0.7394	0.4535	1400	0.4428	0.2383
400	0.7126	0.4289	1500	0.4186	0.2246
500	0.6853	0.4052	1600	0.3953	0.2116
600	0.6577	0.3825	1700	0.3730	0.1990
700	0.6299	0.3607	1800	0.3517	0.1867
800	0.6021	0.3401	1900	0.3315	0.1745
900	0.5745	0.3205	2000	0.3124	0.1620
1000	0.5471	0.3020			

起光源が必要である．Ar^+レーザー（351.1 nm, 363.8 nm）やKr^+レーザー（350.7 nm, 356.4 nm）の紫外発振線が理想的であるが，その他の紫外レーザーや小型水銀灯を用いることもできる．

マルチチャンネルラマン分光計では，集光光学系と分光器の光軸設定が正しくないと焦点面上の強度が歪むという問題が存在する．この歪みによる誤差を取り除くためには，例えばピンホールや光軸調整用の小型レーザーを用いてキニーネ蛍光とラマン散乱の発光点を正確に一致させるように工夫することが大切である．キニーネの蛍光スペクトルを使ってマルチチャンネルラマン分光計の強度を較正する方法には，レーザーを励起光源にして発光点を小さくすることによって集光光学系に由来する上述の誤差を除くことができるという大きな長所がある．一方，短所は 25000 cm^{-1}～17000 cm^{-1}（400～590 nm）の波数領域でしか使えないことである．他の波長領域でも使える蛍光標準物質も開発されている．

3.4 ■ ラマン分光測定上の注意事項

ここではラマン分光測定を行うにあたっての注意事項を述べる．市販の分光計を使用する場合でも，それをより有効に使うために知っておくべき事項である．

A. 試料調製と遮光

ラマン分光では，きわめて微弱な信号光を検出しなければならないので，試料や試料周辺から発するすべての光は測定を強く妨害する．例えば液体試料の場合，眼に見えない小さな粒子でも強いミー散乱（チンダル現象）を示し，ラマン分光測定が不可能になることがある．この場合，ろ過によって微粒子を除去することが必要になる．痕跡量の不純物による蛍光もラマン分光測定の際の深刻な妨害になりうるので，使用する試料はできるだけ純度の高いものにすべきである．

また，試料セルの壁面や端面からの乱散乱光も強い妨害となる．これらの余分な光を分光器に導入しないように，照射・集光光学系を調整することが重要である．例えば，試料セルの壁面を黒紙で覆うことは有効である．さらに，試料を室光などの外部光から完全に遮蔽することも重要である．実験室内のコンピュータのディスプレイや，計測機器類のパイロットランプなどは，ラマン分光測定を妨害するので，注意を要する．

B. 光学調整

レーザー光により照射された試料部位から散射されるラマン散乱光を，正しく分光器の入口スリットに導くための光学調整は，初心者にとって容易ではなく，ラマン分光測定の難点の一つとなっている．試料自身からのラマン散乱の信号がたとえ弱くともすでに得られている場合は，それが最大となるように集光系の光学調整を行うことができる．この場合，検出器の露光時間を 1 秒程度に設定し，繰り返し測定を行いながら，信号強度をリアルタイムでモニターしつつ，光学調整を行う．試料の信号が得られない場合は，強いラマン散乱を示す標準物質を試料部に置き，その信号をまず最大化し，続いて試料の信号が最大となるように最終調整を行う．標準物質として，溶液測定であれば液体のシクロヘキサン（付録 C），顕微測定であればや固体のシリコン（図 4.1.1）などが便利である．

C. 測定条件の設定

実験目的に応じて，励起波長の選択，レーザー出力の設定，分光器の回折格子の選択，測定波数範囲の設定，スリット幅の設定，露光時間の設定を適切に行うことが必要である．

励起波長の選択は，特に共鳴ラマン散乱の実験で重要であり，この場合は，試料の電子吸収波長に合わせた励起波長を選択することが必要となる．また，蛍光などのバックグラウンドによる妨害を受けやすい試料や，光損傷の可能性が高い試料では，長波長の励起光を用いることが良い結果につながる場合が多い．

励起レーザー出力は，原則として低ければ低いほどよい．試料に与える光照射の影響を最小限に抑えることができるからである．信号強度の不足を，レーザー出力を上げることによって安易に解決しようとすることは避けるべきである．

分光器の回折格子の選択とスリット幅の設定は，要求される波数分解能に応じてなされる．通常の凝縮相の測定では，5 cm^{-1} 程度の波数分解能で十分であるが，近接した2つ以上のバンドを分解したい場合や，バンド形を精密に測定したい場合には，刻線数の多い回折格子を選択し，より小さなスリット幅を設定する必要がある．マルチチャンネル検出器を使用する場合，測定波数範囲は，観測したいラマンバンド群を含み，低波数側と高波数側に 100 cm^{-1} 程度の十分な余裕を設けて設定するべきである．別個に測定した2つのスペクトルを連結する場合には，やはり 100 cm^{-1} 程度の十分な重なりをもつように測定波数範囲を設定しなければならない．また通常，ラマンスペクトル情報の乏しい 1800 cm^{-1} から 2600 cm^{-1} の波数領域を測定領域から除外することが多いが，共鳴ラマン散乱の測定などでは，倍音や結合音がこの領域に現れることもあるので注意が必要である．

検出器の露光時間は，信号の強度に応じて設定するが，信号が弱い場合，露光時間を安易に長くするのでなく，光学調整などの測定条件を最適化した後，なるべく短く設定するのがよい．スペクトルを積算する場合は，検出器の出力が飽和しない範囲で，露光時間を長くとる方が高い SN 比が得られる．例えば，読み出し雑音の方が熱雑音よりも大きい CCD 検出器では，100 秒の測定時間で測定する場合には，1 秒の露光を 100 回積算するより，10 秒の露光を 10 回積算する方が高い SN 比を得ることができる．

D. スペクトルの較正，整理

すでに述べたように，波数および強度較正は必須の操作であるが，ラマンスペクトルを保存，整理するときに，較正に用いた標準データをいつでも参照できるようにしておくことが望ましい．スペクトルの保存の際には，測定年月日，温度などの測定環境，上で述べた測定条件などをファイル名とともに記録しておくことも大切である．記憶媒体上に保存したファイルを必ずバックアップすることも，言うまでもなく大切である．

E. 分光計の保守

使用時に，その動作状態をログノートに記入することは，分光計を適切に保守し，

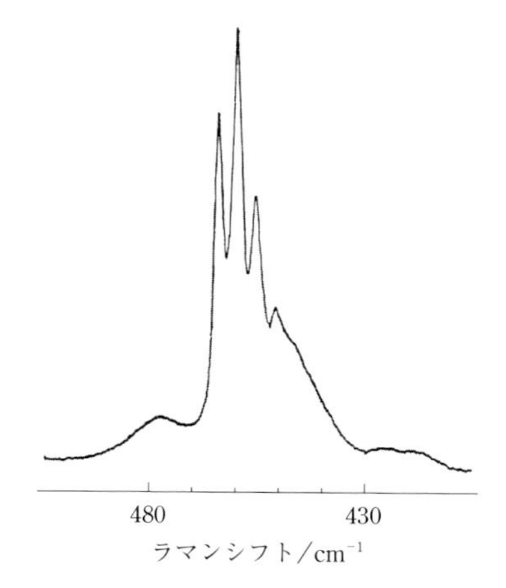

図 3.4.1　四塩化炭素（30％シクロヘキサン溶液）のラマンスペクトル[5)]
光学スリット幅は 0.8 cm^{-1}.

長期にわたって安定に作動させるうえで，きわめて重要である．特にレーザー光源は，その出力が時間とともに低下する場合が多いので，経時変化を把握したうえで，定期的に整備する必要がある．また，シクロヘキサンやシリコンなどの標準物質のラマンスペクトルを日常的に測定し，その強度をモニターして，分光計の動作状態を常に把握しておくことが望ましい．この目的には，四塩化炭素の 459 cm^{-1} バンドの同位体分裂を用いることもできる（**図 3.4.1**）.

文　献

1）K. Burns, K. B. Adams, and J. Longwell, *J. Opt. Soc. Am.*, **40**, 339（1950）
2）B. Edlen, *J. Opt. Soc. Am.*, **43**, 339（1953）
3）H. Hamaguchi, I. Harada, and T. Shimanouchi, *Chem. Lett.*, 1405（1974）
4）K. Iwata, H. Hamaguchi, and M. Tasumi, *Appl. Spectrosc.*, **42**, 12（1988）
5）J. Loader, *Basic Laser Raman Spectroscopy*, Heyden/Sadtler, London（1970）

第 4 章　ラマン分光の応用

4.1 ■ 物理科学分野

ラマン分光の物理科学分野への応用はきわめて広範にわたる．ここでは物理学分野から固体物性，化学分野から構造化学を選び，ラマン分光の威力をよく示す典型的な応用例を紹介する．

4.1.1 ■ 固体物性

固体中の原子，イオン，電子，スピンなどの運動の様相を知ることは，導電性，誘電性，磁性，構造相転移，などの巨視的な物性を微視的な視点から解明するうえで重要である．ラマン分光により，分子やイオンの振動，格子振動，プラズモンやマグノンなどの素励起を観測することができる[1~4]．偏光を用いた測定を利用すれば，対称性に関する豊富な情報を得ることができるという特長があるので，ラマン分光は有力な観測手段となる．

A.　無機半導体の格子振動

半導体の代表として**図 4.1.1** に Si のラマンスペクトルを示す[5]．単結晶 Si のラマンスペクトルでは，波数 521 $\mathrm{cm^{-1}}$ に半値全幅 3.0 $\mathrm{cm^{-1}}$ の 1 本のバンドが観測されている．このバンドは Si 結晶の格子振動に由来する．Si 結晶はいわゆるダイヤモンド型構造をもち，ブラベー格子は立方晶系（格子定数 $a = 5.43$ Å）である．面心立方格子とそれを対角線に沿ってその 1/4 だけ移動したものとを重ね合わせた構造をとっており，空間群は $O_{\mathrm{h}}^{7}(Fd3m)$ である．基本単位格子は 2 個の Si 原子を含む．この構造から予測される音響分枝の個数は 3 であり，光学分枝の個数は，$3 \times 2 - 3 = 3$ である．Γ 点（波数 $\boldsymbol{k} = \mathbf{0}$）では，光学分枝の横波モード（TO）と縦波モード（LO）が三重に縮退しており，この振動がラマンスペクトルに観測されている．隣り合う Si 原子間の力の定数を f_1 とすると，このバンドの波数は，$\omega = \sqrt{8f_1/M}$（M は Si 原子の質量）と表される．このバンドのピーク波数は，力の定数の変化を通して Si の固体構造を反映する．多結晶 Si ではピーク波数が低波数シフトし（例えば 520 $\mathrm{cm^{-1}}$），バンド形は非対称と

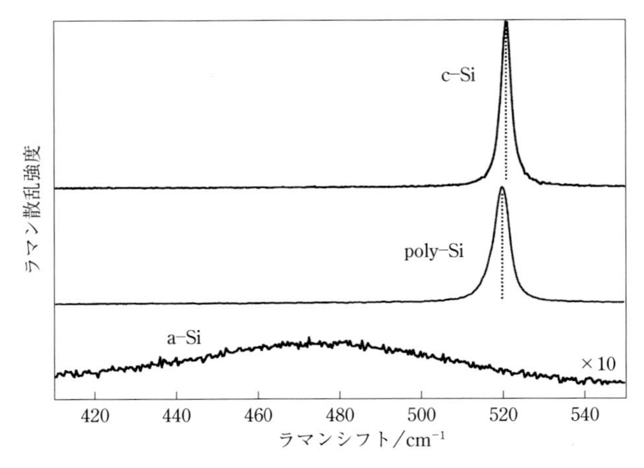

図 4.1.1　Si 単結晶（c–Si），Si 多結晶（poly–Si），アモルファス Si（a–Si）のラマンスペクトル[5)]

なりバンド幅は広くなる．アモルファス Si では，480 cm^{-1} 付近にピークをもつ幅広い弱いバンドとなる．無機半導体に限らず，有機半導体などにおいても，ラマンスペクトルは結晶，アモルファスなどの固体構造をよく反映する．

Si 結晶のバンドのピーク波数は，結晶にかかるストレスに依存する．これは結晶にストレスがかかると，化学結合の状態に変化が起こり，力の定数が変化して波数が変化するためである．GaAs 結晶でも同様の現象が知られており，この現象は半導体材料のストレス解析に実用されている（4.3.7 項参照）．

B.　相転移とソフトモード

ラマン分光は，試料の温度と圧力を比較的容易に設定できるという利点をもち，構造相転移の研究に広く用いられている．対称性の高い相から低い相に転移する際に，新しいラマンバンドの出現や縮重振動の分裂が観測される．原子配置の大きな変化をともなう一次相転移の場合には，ラマンバンドのピーク波数の「跳び」がみられ，構造相転移を容易に観測することができる．一次相転移の研究として，極低温下や超高圧下における分子性結晶（N_2, CH_4 など）の相図に関する研究がある[6,7)]．

ラマン分光による相転移研究のもう一つの特長は，変位型の構造相転移におけるソフトモードを観測できるという点である．温度や圧力の変化にともない相転移点に近づくにつれて，格子振動の振動数が次第に減少して，ついにゼロとなり，格子が初めとは異なる平衡位置をもつようになることがある．この現象は，振動モードの復元力が弱くなる（格子がやわらかくなる）ことに起因する．そこで，このように相転移にともない振動数がゼロに近づく格子振動をソフトモードと呼ぶ．ソフトモードの原子

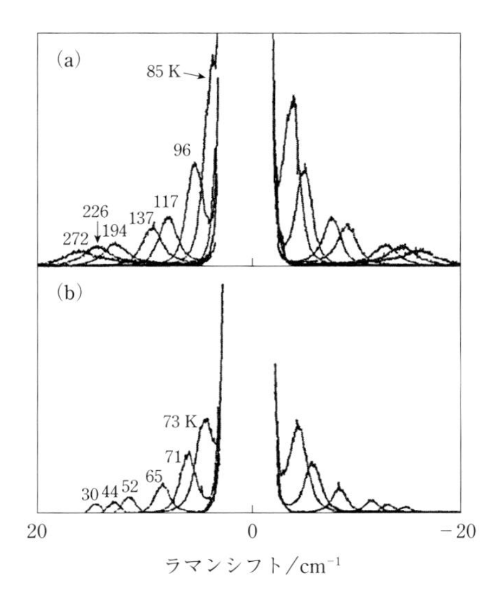

図 4.1.2　$K_3Co(CN)_6$ (2Or 型) のソフトモードの温度依存性
(a) 高温相, (b) 低温相.

変位座標は，ランダウの相転移理論における秩序変数に相当し，相転移の経路を表している．ソフトモードのピーク波数や形状は，秩序変数の揺らぎに関する情報を与える．相転移後の低対称相の構造は，相転移前の高対称相の構造をソフトモードの原子変位の方向に変形させたものであるから，低対称相ではソフトモードは全対称表現の基底になっている．したがって，低対称相ではソフトモードは常にラマン活性である (Worlock の定理)．高対称相の空間群において，ソフトモードがどのような既約表現に属しているかによって，ソフトモードの光学的性質が異なる．

以下では $K_3Co(CN)_6$ 結晶のソフトモードに関する研究を紹介する[8)]．**図 4.1.2** は $K_3Co(CN)_6$ の多形の一つで，two-layer orthorhombic (2Or) と呼ばれるもののソフトモードのラマンスペクトルである．図 4.1.2(a) は高温相，図 4.1.2(b) は低温相におけるラマンスペクトルの温度変化である．どちらの相でも温度が相転移温度 (～80 K) に近づくにつれて，ラマンバンドが低波数シフトしていく (ソフト化する) 様子がわかる．また，図 4.1.2 に示したようにソフトモードの強度は転移温度の近くで著しく増大する．これは次に述べるモード振幅の発散のためである．式(2.2.7) と式(2.2.10) よりラマン散乱強度 I は分極率近似で

$$I \propto \left| \left(\frac{\partial \alpha}{\partial Q} \right)_0 \right|^2 \langle Q^2 \rangle \tag{4.1.1}$$

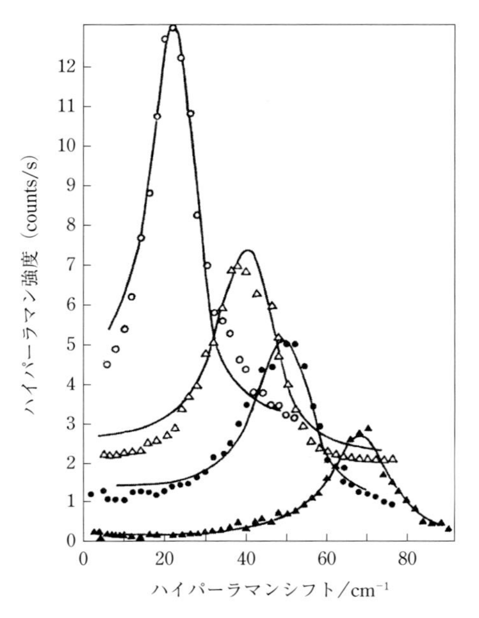

図 4.1.3　$KTa_{0.988}Nb_{0.012}O_3$ のハイパーラマンスペクトルの温度依存性[9)]
▲：204 K，●：103 K，△：80 K，○：40 K．転移温度は 21 K．

と与えられる．基準振動の振幅の二乗平均 $\langle Q^2 \rangle$ はエネルギー等分配の法則により

$$\langle Q^2 \rangle = \frac{k_B T}{\omega^2} \tag{4.1.2}$$

と表される．ここで，k_B はボルツマン定数，T は絶対温度，ω はソフトモードの角振動数である．したがって，$(\partial\alpha/\partial Q)_0 = 0$，すなわちラマン不活性でない限り，$\omega^2 \to 0$ となる転移温度でラマン散乱強度も発散する．

ラマン不活性なモードがソフト化する場合には，ハイパーラマン散乱（2.1.3 項参照）によってソフトモードを観測することができる．対称中心をもつ系では，第二高調波発生（SHG）による弾性散乱は起こらない．したがって，ラマン散乱がレイリー散乱の妨害を受けることと対照的に，ハイパーラマン散乱の低波数測定は，ハイパーレイリー散乱の妨害を受けない．Kugel らによるハイパーラマン散乱を用いた $KTa_{1-x}Nb_xO_3$ のソフトモードの温度依存性を測定した結果を**図 4.1.3** に示す[9)]．温度が転移温度に近づくにつれて，ソフトモードの振動数が小さくなっていることが明瞭にわかる．

C. 人工超格子の格子振動

2 種類の半導体を交互に気相から結晶化させることで，天然には存在しない格子構造を作ることが可能である．これを超格子と呼ぶ．半導体超格子は，その特異な電子構造や，半導体素子としての応用が注目されている．ここでは，GaAs と AlAs の超格子の格子振動の研究について述べる[10]．

GaAs と AlAs の結晶は閃亜鉛鉱型構造をとり，格子定数はほぼ等しいため，分子線エピタキシー法により交互に積み重ねた構造を作ることができる．このようにして作製した$(\mathrm{GaAs})_m$–$(\mathrm{AlAs})_n$ 超格子では，閃亜鉛鉱型構造の(001)軸に沿って GaAs m 層と AlAs n 層（m, n は整数）が交互に配列している．(001)軸方向の $\boldsymbol{k}$ ベクトルをもつ格子振動を扱う場合には，層内の原子はすべて同一方向に動くので，各層を剛体として取り扱う一次元鎖のモデルによって超格子の格子振動を解析することができる．母結晶の第一ブリルアンゾーンは $-\pi/c \leq k \leq \pi/c$ ($c = 2.83$ Å) であるが，この超格子では c 軸の長さが$(m+n)$倍になる．そのため，ブリルアンゾーンは $1/(m+n)$ 倍となるので，$-\pi/(m+n)c \leq k \leq \pi/(m+n)c$ となる．その結果，光学枝と音響枝の折り返しが起こって $\boldsymbol{k}=\boldsymbol{0}$ のモードの数が増加し，ラマン活性モードの数も増加する．

図 4.1.4 に，GaAs 層の厚さ 42 Å，$\mathrm{Ga_{0.7}Al_{0.3}As}$ 層の厚さ 8 Å の超格子のラマンスペクトルを示す．ダブレットバンドが 3 組観測されているが，これらはそれぞれ図中に示した縦音響（LA）モードの 1, 2, 3 番目の折り返しに対応する．各ダブレットの分裂幅は～5 cm^{-1} であり，これは母結晶では二重に縮重していた a_1 と b_2 モードの分裂によるものである．LA モードの折り返しの系列が観測されるためには，平らな界面をもった試料でなければならない．アニーリングすることによって界面を乱すと，LA バンドの強度はアニーリングとともに弱くなり，ついには観測できなくなる．超

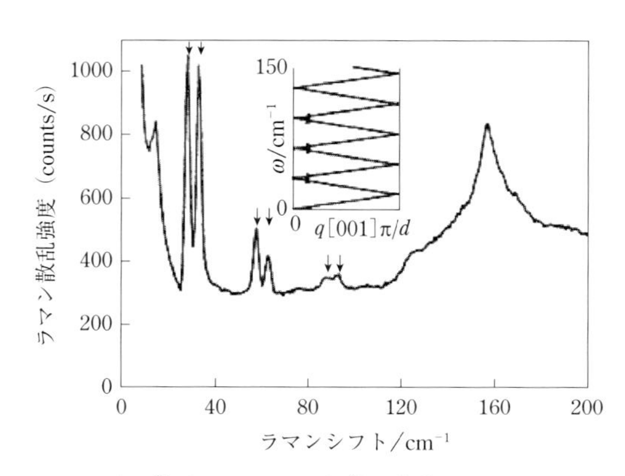

図 4.1.4　GaAs (42 Å) と $\mathrm{Ga_{0.7}Al_{0.3}As}$ (8 Å) の超格子のラマンスペクトル[10]

格子のラマン散乱は，格子力学の中で興味深いテーマであるというだけでなく，LA バンドの波数や強度から，超格子形成状態を調べることができるという大きな利点をもつ．

D．希土類イオンの電子ラマン散乱

遷移金属イオンや希土類イオンの基底軌道スピン準位多重項は，多くの場合縮重している．この縮重はスピン－軌道相互作用や結晶場の摂動によって部分的に解けて，いくつかの準位に分裂する．これらの分裂幅は，多くの場合 200 $\mathrm{cm^{-1}}$ 以下であり，ラマン散乱で観測される．電子ラマン散乱は温度が高いと線幅が著しく広がるので，通常，液体窒素温度以下で測定される．振動ラマン散乱と異なり，電子ラマン散乱ではラマンテンソルは非対称であり，例えば，(XZ) 偏光と (ZX) 偏光では相対強度の異なるスペクトルを与える．Becker らにより測定された $ErPO_4$ の電子ラマンスペクトルを**図 4.1.5** に示した[11]．Er^{3+} は D_{2d} サイトにあり，X と Y は等価である．e_1 と e_2, e_4 の電子ラマンバンドでは，$Y(XZ)X$ と $Y(ZY)X$ 配置において異なる相対強度を示しており，これはラマンテンソルが非対称であることを示している．一方，133 $\mathrm{cm^{-1}}$ と

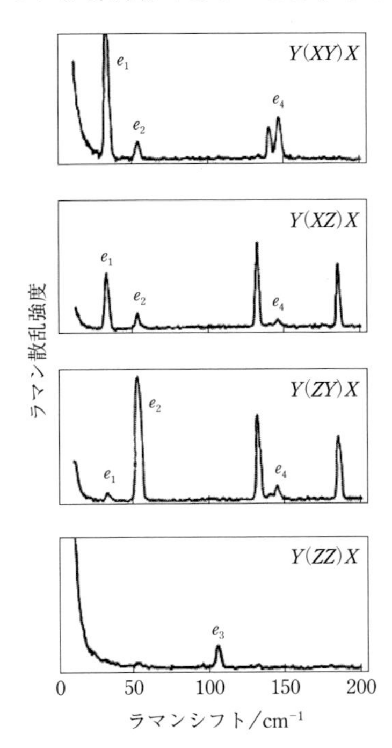

図 4.1.5　$ErPO_4$ の電子ラマンスペクトル[11]
温度は 10 K.

186 cm^{-1}のフォノンバンドには非対称性がみられない．このように，電子ラマン散乱の非対称性は，ラマン散乱の理論を検証する鋭敏な実験データとなる．

E. 半導体の電子ラマン散乱

半導体の電子ラマン散乱は，不純物準位間の遷移，伝導電子の集団運動（プラズモン）の励起，伝導電子の個別励起，バンド間遷移など多彩な現象を含んでいる．ここでは，浅いドナー準位間の遷移について述べる．ドナーの電子は，ドナーイオンにゆるく束縛されて離散的なドナー準位を形成する．有効質量の理論によれば，その電子状態は有効質量 m^* の電子から構成される水素原子のように取り扱うことができ，1s, 2s, 2p と分類される．基底状態は 1s であり，s→p の遷移は赤外活性で，s→s の遷移はラマン活性である．Doehler は，2.1 μm の強力なレーザー光と PbS 検出器を用いたラマン分光測定システムを用いて，As をドープした n 型の Ge における浅いドナー準位間の電子ラマンスペクトルの測定を行った[12]．結果を**図 4.1.6** に示す．Ge の伝導バンドの底は $\boldsymbol{k}=(1/2, 1/2, 1/2)$ およびこれと等価な 3 点の合計 4 つが存在し，1s 状態は四重に縮重しているが，T_d の対称性の下で a_1 と t_2 に分裂する．これらの 2 つ

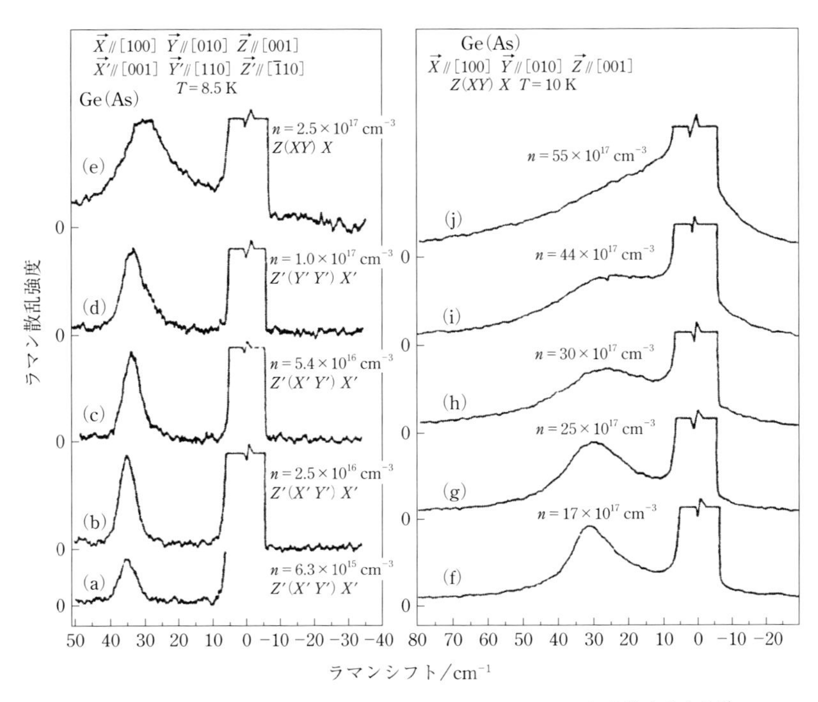

図 4.1.6 As をドープした Ge の電子ラマンスペクトルの不純物濃度依存性[12]

の準位間の遷移が 35 cm^{-1} に観測された．不純物（As）濃度が 3×10^{17} cm^{-3} を超えると，不純物軌道同士が重なり，不純物バンドが形成され，金属状態に転移（半導体・金属転移）することが知られている．図 4.1.6(f)～(i)に示したスペクトルでは，不純物の濃度増加にともない，ドナーイオンに束縛された電子の $1s(a_1)\rightarrow1s(t_2)$ 遷移に，金属電子の個別励起による連続的なスペクトルが重畳しており，(j)では金属の連続的なスペクトルのみになっていると解釈された．すなわち，臨界濃度の近傍で微小な半導体領域と金属領域が共存し，半導体・金属転移において両者の割合が連続的に変化することがわかった．

4.1.2 ■ 構造化学

構造化学は，分子や分子集合体の電子・分子構造を研究する学問である．化学結合の長さや結合角などは，X 線回折（結晶の場合）や電子線回折（気体の場合）に代表される回折法により決定される．気体試料の場合には，回転スペクトルによって結合長や結合角を決めることもできる．回転ラマンスペクトルもこの範疇に入る．一方，振動ラマン分光では，測定した振動スペクトルの解析から構造に関する知見を得る．振動スペクトルの解析から得られる構造情報は，原子団（官能基）の存在，化学結合の状態（例えば水素結合），各種異性体，会合状態，結晶／アモルファス状態，結晶形，振電相互作用などである．ラマン分光法では，短い時間のみ存在する短寿命種のスペクトル測定が可能であり，化学反応機構や光励起ダイナミクスを研究することもできる．

A.　回転ラマンスペクトルによるベンゼン（C_6H_6）の構造解析

回転スペクトルは多くの場合，遠赤外またはマイクロ波領域の電磁波の吸収により測定される．しかし，これらの方法が適用できるのは，永久電気双極子モーメントをもつ分子に限られる．一方，ラマン分光では，永久電気双極子モーメントをもたない分子からも回転スペクトルを観測することができる．ここでは，ラマン分光による構造決定の古典的業績としてよく知られているベンゼンの回転スペクトルの研究を紹介する．

図 4.1.7 にベンゼンの回転ラマンスペクトルを示す[13～15]．これは 1950 年代に行われた先駆的実験であり，当時はスペクトルは写真乾板に記録されていた．図 4.1.7(a)では，ほぼ等間隔の濃い線が観測され，その間に薄い線が観測されている部分もある．図 4.1.7(b)では，露光時間が長いので，中央部は真っ黒になっているが，そのまわりには等間隔の線が観測されている．回転スペクトルの線間隔からは，結合距離を求めることができる．

回転スペクトルのエネルギー準位は，回転定数 B（以下参照）により決まる．ベン

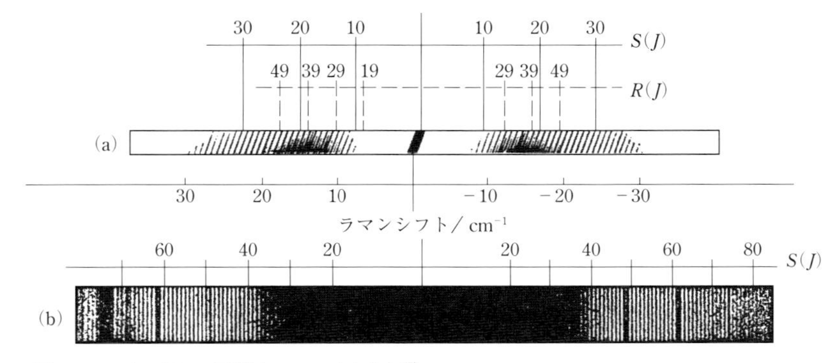

図 4.1.7 ベンゼンの回転ラマンスペクトル[15)]
(a) 圧力 70 mmHg，温度 288 K，励起光波長 488.0 nm．(b) 圧力 380 mmHg，温度 333 K，励起光波長 435.8 nm.

ゼン分子の場合，ラマン散乱の選択律から，スペクトルには 2 つの系列が現れる．

$$\tilde{v} = 2B(J+1) \quad \text{(R 枝)}$$

$$\tilde{v} = 4B\left(J+\frac{3}{2}\right) \quad \text{(S 枝)}$$

ここで，J は回転量子数である．この式から，R 枝に属するスペクトル線は一つおきに S 枝と重なり，S 枝の線間隔は $4B$ であることがわかる．実測スペクトルから B を計算すると，C_6H_6, $C_6H_3D_3$, C_6D_6 に対してそれぞれ $0.18950 \pm 0.00001\ \mathrm{cm}^{-1}$, $0.17177 \pm 0.00001\ \mathrm{cm}^{-1}$, $0.15685 \pm 0.00002\ \mathrm{cm}^{-1}$ となる．B はベンゼンの分子面内の回転軸に関する慣性モーメント I（単位 $\mathrm{g\ cm^2}$）と次式の関係で結ばれている．

$$B = \frac{h}{8\pi^2 cI}$$

ここで，h はプランク定数，c は光速である．ベンゼン分子の CC 結合の長さがすべて r_{CC} で等しく，CH と CD の長さは r_{CH} で等しいとすると，B から I が求まり，I から $r_{\mathrm{CC}} = 139.79 \pm 0.02$ pm, $r_{\mathrm{CH}} = 107.9 \pm 0.1$ pm と求まる[15)]．このように，回転ラマンスペクトルの解析から無極性分子の構造定数を決定することができる．回転ラマンスペクトルは最近では，大気中に存在する化学種の同定や定量分析に利用されている．

B. 回転異性体の発見

回転異性体は，分子の内部回転が束縛されているために生じる異性体である．例えば，1,2-ジクロロエタンにおいて，C–C 単結合まわりの内部回転を考えると，**図 4.1.8** に示したような 3 つの回転異性体が存在する．図 4.1.8(a)では，2 つの C–Cl 結合が

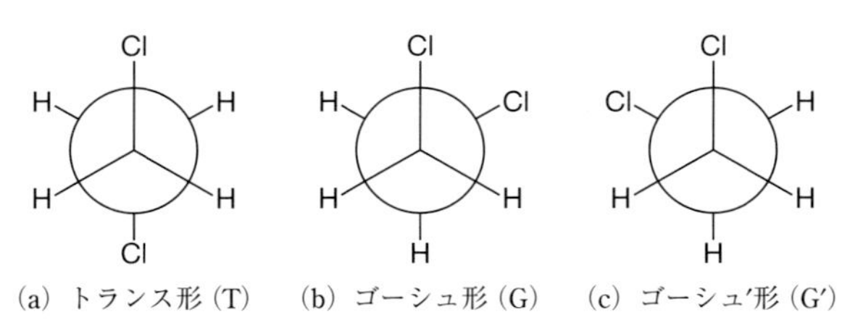

図 4.1.8　1,2-ジクロロエタンの回転異性体

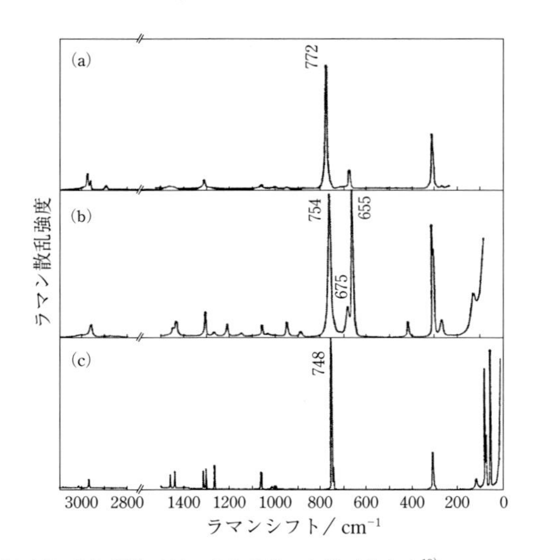

図 4.1.9　1,2-ジクロロエタンのラマンスペクトル[19)]
(a) 気体，(b) 液体，(c) 固体．励起光波長は 514.5 nm.

180° の角度をなしており，トランス(T)形と呼ばれる．図 4.1.8(b)と(c)では，C–Cl 結合が約 60° の角度をなしており，ゴーシュ形（G および G′）と呼ばれる．トランス形とゴーシュ形の間のエネルギー障壁が室温のエネルギーに対して十分に高いと，室温において 2 つの回転異性体を区別して観測することができる．0.60 kcal/mol（約 210 cm^{-1} に対応）.

回転異性体の存在は，Mizushima らによるラマン分光を用いた研究によって，1,2-ジクロロエタンについて初めて示された. この研究は化学史に残る重要な業績である. その後，C–C 結合に関する回転異性体ばかりではなく，C–O，C–N，C–S，S–S 結合に関する回転異性体についても多くの研究が行われた．ここでは，1,2-ジクロロエタンの研究を紹介する[16～19)].

1,2-ジクロロエタンの気体と液体，固体のラマンスペクトルを**図 4.1.9** に，赤外吸

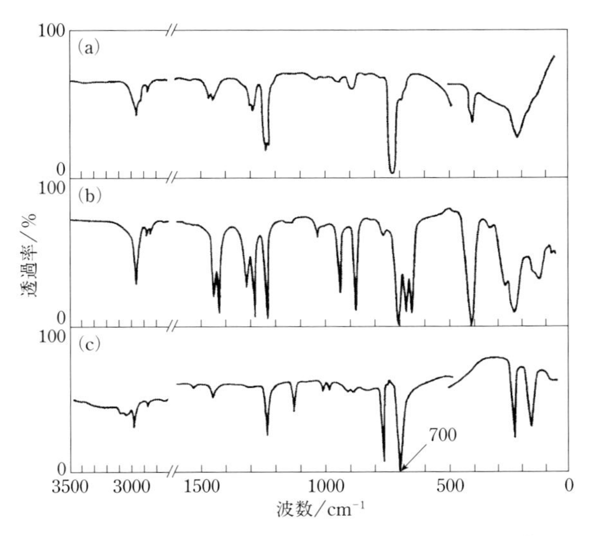

図 4.1.10 1,2−ジクロロエタンの赤外吸収スペクトル[19)]
(a) 気体，(b) 液体，(c) 固体.

収スペクトルを**図 4.1.10** に示す．これらのスペクトルは，重水素置換した 1,2−ジクロロエタンのラマン・赤外スペクトル測定や，基準振動計算に基づいて帰属された．また，気相での分子構造は電子線回折やマイクロ波分光などで研究された．その結果，固体ではトランス形であり，液体と気体ではトランス形とゴーシュ形が共存していることがわかった．

1,2−ジクロロエタン分子を構成する原子の数は 8 個であるから，振動の自由度は $3 \times 8 - 6 = 18$ である．1,2−ジクロロエタン分子（トランス形）は，対称要素として C_2 軸，対称心 i，対称面 σ_h をもち，点群 C_{2h} に属する．18 個の振動は，$6a_g + 4a_u + 3b_g + 5b_u$ のように C_{2h} 点群の既約表現に分かれる．このうち，6 個の a_g モードと 3 個の b_g モードがラマン活性である．1,2−ジクロロエタン分子（ゴーシュ形）は，対称要素として C_2 軸をもち，点群 C_2 に属する．18 個の振動は，$10a + 8b$ の既約表現に分かれ，すべての振動がラマン活性であり，かつ赤外活性である．図 4.1.9 と図 4.1.10 の固体のスペクトルでは，ラマンスペクトルと赤外スペクトルの間に交互禁制律（2.1.1 項参照）が成り立っており，固体の 1,2−ジクロロエタン分子が対称心をもつトランス構造をとることを示唆している．

CCl 伸縮振動の振動モードは 2 個ある．トランス形では，1 個が a_g 対称種に属する CCl 対称伸縮振動，もう 1 個が b_u 対称種に属する CCl 逆対称伸縮振動で，ラマン活

性なものは a_g モード1個である．754 cm^{-1}（固体では 748 cm^{-1}）のラマンバンドがこの a_g モードに対応し，728 cm^{-1}（固体では 700 cm^{-1}）の赤外バンドは b_u モードに対応する．一方，ゴーシュ形では a と b 対称種に1個ずつ CCl 伸縮振動モードが存在し，両方ともラマン活性である．液体では，754 cm^{-1}（トランス形）のほかに 675 cm^{-1} と 655 cm^{-1} にバンドが観測されており，ゴーシュ形の CCl 伸縮モードに帰属される．トランス形とゴーシュ形のラマン・赤外スペクトル（振動スペクトル）の帰属をそれぞれ**表 4.1.1** と**表 4.1.2** に示す．

ラマンバンド強度の温度変化を測定することにより，回転異性体間のエンタルピー差を求めることができる．1,2-ジクロロエタンの場合，気体ではゴーシュ形よりもトランス形のほうが 1.1 kcal/mol 安定である．液体ではほとんどエンタルピー差がない．ラマン分光による回転異性体の研究は，振動ラマンスペクトルが分子構造に敏感であることを利用した，重要な基礎研究の好例である．

C．共鳴ラマン散乱を用いた共役高分子の構造研究

共鳴ラマン散乱を利用すると，低濃度の物質のスペクトルが測定できる．また，励起光波長を適切に選べば混合物中のある成分のスペクトルを選択的に得ることができ，短寿命種，生体系，吸着種，色素などの研究に役立つ．

表 4.1.1　1,2-ジクロロエタン（トランス形）の振動バンドの帰属

対称種	No.	モード	赤外波数/cm^{-1}	ラマン波数/cm^{-1}
a_g	1	CH_2 対称伸縮	—	2957
	2	CH_2 はさみ	—	1445
	3	CH_2 縦ゆれ	—	1304
	4	CC 伸縮	—	1052
	5	CCl 伸縮	—	754
	6	CCCl 変角	—	300
a_u	7	CH_2 逆対称伸縮	3005	—
	8	CH_2 ひねり	1123	—
	9	CH_2 横ゆれ	773	—
	10	ねじれ	123	—
b_g	11	CH_2 逆対称伸縮	—	3005
	12	CH_2 ひねり	—	1264
	13	CH_2 横ゆれ	—	989
b_u	14	CH_2 対称伸縮	2983	—
	15	CH_2 はさみ	1461	—
	16	CH_2 縦ゆれ	1232	—
	17	CCl 伸縮	728	—
	18	CCCl 変角	222	—

[T. Shimanouchi, *Tables of Molecular Vibrational Frequencies Consolidated Volume I*, NSRDS-NBS, **39** (1972), p. 97]

表 4.1.2　1,2-ジクロロエタン（ゴーシュ形）の振動バンドの帰属

対称種	No.	モード	赤外波数/cm^{-1}	ラマン波数/cm^{-1}
a	1	CH_2 逆対称伸縮	3005	3005
	2	CH_2 対称伸縮	2957	2957
	3	CH_2 はさみ	1433	1429
	4	CH_2 縦ゆれ	1315	1304
	5	CH_2 ひねり	—	1207
	6	CC 伸縮	1027	1031
	7	CH_2 横ゆれ	948	943
	8	CCl 伸縮	669	654
	9	CCCl 変角	272	265
	10	ねじれ	—	125
b	11	CH_2 逆対称伸縮	3005	3005
	12	CH_2 対称伸縮	2957	—
	13	CH_2 はさみ	1436	—
	14	CH_2 縦ゆれ	1292	—
	15	CH_2 ひねり	1146	1145
	16	CH_2 横ゆれ	890	881
	17	CCl 伸縮	693	677
	18	CCCl 変角	410	411

[T. Shimanouchi, *Tables of Molecular Vibrational Frequencies Consolidated Volume I*, NSRDS-NBS, **39** (1972), p. 98]

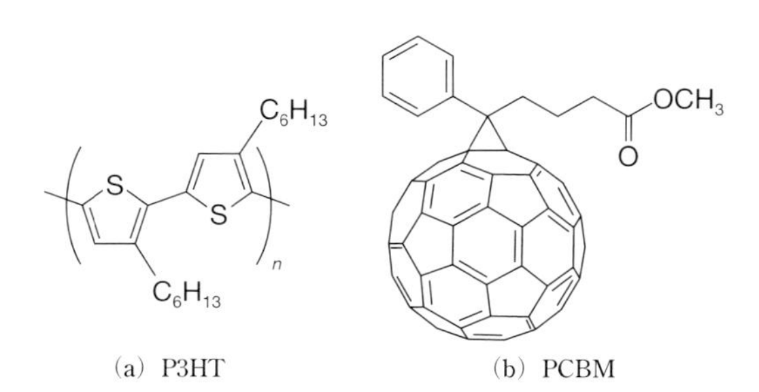

図 4.1.11　(a) 位置規則性ポリ(3-ヘキシルチオフェン)(P3HT) と (b) PCBM の化学構造

2000 年のノーベル化学賞は，「導電性高分子の発見と開発」の業績に対して日本の白川英樹博士ら 3 名に贈られた．導電性高分子の研究は，アセチレンを重合して得られる高分子であるポリアセチレンから始まったが，現在ではさまざまな構造のものが合成され，有機半導体材料として使用されている．**図 4.1.11**(a)に示した位置規則性ポリ(3-ヘキシルチオフェン)(P3HT)は，有機トランジスタや太陽電池の材料として使用されている．P3HT とフェニル-C_{61}-酪酸メチルエステル（PCBM, **図 4.1.11**(b)）の混合物（バルクヘテロ接合と呼ぶ）は，有機薄膜太陽電池の代表的な材料である．ここでは P3HT : PCBM 混合物のラマン分光学的研究を紹介する[20]．

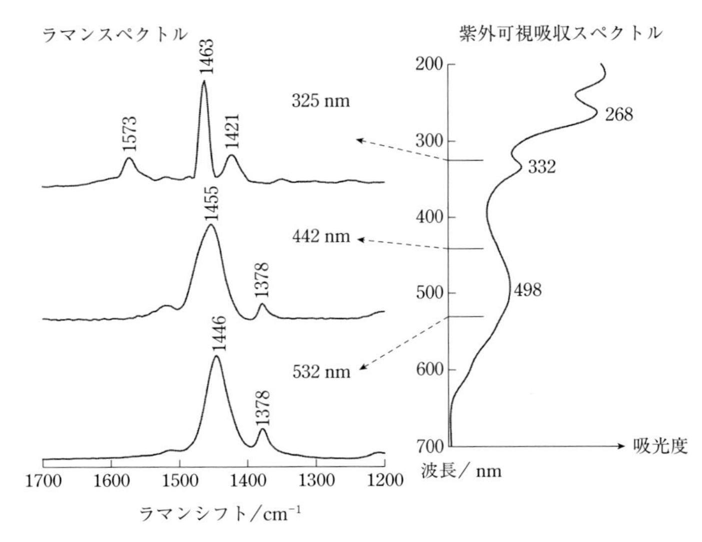

図 4.1.12　P3HT : PCBM 混合物（重量比 1 : 1）の紫外可視吸収スペクトルと共鳴ラマンスペクトル

図 4.1.12 に P3HT : PCBM 混合物（重量比 1 : 1）のスピンキャストフィルムのラマンスペクトルと紫外可視吸収スペクトルを示した．励起光として，可視光（442 nm と 532 nm）を用いて測定したラマンスペクトルと，紫外光（325 nm）の紫外光を用いて測定したラマンスペクトルではまったく異なっている．可視光励起で観測されたラマンバンドは P3HT に，紫外光（325 nm）励起で観測されたラマンバンドは PCBM に由来する．この結果は，P3HT が 400〜650 nm に電子吸収帯をもち，この領域内に位置する波長の光でラマンスペクトルを測定すると，共鳴効果により P3HT のバンドの強度が増大し，P3HT のバンドのみが観測されたためであると解釈することができる．また，325 nm の光は紫外領域にある PCBM の電子吸収内に位置しており，共鳴効果により PCBM バンドの強度が増大し，PCBM のバンドのみが観測されたと解釈することができる．このように，共鳴ラマン効果を利用すると，混合物中の各成分のラマンスペクトルを選択的に観測することができる．

可視光 (442 nm) 励起で P3HT の 1455 cm^{-1} 付近の幅広いラマンバンドは, チオフェン環の C=C 伸縮振動に帰属される．P3HT の結晶では，隣り合うチオフェン環はそれらをつなぐ C−C 単結合に関して *s*−トランスのコンホメーションをとり，高分子鎖は平面直線状に伸びた構造をしている．これを「規則構造」と呼ぶ．一方，溶液などでは C−C 単結合に関してねじれた構造をとり，高分子鎖は曲がりくねった構造をとりうる．これを「不規則構造」と呼ぶ．1455 cm^{-1} のバンドは，規則構造（結晶）に由来する 1448 cm^{-1} のバンドと不規則構造（アモルファス状態）に由来する 1472 cm^{-1} のバンドとの重ね合わせであることが示されており，観測されたバンドを 2 つに分割し，それらのバンドの相対強度から規則構造領域の割合を見積もることができる．規則構造の含量は，スピンキャストする際の溶媒の種類や成膜後の加熱処理に依存することがわかっている．規則構造の含量と太陽電池の変換効率には相関がみられる．このように，ラマン分光から太陽電池材料および素子自体の特性に関する有用な情報が得られる．

D. 導電性高分子のキャリヤーの同定

導電性高分子の素励起として，電荷 $+e$（または $-e$）とスピン 1/2 をもつ正（負）ポーラロン，電荷 $+2e$（または $-2e$）をもつがスピンがゼロの正（負）バイポーラロンがある．いずれも電荷をもち，導電性高分子のキャリヤーとなる．このような正ポーラロンと正バイポーラロンは固有な構造変化をともない，正電荷は局在している．正ポーラロンと正バイポーラロンは，赤外分光またはラマン分光で観測することができる．図 4.1.11 に示した P3HT は，イオン液体をゲート絶縁体に使用したトランジスタの材料としても使用されている．イオン液体，1-ブチル-3-メチルイミダゾリウムビス(トリフルオロメタンスルホニル)イミド（[BMIM][TFSI]）を使用したトランジスタに関して，ゲート電圧（$-V_G$）を変えて測定したラマンスペクトルを**図 4.1.13** に示

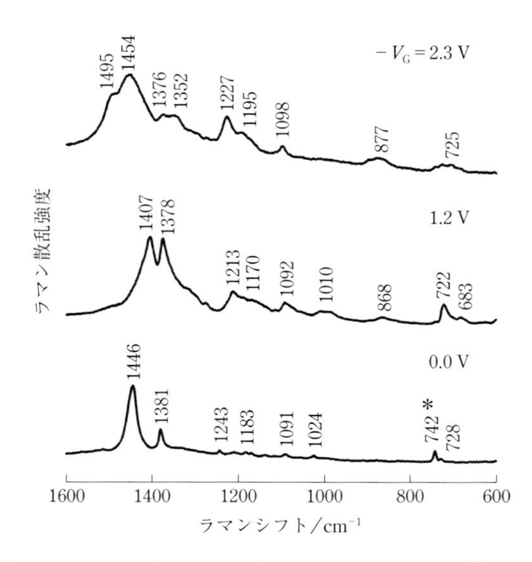

図 4.1.13 イオン液体トランジスタのラマンスペクトル[17)]
励起光波長は 785 nm. *印はイオン液体のバンド.

す[21]．励起光波長（785 nm）は，キャリヤーの電子吸収に共鳴する波長である．0 V のスペクトルはP3HTそのもののスペクトルで，キャリヤーが生成していないことを示している．1.2 Vのスペクトルは正ポーラロンに，2.3 Vのスペクトルは正バイポーラロンに帰属された．この結果からゲート電圧の印加により，チャネル領域にキャリヤーが生成したことがわかる．また，電気伝導度の測定から，正バイポーラロンの移動度が，正ポーラロンの移動度よりも2桁程度小さいことも示された．このイオン液体トランジスタでは，1.8 V以上で電流が小さくなり，性能が低下する．ラマン分光測定の結果から，その原因は，1.8 V以上で移動度の小さな正バイポーラロンが生成することにより，チャネル領域の電気伝導率が小さくなったためであると説明される．ラマン分光による導電性高分子のキャリヤーの同定によって，デバイス特性と構造の相関の解明に貴重な情報がもたらされた．

E. 時間分解ラマン分光法による電子励起状態の研究

ラマン分光の特徴の一つに，高い時間分解能がある．ラマン分光を用いれば，ピコ（10^{-12}）秒やナノ（10^{-9}）秒という短い時間の間だけ存在する分子種の振動スペクトルを観測することが可能であり，それらの分子種のダイナミクスに関する知見を得ることができる．以下，視物質のモデル化合物であるレチナールの光異性化に関する研究を紹介する[22~24]．

基底状態（S_0）のレチナールには，**図4.1.14**に示したように全トランス，7–シス，

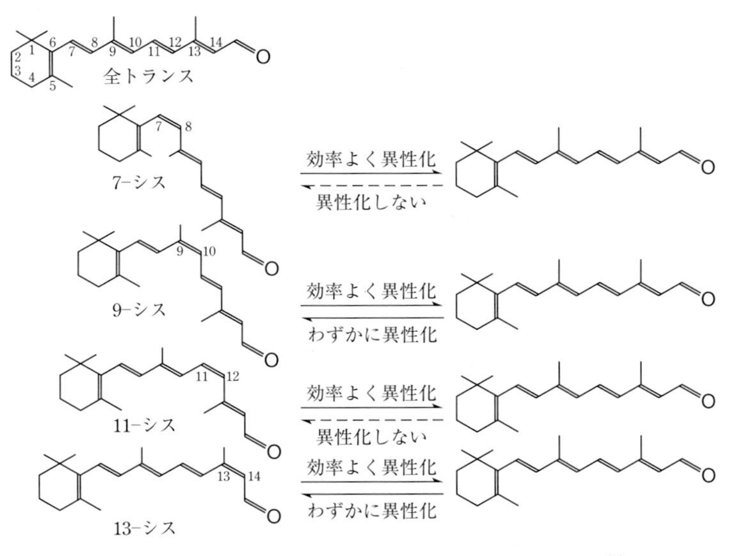

図4.1.14　レチナールの幾何異性体の構造と光異性化の効率[24]

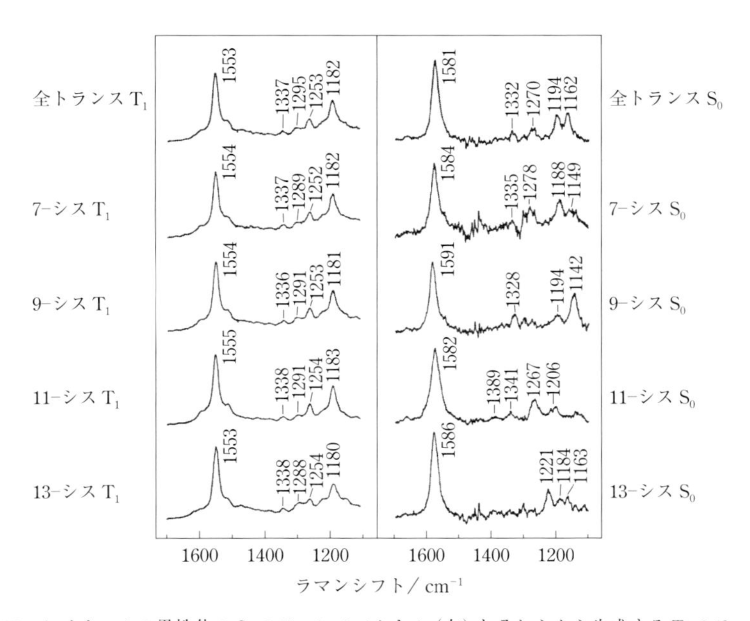

図 4.1.15 レチナールの異性体の S_0 のラマンスペクトル（右）とそれらから生成する T_1 のラマンスペクトル（左）[22]
ヘキサン溶液．溶媒のバンドは引いてある．S_0 のスペクトル測定の励起光波長は 532 nm．T_1 のスペクトル測定では，ポンプ光は 355 nm で，プローブ光は 532 nm．

9−シス，11−シス，13−シスの幾何異性体が存在する．無極性溶媒中では，光励起されたレチナールは速やかに三重項状態（T_1）へ転換され，その後に異性化すると考えられている．各異性体の異性化効率は同じではなく，図 4.1.14 に示したようになっている．T_1 状態ではどのような異性体が存在し，異性化の効率の違いはどのような原因で起こるのであろうか．

基底状態のレチナールのラマンスペクトルは，**図 4.1.15**(右)に示したように，各異性体の構造に特徴的なパターンを与える．355 nm の光で励起して生成したレチナールの T_1 電子励起状態を，532 nm の光（$T_n \leftarrow T_1$ 吸収，〜450 nm）で測定したラマンスペクトルを**図 4.1.15**(左)に示した．全トランス，7−シス，9−シス，11−シス体から得られた T_1 状態のラマンスペクトルはまったく同一のものである．しかしながら，13−シス体から得られた T_1 状態のラマンスペクトルは他のものと少し異なっており，このスペクトルと全トランス体から生成した T_1 のスペクトルの差を計算すると，別の T_1 状態のスペクトルが得られた．これらの実験結果を総合して考察すると，レチナールの T_1 状態のポテンシャルと光異性化の機構は以下のように考えられる．T_1 状態では，C_7C_8 と C_9C_{10}, $C_{11}C_{12}$ 結合のまわりに関してはシス形や 90° ねじれ形の位置に深い極小は存在せず，トランス配置に安定点が存在する．一方，$C_{13}C_{14}$ 結合まわりには，トランス形に加え，もう一つの安定点が存在する．このようなポテンシャルの下では，7–シス，9–シス，11–シス体が光励起されると，それぞれ振動励起状態のシス T_1 が生成し，ポテンシャル曲面に沿って緩和して「トランス」T_1（「トランス」は S_0 のトランス体と近いトランス形であることを表す）に異性化するか，項間交差によって S_0 のシス体に戻る．一方，トランス体を光励起すると振動励起状態の「トランス」T_1 が生成するが，トランス位置での深いポテンシャル極小のために，7–シス，9–シス，11–シス体への異性化は起こらない．このような異性化の機構は「片道異性化」と呼ばれている．13–シス体を光励起すると，$C_{13}C_{14}$ 結合まわりではトランス配置のほかに極小があるので，別の T_1 状態（「13–シス」T_1 状態）が観測される．これはトランスから 13–シス体への異性化のみがわずかに進行することと対応していると考えられる．このように光異性化反応の途中に存在する反応中間体の構造を，時間分解ラマン分光法によって直接観測することにより，反応経路を明らかにすることができる．

F.　温度測定

ラマン分光を用いると，非破壊・非接触で温度を測定することができる．ラマン分光による温度測定には以下の3つの方法がある．(1) ストークスバンドとアンチストークスバンドの相対強度比から見積もる方法，(2) ラマンバンドのピーク波数と温度の関係式を実験から決め，それを検量線として温度を見積もる方法，(3) ラマンバンド幅と温度の関係式を実験から決め，それを検量線として温度を見積もる方法である．方法(1)は，温度とラマンバンド強度の関係式（式(2.1.1)参照）に基づいている．こ

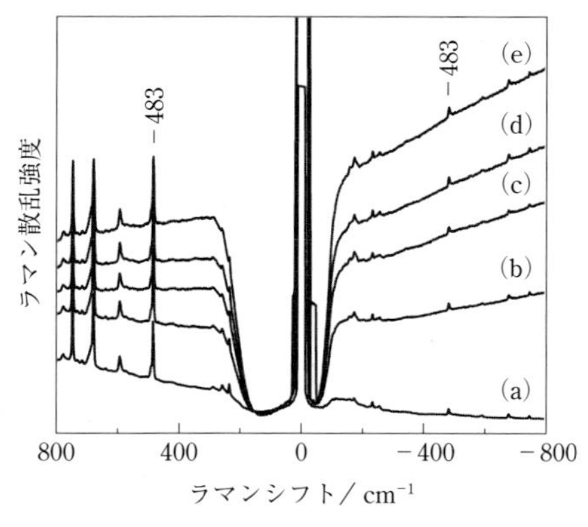

図 4.1.16　ITO/CuPc/α–NPD/Alq_3/LiF–Al の構造をもつ有機 EL 素子のラマンスペクトル[25]
電流密度は(a) 0, (b) 4.5, (c) 9.1, (d) 13.6, (e) 18.1 mA/cm^2．励起光波長は 633 nm.

こでは，新しい発光ダイオードとしてテレビや照明への実用化が期待されている有機EL素子について，銅フタロシアニン（CuPc）のラマンバンドを利用して，素子内部の有機層の温度を測定した例を紹介する[25〜27)].

ガラス/ITO/CuPc（15 nm）/α–NPD（60 nm）/Alq_3（75 nm）/LiF–Al という構造をもつ有機EL素子のガラス基板側から入射光を照射し測定したラマンスペクトル[21)]を**図4.1.16**に示す．励起光波長は633 nmである．CuPcの483 cm^{-1}バンドのストークス線とアンチストークス線の強度比から，温度が見積もられた．この素子の発光面積は47×47 mm^2で，400 mAの電流を流した場合（図中の(e)18.1 mA/cm^2に対応），熱電対で測定した基板表面の温度は81℃であったが，ラマンスペクトルから求めた温度は140℃であった．また，放射温度計で測定された温度は82℃と熱電対の値とほぼ同じであるから，基板からの放射を計測していると考えられる．ラマン分光で測定した温度は，熱電対の温度よりもかなり高く，有機層の温度は基板よりも高いことが明らかとなった．

文　献

1）中川一朗，振動分光学，日本分光学会測定法シリーズ，学会出版センター（1987）
2）河東田 隆，レーザーラマン分光法による半導体の評価，東京大学出版会（1988）
3）大成誠之助，固体スペクトロスコピー，裳華房（1994）
4）工藤恵栄，光物性基礎，オーム社（1996）
5）I. D. Wolf（M. J. Pelletier ed.）, *Analytical Applications of Raman Spectroscopy*, Blackwell Science, Oxford（1999）, p. 442
6）D. Fabre, M. M. Thiéry, and K. Kobayashi, *J. Chem. Phys.*, **76**, 4817（1982）
7）D. Schiferl, S. Buchsbaum, and R. L. Mills, *J. Phys. Chem.*, **89**, 2324（1985）
8）Y. Morioka and I. Nakagawa, *J. Phys. Soc. Jpn.*, **52**, 23（1983）
9）G. Kugel, H. Vogt, W. Kress, and D. Rytz, *Phys. Rev. B*, **30**, 985（1984）
10）C. Colvard, T. A. Gant, M. V. Klein, R. Merlin, R. Fischer, H. Morkoc, and A. C. Gossard, *Phys. Rev. B*, **31**, 2080（1985）
11）P. C. Becker, N. Edelstein, G. M. Williams, J. J. Bucher, R. E. Russo, J. A. Koningstein, L. A. Boatner, and M. M. Abraham, *Phys. Rev. B*, **31**, 8102（1985）
12）J. Doehler, *Phys. Rev. B*, **12**, 2917（1975）
13）B. P. Stoicheff, *Can. J. Phys.*, **32**, 339（1954）
14）A. Langseth and B. P. Stoicheff, *Can. J. Phys.*, **34**, 350（1956）
15）D. A. Long, *Raman Spectroscopy*, McGraw-Hill, New York（1977）, p. 153.

16）S. Mizushima, Y. Morino, and K. Higashi, *Sci. Pap. Inst. Phys. Chem. Res.*（Tokyo）, **25**, 159（1934）
17）S. Mizushima, Y. Morino, and S. Noziri, *Sci. Pap. Inst. Phys. Chem. Res.*（Tokyo）, **29**, 63（1936）
18）Y. Morino, I. Watanabe, and S. Mizushima, *Sci. Pap. Inst. Phys. Chem. Res.*（Tokyo）, **39**, 396（1942）
19）S. Mizushima, T. Shimanouchi, I. Harada, Y. Abe, and H. Takeuchi, *Can. J. Phys.*, **53**, 2085（1975）
20）Y. Furukawa, *Padjadjaran International Physics Symposium 2013*（*PIPS-2013*）, AIP Conference Proceedings, Vol. 1554（2013）, pp. 5–8
21）J. Yamamoto and Y. Furukawa, private communication
22）H. Hamaguchi, H. Okamoto, M. Tasumi, Y. Mukai, and Y. Koyama, *Chem. Phys. Lett.*, **107**, 355（1984）
23）H. Hamaguchi, *J. Mol. Struct.*, **126**, 125（1985）
24）濵口宏夫，坪井正道，田中誠之，田隅三生 共編，赤外・ラマン・振動 III，南江堂（1986），p. 16
25）H. Tsuji, A. Oda, J. Kido, T. Sugiyama, and Y. Furukawa, *Jpn. J. Appl. Phys.*, **47**, 2171（2008）
26）T. Sugiyama and Y. Furukawa, *Jpn. J. Appl. Phys.*, **47**, 3537（2008）
27）R. Iwasaki, M. Hirose, and Y. Furukawa, *Jpn. J. Appl. Phys.*, **52**, 05DC16（2013）

4.2 ■ 生命科学分野

ラマン分光は，“生きた”細胞や生体組織を対象とした生命科学の基礎研究，また医薬品，化粧品，食品開発など，生命に関連する工学の分野で広く使われるようになりつつある．ラマン分光は，試料の前処理を必要としないため，試料をそのままの状態で非侵襲的に測定できる．生命を対象とする研究，開発において，この非侵襲性はきわめて大きな利点である．一方，測定したラマンスペクトルを読み解き，分子の化学構造や存在状態に関する情報を的確に抽出することができなければ，ラマン分光の力を十分に活用することはできない．すなわち，生命を対象とする研究，開発においても，物理学，化学に基づいたラマンスペクトルの正しい解析が必須である．本章では，細胞や組織の構造，機能を理解するための鍵となるタンパク質，核酸，生体色素，脂質などの生体分子のラマンスペクトルの解読法，およびそれに基づいた生命科学的ラマン分光研究の実例を紹介する．

4.2.1 ■ タンパク質のラマンスペクトル

タンパク質のラマンスペクトルには，ペプチド主鎖の振動とアミノ酸残基側鎖の振動に由来するバンドが観測される．赤外線吸収スペクトルがペプチド主鎖の振動を強く反映するのに対して，ラマンスペクトルはアミノ酸残基の側鎖，特に芳香族アミノ酸残基の側鎖の振動を鋭敏に反映するという傾向がある．

A. ペプチド主鎖の振動とタンパク質の二次構造

ペプチド主鎖の振動は，アミド結合に局在した一群の特性振動からなる．ペプチド結合を有するもっとも単純なモデル化合物である*N*–メチルアセトアミドを用いて，これらの特性振動の基準振動形が詳しく計算されており[1]，高波数側から順にアミドA（NH伸縮），アミドI（C=O伸縮+NH変角），アミドII（C=N伸縮+NH変角），アミドIII（C=N伸縮+NH変角），アミドV，アミドIV，アミドVI，アミドVIIと呼ばれる（**図4.2.1**）．アミドIからアミドIVは，アミド結合がつくる分子平面内の振動，アミドVからアミドVIIは，平面に垂直な方向への面外変角振動である．ここで，アミドIVとアミドVは振動数が逆転しているので注意を要する．Miyazawaらは，タンパク質主鎖のアミド特性振動が，二次構造に依存して異なる波数位置にバンドを与えることを報告している[2]．これは，αヘリックスやβシートなどの二次構造が存在すると，その構造に依存した分子内振動間相互作用により，アミド特性振動の波数シフトが生じるためである．また，Krimmらによるポリペプチド鎖の基準振動計算

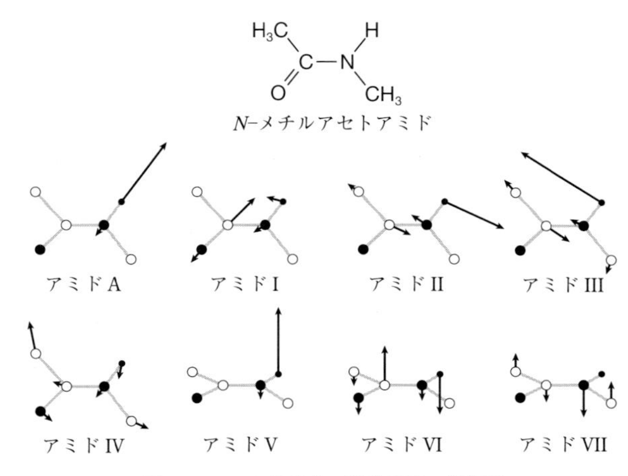

図 4.2.1　アミド結合の特性振動の振動形

表 4.2.1　二次構造とアミドI（ラマンと赤外）とアミドIII（ラマン）の波数位置

二次構造	アミドI		アミドIII
	ラマン／cm^{-1}	赤外／cm^{-1}	ラマン／cm^{-1}
αヘリックス	1660〜1645	1650	1300〜1265
βシート	1680〜1665	1632	1240〜1230
ランダムコイル	1670〜1660	1658	1240〜1260

から，アミド振動のうちアミドA，アミドIV〜VIIはタンパク質主鎖の構造に関する情報に乏しいが，アミドI，アミドII，アミドIIIはタンパク質主鎖の二次構造を反映して波数位置を変化させることが明らかになっている[3)]．アミドIはラマン散乱と赤外線吸収の両方に強く現れるが，アミドIIは赤外線吸収に強く，アミドIIIはラマン散乱に強く現れる傾向がある．アミドIIは，紫外励起のラマンスペクトルで強く観測されることがある．また，ラマン活性なアミドIとアミドIIIのバンドの波数位置を解析することにより，タンパク質の二次構造に関する情報を得ることができる（**表 4.2.1**）．

B.　チロシンダブレット（フェルミ共鳴）とチロシン残基の環境

基本音の波数と，その基本音と同じ対称性をもつラマン活性な倍音や結合音の波数が接近している場合，フェルミ共鳴と呼ばれる現象が起こることがある．タンパク質のラマンスペクトルにしばしば観測される 850 cm^{-1} および 830 cm^{-1} 付近の1対のラマンバンドはチロシン（Tyr）ダブレットと呼ばれ，Tyrの振動間のフェルミ共鳴に

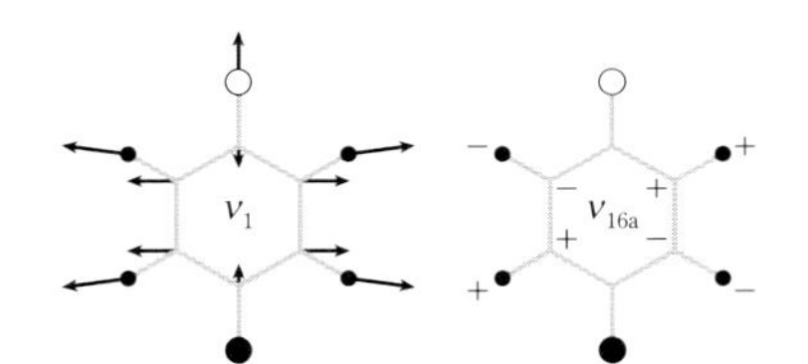

図 4.2.2　Tyr ダブレットに寄与する 2 つの基準振動

表 4.2.2　チロシンダブレットの強度比とタンパク質中のチロシン残基の環境[4)]

I_{850}/I_{830} (チロシンの状態)	フェニル基の OH 基の状態
10:4 (L−チロシン・HCl，固体)	強い水素結合の受容体
10:8 (glycyl−L−チロシン，pH 3，水溶液)	中程度の水素結合の供与体と受容体
3:10 (L−チロシン，固体)	COO^- への強い水素供与体
7:10 (L−チロシン，pH 12，水溶液)	イオン化

よるバンドである．東京大学と MIT のグループは共同で，*p*−クレゾール，*p*−エチルフェノール，L−Tyr やこれらの種々の誘導体のラマンスペクトル測定と基準振動解析を行い，Tyr ダブレットが 2 置換ベンゼンの環伸縮振動（呼吸振動）ν_1 と，面外変角振動 ν_{16a} の倍音によるフェルミ共鳴によるものであることを明らかにした（**図 4.2.2**）．さらに，Tyr 残基が置かれた環境を反映して，Tyr ダブレットの強度比が**表 4.2.2** のように変化することを示した[4)]．すなわち，この強度比を測定すると，Tyr 残基近傍の水素結合に関する貴重な情報が得られる．例えば，生細胞中のタンパク質の Tyr 残基にもこの方法を適用することができるので，細胞中のタンパク質の構造と機能を生きたままの状態で調べることができる．ただし，タンパク質には通常，複数の Tyr 残基が存在しているので，得られる情報はすべての Tyr 残基の平均であることに注意しなければならない．

一般に，倍音や結合音のラマンバンドの散乱断面積は非常に小さいが，そのごく近傍の波数位置に基本音のバンドが存在すると，その基本音との混合が起こり大きな散乱断面積をもつようになる．これがフェルミ共鳴の物理的機構である．フェルミ共鳴がないと仮定したときの基本音(A)と，倍音や結合音(B)のラマンバンドの波数を各々 ν_A^O, ν_B^O とし，またフェルミ共鳴の結果現れる基本音と倍音や結合音のバンドの波数を各々 ν_A, ν_B とすると，これらの間には以下の関係がある．

$$\nu_A = \frac{1}{2}[(\nu_A^O + \nu_B^O) + s],\ \ \nu_B = \frac{1}{2}[(\nu_A^O + \nu_B^O) - s],\ \ s = \nu_A - \nu_B \tag{4.2.1}$$

一方，A のシグナルと B のシグナルの強度比は，

$$\frac{I_\mathrm{B}}{I_\mathrm{A}}=\frac{s-\delta}{s+\delta},\ \delta=\nu_\mathrm{A}^\mathrm{O}-\nu_\mathrm{B}^\mathrm{O} \tag{4.2.2}$$

で表される．これらの式からわかるように，A と B のシグナルの波数位置が接近するほど両者の強度比は 1 : 1 に近づく．実際に観測される 2 本のシグナルのうち，強度が大きい方が基本音に対応するシグナルである．また，両者の波数位置が離れると B のシグナル強度は急速に弱くなる．このため，A や B の振動数がその分子の環境変化にともなってシフトすると，2 本のシグナル強度比が変化するのである．

Tyr ダブレットと同様に，1360 cm^{-1} と 1340 cm^{-1} に観測されるトリプトファン（Trp）のダブレットは，1345 cm^{-1} 付近の基本音（ν_7）と，ベンゼン環 C–H 面外変角振動（925 cm^{-1}）とベンゼン環骨格面外変角振動（425 cm^{-1}）の結合音のフェルミ共鳴により生じたダブレットである[5]．特に，紫外光励起で測定したラマンスペクトルでは，このダブレットが明瞭に観測され，その強度比が Trp 残基側鎖周囲の疎水性度を反映して変化することが示されている．側鎖インドール環と脂肪族側鎖との疎水性相互作用が強い場合は，高波数側のピークの強度が大きい．可視光励起の場合は，低波数側のピークは C–H 変角振動が重なってくるために強度比の見積もりが困難である．その場合は，1360 cm^{-1} のバンドの強度を疎水性度のマーカーとして用いる．

C．アミノ酸残基側鎖のバンド

アミノ酸残基側鎖のバンドのうち，ラマンスペクトルで強く観測されるのは芳香環をもつアミノ酸残基の側鎖とシステイン残基の側鎖である[6]．

フェニルアラニン：1004 cm^{-1} に特徴的な鋭いピークを与える[6]．これはベンゼン環の環呼吸振動に対応する一置換ベンゼンの振動で，蛍光などの強いバックグラウンドで他のラマンバンドが観測されないときにも観測可能なほど強い．生細胞の研究では，このバンドの強度がタンパク質の存在量の指標として使われることが多い．その他，1203, 1032, 624 cm^{-1} に弱いバンドが観測される．

チロシン：前出の Tyr ダブレット（850 cm^{-1} と 830 cm^{-1}）の他に，1620, 1210, 1177, 630 cm^{-1} 付近にも弱いバンドを与える[6]．

トリプトファン：前出の Trp ダブレット（1360 cm^{-1} と 1340 cm^{-1}）の他に，1623, 1550, 1430, 1016, 875, 762 cm^{-1} 付近にバンドを与える．これらのうち，1550 cm^{-1} のバンドは Trp 残基の側鎖の二面角に依存して変化する．1430 cm^{-1} のバンドは Trp 残基の NH 基の水素結合を反映しているといわれているが，同じ領域にある CH_2 基のバンドに重なるために，このバンドを活用するためには CH_2 基のバンドの強度が相対的に小さくなる紫外光励起が必須である．875 cm^{-1} 付近のバンドは，水素結合の強さを反映していて，水素結合が強いと 873 cm^{-1} 付近に現れるが，弱くなると低波数シフトし，ほとんど水素結合に関与していないと882 cm^{-1} 付近に現れる[5]．

システインとシスチン：システイン残基側鎖は，S–H伸縮振動に由来する弱いバンドを2580 cm^{-1} 付近に与える．このバンドはS–H基と水が強く水素結合すると約20 cm^{-1} 低波数シフトする．また，2分子のS–Hが架橋して形成されるシスチンは，510 cm^{-1} 付近に明瞭なラマンバンドを与える．このバンドは，ジスルフィド基（$-CH_2-S-S-CH_2-$）の3つの単結合（C–S, S–S, S–C）の結合軸回りの回転により生じる回転異性体ごとに，異なる位置に現れることが知られている[7]．もっとも高波数の540 cm^{-1} 付近に観測される場合のコンホメーションはTGT, TG′T（Tはトランス，GおよびG′はゴーシュ；図4.1.8も参照），525 cm^{-1} 付近に観測される場合はGGT，G′G′T, TGG, TGG′，もっとも低波数の510 cm^{-1} 付近に観測される場合はGGG，G′G′G′に各々帰属される．

アスパラギン酸とグルタミン酸：アスパラギン酸やグルタミン酸の側鎖のカルボキシル基に由来する振動が1410 cm^{-1} 付近に観測される．このバンドは，水溶液の金属イオンとの相互作用の増大にともなって高波数シフトする．

D. 老人性白内障の発症機構解明への応用

ラマン分光によりタンパク質の状態変化を解析した例として，老人性白内障発症の分子機構に関する研究がある．眼の水晶体は，クリスタリン（哺乳類ではα, β, γ–クリスタリン，鳥類ではα, β, δ–クリスタリン）と呼ばれる一群のタンパク質が高濃度で凝集した透明なゲルが主成分である．水晶体の透明性が加齢とともに失われる老人性白内障は，最悪の場合失明に至る深刻な疾病であり，その発症機構の解明と診断法の確立が強く望まれていた．OzakiらとYuらは独立に，水晶体のラマンスペクトル中のいくつかのマーカーバンドに着目し，老人性白内障の発症過程を分子科学的に解明した[8~10]．**図4.2.3**にウサギの水晶体のラマンスペクトルを示す[8]．スペクトルは，水のOH伸縮振動（3390 cm^{-1}），CH伸縮振動（3064 cm^{-1} と2935 cm^{-1}）およびSH伸縮振動（2579 cm^{-1}, 2561 cm^{-1}）の各種伸縮振動が現れる高波数領域と指紋領域（2000～400 cm^{-1}）に分けて表示されている．指紋領域には，ペプチド主鎖に由来するアミドI（1671 cm^{-1}），CH_2 変角振動（1447 cm^{-1}），アミドIIIバンド（1240 cm^{-1}），Phe側鎖のバンド（1210, 1031, 1004, 623 cm^{-1}），Tyr側鎖のバンド（1210（Pheと重なっている），853, 833, 623 cm^{-1}），Trp側鎖のバンド（880 cm^{-1}, 760 cm^{-1}），S–S伸縮振動のバンド（509 cm^{-1}）など，主にタンパク質主鎖と芳香環側鎖に由来するバンドが明瞭に観察されている．図4.2.3のラマンスペクトル変化から，加齢にともなって，水晶体に含まれる水のバンド（3280～3390 cm^{-1} の幅広いバンド）のタンパク質のバ

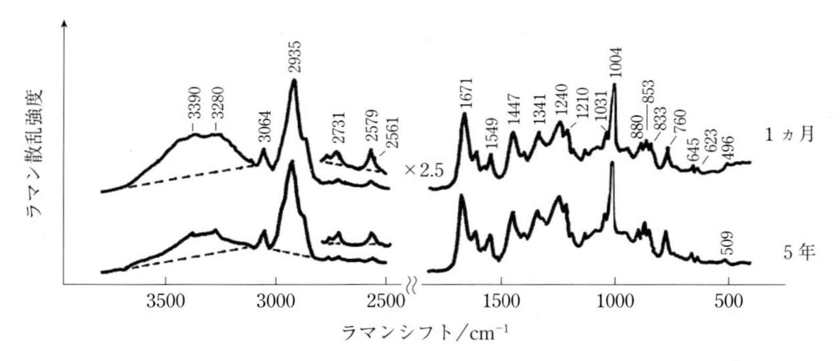

図 4.2.3　ウサギの水晶体（生後 1 ヵ月および 5 年）のラマンスペクトル[8)]

ンド（1004 cm^{-1}）に対する比が著しく減少すること，またシステイン残基の SH 伸縮振動のバンド（2579 cm^{-1}）の強度が減少し，シスチンの SS 伸縮振動のバンド（509 cm^{-1}）が現れることが明らかにされた．これらのスペクトル変化から，老人性白内障の発症機構は以下のように説明される．水晶体中の水分の経時的減少がタンパク質の濃度上昇を引き起こし，結果的にクリスタリン分子間の 2 個のシステイン残基間のジスルフィド結合形成を促進し，分子間架橋構造の形成が進行する．その結果，水晶体内に屈折率の異なる部位がまだらに形成され，屈折率の不均一性が生じ，水晶体の透明度が失われ白内障が発現するのである．

ラマン分光による白内障の研究は，白内障の原因として近年問題視されている紫外線の影響についての研究に発展している[11)]．牛眼に南極夏季の強い紫外線を 4 週間照射することにより白濁化させた水晶体では，ラマンスペクトルの Trp 由来のバンドの強度が選択的に消滅していることが明らかにされた．芳香族アミノ酸の中で，紫外域の吸収帯が比較的長波長側まで伸びている Trp が，南極夏季の強い紫外線を吸収して破壊されたためであると解釈される．

4.2.2 ■ 核酸のラマンスペクトル

A.　主鎖（リボース－リン酸）

核酸のリン酸基の対称伸縮振動に由来する強いバンドが 1090 cm^{-1} 付近に強く現れるが，局所的な振動であるため主鎖のコンホメーションによる変化は少ない[12)]．一方，P–O 単結合の対称伸縮振動は 810 cm^{-1} 付近に現れるが，主鎖の構造に依存して波数位置が変化する[6)]．

B. 側鎖

ウラシル：1680 cm^{-1} 付近に C=O 伸縮振動由来の UrI と呼ばれる強いラマンバンドを与える．また，複素環の呼吸振動に相当する強いバンド UrVI を 780 cm^{-1} 付近に与える．

チミン：1654 cm^{-1} に C=O 伸縮振動由来の強いラマンバンドを与える．その他，1437, 1376, 1238, 792（呼吸振動），700 cm^{-1} 付近にバンドを与える．

シトシン：1660 cm^{-1} 付近に C–O 伸縮振動由来の強いラマンバンドを与える．1530 cm^{-1} と 1500 cm^{-1} にダブレットを，790 cm^{-1} 付近に呼吸振動による強いバンドを与える．その他，1700, 1620, 1370, 1280, 1255cm^{-1} 付近にもバンドを与える．

アデニン：1580, 1490, 1340 cm^{-1} にプリン環特有の骨格振動の強いラマンバンド，720 cm^{-1} 付近に呼吸振動の強いバンドを与える．その他，1520 cm^{-1} 付近にバンドを与える．

グアニン：1580 cm^{-1}, 1490 cm^{-1} 付近にプリン環特有の骨格振動，690 cm^{-1} 付近に呼吸振動に由来する強いラマンバンドを与える．その他，590 cm^{-1}, 500 cm^{-1} 付近にバンドを与える．

4.2.3 ■ 生体色素のラマンスペクトル

生体色素分子は特徴的な紫外可視電子吸収帯をもつので，これらの吸収帯を利用した共鳴ラマン測定が盛んに行われている．特に，ヘムやクロロフィルなどの金属ポルフィリン，レチナールや β–カロテンなどのカロテノイド類に関する研究は非常に詳細に行われている．

A. 金属ポルフィリンと ヘモグロビン

金属ポルフィリンは，中心に金属を有する大環状化合物で（**図 4.2.4**(a)），Soret 帯と呼ばれる許容遷移による強い吸収帯を 400～500 nm に，それより長波長側に Q 帯と呼ばれる中程度の強度を示す複数の吸収帯をもつ．Q 帯は，禁制遷移が振電相互作用によって Soret 帯から強度を得た吸収帯で，ポルフィリン環の会合状態などに応じてその形や数を変化させる．

鉄を中心金属としてもつヘムのタンパク質複合体であるヘモグロビンは，1 分子あたり 4 個の酸素分子と協同的な結合および脱離を起こす酸素運搬物質としてよく知られている．ヘモグロビンは，構造がわずかに異なる 2 種類のサブユニット α と β の各々 2 個ずつから構成される球状タンパク質で，各サブユニットが 1 分子のヘム色素を有し，分子全体として 4 分子の O_2 と結合する．酸素分圧が高い肺で O_2 分子と結合し，酸素分圧が低い末梢で O_2 分子を脱離させる．ヘモグロビンには，O_2 分子と親和性の

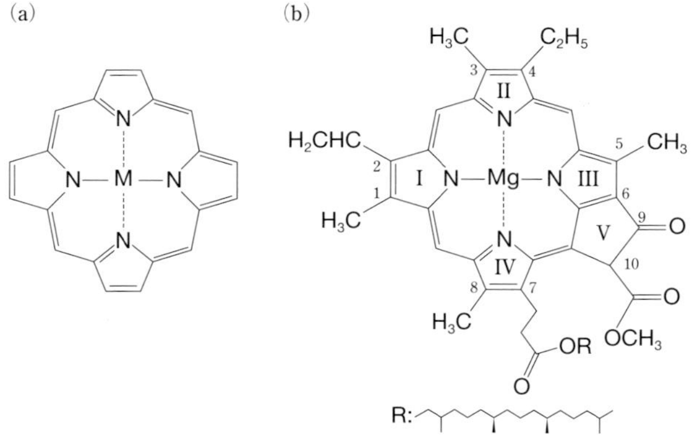

(a)　(b)

図 4.2.4　金属ポルフィリンの化学構造
(a) 金属ポルフィリンの基本構造，(b) クロロフィル *a* の構造．

高い状態(R)と，低い状態(T)の 2 種類の状態がある．Kitagawa らは，ヘム由来の Soret 帯に共鳴したラマンスペクトルを観測することで，ヘモグロビンへの酸素の結合・脱離にともなって生じる高次構造変化を詳しく調べた[13]．その結果，R 状態と T 状態で異なる振動数を与えるバンドが 220 cm^{-1} 付近に見出された．このバンドは，鉄と His 残基の伸縮振動に由来するもので，R 状態では 221 cm^{-1} に，T 状態では 215 cm^{-1} に観測された．T 状態のバンドの方が低波数側にあることから，鉄と His 残基間の結合長が長いことが示された．この結果は，「T 状態ではタンパク質が His 残基を引っ張り，鉄がポルフィリン面からずれるため，トランス位に O_2 分子が結合しにくくなる」というヘモグロビンの酸素結合モデルを支持する有力な実験データとなった．

B.　クロロフィル

クロロフィルはポルフィリンの一種であるが，4 つの複素環とは別に第 5 のリングをもつ独特の構造をもつ（**図 4.2.4**(b)）．クロロフィルはよく知られているように，光合成の初期過程（明反応）で光エネルギーを化学エネルギーに変換する役目をもった分子で，400〜500 nm と 600〜700 nm 付近に強い吸収帯をもつ．クロロフィルは植物やラン藻類に含まれるが，側鎖の構造が少しずつ異なるサブタイプがいくつかある．植物で一般的なものはクロロフィル *a* と *b* である．このうち，クロロフィル *a* の共鳴ラマン分光による研究が数多く行われている．クロロフィル *a* は強い蛍光を発するが，上記の強い吸収帯の谷間に相当する励起波長を選択すると，蛍光を避けた前期共鳴ラマンスペクトルを測定することができる．

クロロフィル a の共鳴ラマンスペクトルは，1700 cm^{-1} 付近に水素結合していない9位のケトン基由来の C=O 伸縮振動，1600, 1550, 1520, 1490 cm^{-1} 付近に大芳香族環のメチンブリッジ由来の伸縮振動のバンドを与える．Fujiwara と Tasumi は，これらメチンブリッジ由来の伸縮振動バンドの波数が Mg の配位数によって異なることを見出した[14]．配位数が5の場合，クロロフィル分子の4つの窒素原子は，Mg を頂点としてピラミッド型になる．一方，6番目の配位子が結合すると，Mg はポルフィリン環の面内に押し込まれ，大芳香族環が押し広げられる．その結果，メチンブリッジの結合長が増大し，その伸縮振動の波数が低波数にシフトすると解釈された．

C. カロテノイド

β-カロテンに代表されるカロテノイドや，その関連化合物である視物質レチナールのラマンスペクトルも詳しく研究されている．カロテノイドは，500 nm 付近に π–π^* 遷移による強い吸収をもっているので，共鳴ラマンスペクトルを容易に測定することができる．例として，サプリメントとして市販されているアスタキサンチンとルテインの共鳴ラマンスペクトルを**図 4.2.5** に示す[15]．もっとも顕著なバンドとして，1600〜1500 cm^{-1} 付近の C=C 伸縮（ν_1），1200〜1100 cm^{-1} 付近の CC 伸縮／CH 面内変角混合モード（ν_2）の2本がある．その他，この2本よりは弱いが，1000 cm^{-1} 付近のメチル基の横ゆれ振動（ν_3），さらに弱い 960 cm^{-1} 付近の CH 面外変角振動のラマンバンドが特徴的である[16]．共役ポリエン鎖の共役長が長いカロテノイドほど C=C 伸縮振動の振動数が低いので，ラマンスペクトルからカロテノイドのポリエン鎖長をある程度推定することができる[17]．また，960 cm^{-1} 付近に現れる CH 面外変角振動のバンドは，ポリエン鎖の非平面性のマーカーとなることが知られている[18]．

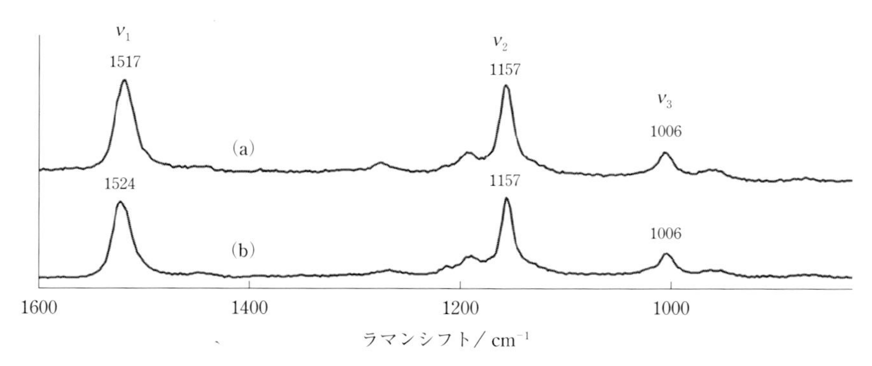

図 4.2.5 (a) アスタキサンチン，(b) ルテインの共鳴ラマンスペクトル[15]
励起光波長は 488.0 nm.

4.2.4 ■ 生細胞のラマンスペクトル

顕微ラマン分光の進歩によって，生体組織や生細胞の時空間分解ラマンスペクトルの測定が可能になった．生体に熱ダメージを与えることのない微弱な出力のレーザー光を用いても，効率の高い分光器と，感度の高い検出器の組み合わせによって，1〜10 秒程度の短い露光時間で良好なラマンスペクトルを得ることができる．すなわち，秒単位の時間分解測定が可能である．共焦点顕微鏡を用いた**共焦点顕微ラマン分光**では，横方向で 0.3 µm，深さ方向で 1 µm 程度の空間分解測定が可能である．ここでは，生命の最小単位である単一細胞における，内部の小器官ごとの動態をラマン分光によって解析した研究を紹介する．

酵母はヒトと同じ真核生物であるが，単細胞生物であるために分裂速度が早い．野生株の分裂酵母の場合は 2〜2.5 時間で分裂するので，遺伝学的実験に有利であり，応用研究にも広く用いられている．酵母では種々の突然変異株が単離されていて，それら突然変異の原因遺伝子も多く同定されている．このような特徴から，酵母は生細胞内の生体分子の動態をラマン分光によって時空間分解的に調べるためのモデル生物として注目されている．特に，いわゆるパン酵母である出芽酵母（*Saccharomyces cerevisae*）と，アフリカ産ビールより単離された酵母である分裂酵母（*Schizosaccharomyces pombe*）がよく研究に用いられている．

Huang らは，酵母細胞の中心位置に共焦点顕微鏡のレーザー照射位置を固定して，M 期から G2 期に至る分裂周期をたどりながら，経時的にラマンスペクトルを測定することによって，分裂酵母のライフサイクルを追跡した[19]．これは生きた細胞の動態を時空間分解ラマン分光により詳細に調べた初めての例で，生細胞の動的ラマン分光学研究の先駆けとなった．**図 4.2.6** に示すように，初めは中央部に存在する核特有のスペクトルが観測されるが（0 min），細胞分裂の進行により核が 2 個に分かれるとともに，リン脂質のバンドが支配的な形状に変化し（6〜31 min），続いて隔壁が生成するとそれを構成する多糖類によるバンドが支配的なスペクトルに変化し（41〜69 min），最終的には細胞壁のスペクトルへと変化した（72 min）．このように，分裂酵母のライフサイクルに従って，細胞中央に次々と出現する小器官のラマンスペクトルが時系列で観測された．時刻 6〜31 min のラマンスペクトルには，その主成分のリン脂質には存在しないバンドが 1602 cm^{-1} に現れる．このバンドは出芽酵母でも観測され[20]，高等生物のコレステロールに相当するエルゴステロールに帰属された[21]．細胞分裂直前の酵母（6〜31 min）で強く観測され，飢餓状態では消失することから，このバンドが酵母の生命活性のラマン分光指標となる可能性が指摘されている．

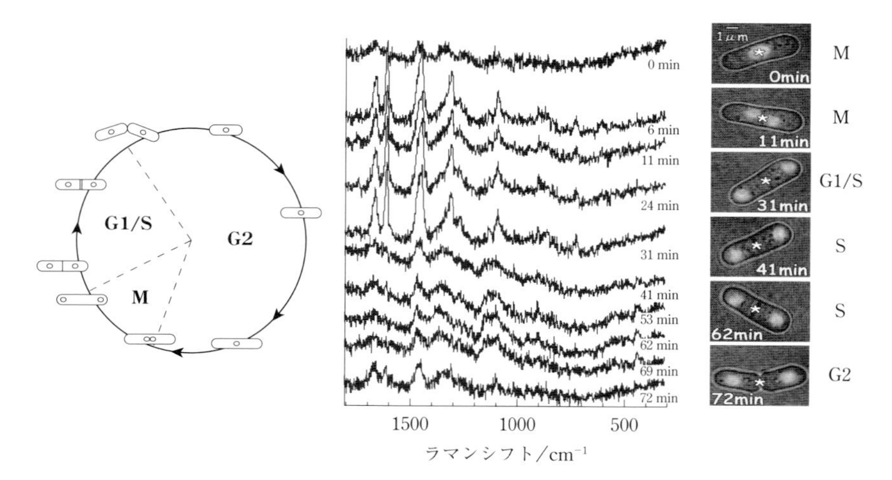

図 4.2.6 (左) 分裂酵母の細胞分裂周期, (右) 分裂中の分裂酵母の時空間分解ラマンスペクトル[19]

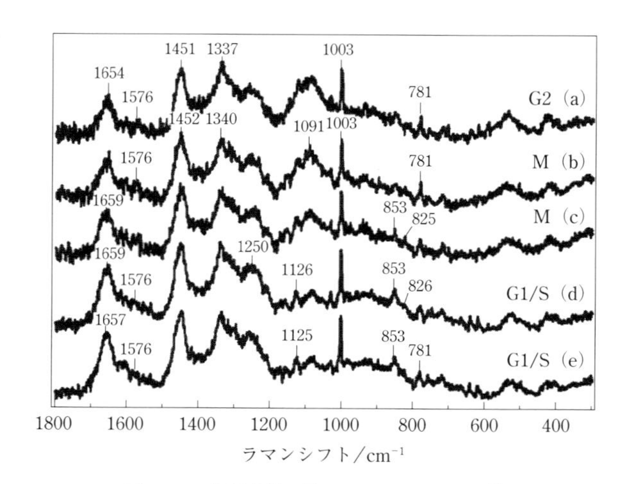

図 4.2.7 分裂酵母の核のラマンスペクトル[22]

蛍光染色とラマン分光を組み合わせることにより，細胞内小器官ごとに，それらを構成する生体分子のラマンスペクトルを測定することができる．**図 4.2.7** は，蛍光染色によって識別した分裂酵母の核のラマンスペクトル（励起波長 632.8 nm）を細胞周期別に示したものである[22]．励起波長を適切に選ぶことにより，標識に用いる蛍光の妨害を避けて，良好なラマンスペクトルを取得することが可能である．単離した分裂酵母の細胞核の生化学分析結果によると，細胞核中のタンパク質は，核酸の約 10

倍程度の重量濃度である．（DNA/RNA/タンパク質＝1/9.4/115）これに対応して，図 4.2.7 のスペクトルには，タンパク質に特有のバンド（アミド I（～1655 cm^{-1}），アミド III（～1250 cm^{-1}），芳香族アミノ酸残基（1003 cm^{-1}）の側鎖など）が強く観測されているが，核酸に由来するバンド（1576 cm^{-1}, 781 cm^{-1}）の強度は小さい．また G2 期と M 期初期において核酸のバンドが相対的に強く観測されることは，この時期においてクロマチン中の核酸の密度が高くなっていることを示している．さらに，M 期晩期に現れる Tyr ダブレット（853 cm^{-1}, 825 cm^{-1}）の相対強度が，G1/S 期に入ると大きく変化していることもわかる．Tyr のリン酸化と関係しているものと思われる．このように，細胞周期にともなって，核に存在する生体分子の種類，量，存在状態が顕著に変化することをラマンスペクトルは物語っている．従来の細胞周期は，核内遺伝子の合成と複製を基準として定義されているが，ラマン分光による研究により，この細胞周期をさらに細かく定義できる可能性がある．

4.2.5 ■ 医療診断への応用

A.　がん組織の診断

ラマン分光を各種のがん診断に適用する試みは，近年きわめて盛んであり，典型的ながん組織と正常組織をラマンスペクトルによって区別することが可能になっている．しかし，がん細胞やがん組織の様態はさまざまであり，ラマン分光による区別が困難ながん細胞も存在する．また，がん細胞に特有なラマンバンド（マーカーバンド）も一般的には存在しない．今後，ラマン分光によるがん診断は，がんの種類に特化する方向で進歩していくと想定される．ここでは，ラマン分光によるがん診断の試みとして，乳がんと肺がんに応用した例を紹介する．臓器や組織のラマンスペクトルを測定すると，蛍光による強いバックグラウンドがしばしば問題になる．これを避けるために，近赤外領域のレーザーを励起光源として用いたり，蛍光を退色させる目的で複数のレーザーを照射する方法などの試みが行われている．

B.　乳がんへの応用

乳がん検診法として，PET（陽電子放射断層写真），MRI（核磁気共鳴画像法），CT（コンピュータトモグフラフィ），マンモグラフィ，超音波診断などが一般的に用いられている．これらの手法はいずれも一種の画像診断法であり，最終的には組織培養による生化学的検査を必要とする．ラマン分光を用いることで，これらの画像診断では不可能な（生化学的検査を必要としない）分子レベルでの診断ができる可能性がある．Abramczyk らは，延べ 150 人以上の患者から得た乳がん組織を用い，がんと正常組織のラマンスペクトルを比較している[23]．ラマンスペクトルは Ar^+ レーザーの

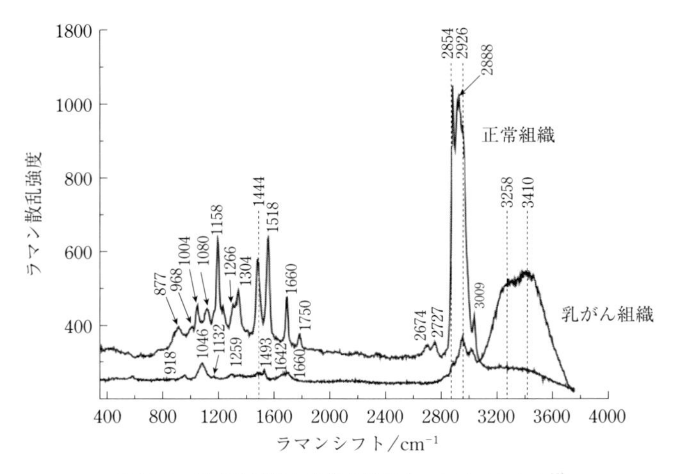

図 4.2.8　乳がん組織と正常組織のラマンスペクトル[23)]

488 nm と 514 nm の発振線を用いて測定した．ラマン分光の直前に Nd : YAG レーザーの第二高調波（532 nm, 10 mW）を 500 ms の間照射し，自家蛍光によるバックグラウンドを抑制することができた．自家蛍光は Trp，NAD(P)H，フラボタンパク質などに由来するものと考えられており，これらの分子が Nd : YAG レーザーの第二高調波の照射によって分解するため蛍光バックグラウンドが減少したものと考えられる．

図 4.2.8 に典型的な乳がん組織のラマンスペクトルと正常組織のラマンスペクトルを示す．がん組織のスペクトルには 3410～3258 cm^{-1} に OH 伸縮振動のバンドが強く観測されるが，指紋領域や CH 伸縮領域には弱いバンドが観測されるのみである．一方, 正常組織のスペクトルには, 指紋領域に脂質のバンド (1660, 1440, 1304, 1080 cm^{-1}) やカロテノイドのバンド（1518, 1158, 1004 cm^{-1}）が，CH 伸縮領域には CH_2 や CH_3 基由来のバンド（2926, 2888, 2854 cm^{-1}）が強く観測されている．これらの差異は，がん組織と正常組織の分子組成が大きく異なっていることを示している．さらに，正常組織のラマンスペクトルでは，不飽和脂肪酸の C=C 伸縮バンド（1660 cm^{-1}）が強く観測されるが，がん細胞ではこのバンドは弱く観測されるのみである．また，CH−C=C に特有な CH 伸縮（3009 cm^{-1}）のバンドは，正常組織では観測されるが，がん組織では観測されない．これらの結果は，がん組織の脂質の主鎖が不飽和結合（CH−C=C）を欠いている可能性を示唆している．これら脂肪酸のラマンバンドの帰属がさらに進めば，エイコサノイドの代謝経路と関連付けて乳がんの診断に役立てることができる可能性がある．

C. 肺がんへの応用

ヒト肺組織のラマンスペクトルを測定すると，前出の乳がん組織の場合と同様に，強い蛍光バックグラウンドの妨害を受ける．この妨害を避けるために，励起光の波長を長波長にする方法が考えられる．肺組織のラマンスペクトル測定では，785 nm の近赤外半導体レーザー励起でも蛍光バックグランドの妨害から逃れられないが，1064 nm の Nd : YAG レーザーの基本波を用いると蛍光の妨害を避けて良好なラマンスペクトルが得られる．近赤外光を励起光に用いれば，レーザー光による試料の熱ダメージの影響も避けることができるので，生体試料の測定には好都合である．ラマン散乱強度は振動数 ν の四乗に比例するため（式(2.2.24)参照），1064 nm 励起の強度は，532 nm 励起の散乱強度の 1/16 になってしまう．また，現在の技術水準では，近赤外領域の光検出器の感度は可視領域のものに比べて低いので，効率の高い分光器と近赤外領域で感度の高い検出器を用いた専用の装置が必要である．

Min らが測定した 1064 nm 励起のラマンスペクトルを**図 4.2.9** に示す[24]．図中の数字 1 から 7 は，ラマン測定を行った組織の位置を表している．図の最上部は，典型的ながん組織のラマンスペクトル，最下部は典型的な正常組織のラマンスペクトルである．がん組織と正常組織のもっとも顕著な差は，アミド I バンドの強度である．正常組織ではほとんど観測されないアミド I バンドが，がん組織では 1659 cm^{-1} に明瞭に観測される．これは肺がん組織にある種のタンパク質が蓄積している可能性を示唆している．図 4.2.9 から測定点 1 と 2 の間に正常組織とがん組織の明瞭な境目があるこ

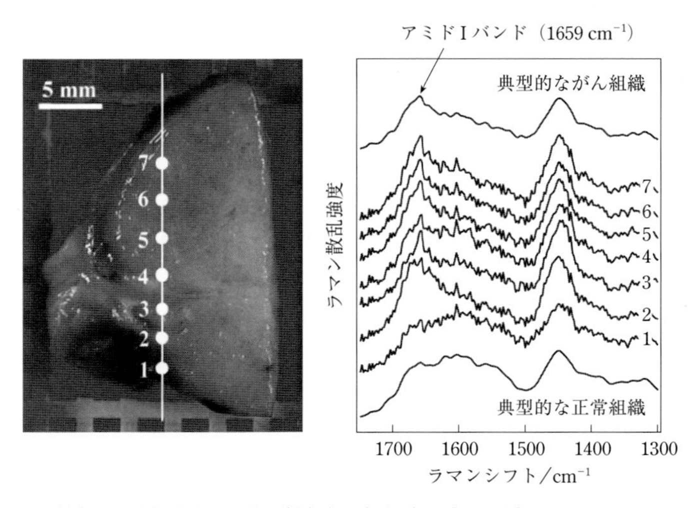

図 4.2.9　（左）ヒト肺組織片の写真，（右）左の各点（1〜7）で測定したラマンスペクトル[24]

とがわかる．外科的に肺がん組織を切除する際には，組織の色や形状，固さなどを総合的に判断して行うが，組織によってはがん組織と正常組織の区別が明瞭に識別できない場合もあり，そのような場合にはラマン分光法による診断がきわめて有効になる可能性がある．

D．病原性バクテリア株の迅速同定

種々の耐性菌の出現によって，院内感染が広く問題になっている．カンジタ（*Candia*）は酵母の一種で，院内感染の原因菌の一つとして知られている．なかには致死的なものもあり，カンジタ菌株の迅速同定が院内感染の抑え込みと有効治療のために重要である．Maquelin らは，院内感染の原因となる 42 種類のカンジタ菌のラマンスペクトルを測定して，菌株を迅速に同定する手法を提案した[25]．患者から検出された菌のコロニーを 6 時間培養し，共焦点顕微ラマン分光計を用いて**図 4.2.10** のラマンスペクトルを得た．これらのラマンスペクトルは，一見するとほとんど差がないようにみえるが，破線で示した 7 つのラマンバンドがマーカーとなる．42 種類の既知のカンジタ株のラマンスペクトルから作成した標準データセットを用いて，未知試料のラマンスペクトルの多成分統計解析を行ったところ，97〜100％の精度で 32 種類のカンジタ株を同定することができた．彼らは，独自に開発したモデルに基づいた二分法により，菌株をサブグループに分けていき，最終的にカンジタ株を 5 つのグループ（*C. krusei*，*C. glabrata*，*C. albicans*，*C. tropicalis*，*C. kefyr*）に分類するプロトコルを確立した．院内感染が判明した場合，24〜48 時間以内に菌株を同定して適切な

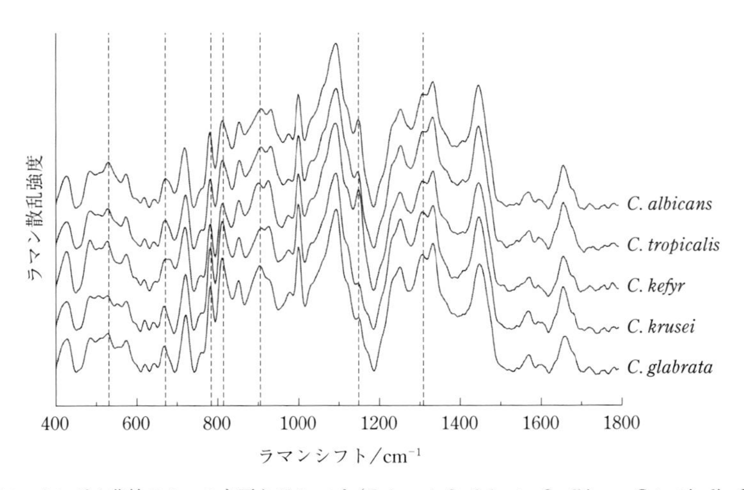

図 4.2.10　カンジタ菌株の 5 つの主要なグループ（*C. krusei*, *C. glabrata*, *C. albicans*, *C. tropicalis*, *C. kefyr*）のラマンスペクトル[25]

治療を行うことが必要である．ラマン分光法によれば，6時間の培養で菌株の同定が可能であるので，各サブグループに応じた迅速な対応が期待できる．

4.2.6 ■ 食品科学への応用

ラマン分光の食品科学への応用も盛んになってきている．測定したラマンスペクトルの多成分統計解析の自動プログラム化が進めば，ポータブルラマン測定装置による種々の食品分析（鮮度，味，成分解析）が農場や市場でも可能になると予想される．ここでは，スポーツドリンクに含まれているブドウ糖を，果糖やショ糖などと区別して分析する目的にラマン分光を応用した例を紹介する．

Delfino ら[26]は，指紋領域（1600～600 cm^{-1}）のうちのバンド（961～913 cm^{-1}，1155～1108 cm^{-1}）のラマン強度とブドウ糖の含量に比例関係があることを見出して検量線を作成して，スポーツドリンクに含まれるブドウ糖を分析した．その結果，一般的なブドウ糖濃度測定法である酵素法と比較して遜色ない精度が得られることを示した（**表 4.2.3**）．スペクトルの測定は最長でも数分以内に終了し，測定に必要な試料の溶液も数百 μL 程度で済むのが，ラマン分光法を用いる利点である．

表 4.2.3　スポーツドリンクに含まれるグルコース濃度の決定[26]

試料	ラマン分光学的に決定したグルコース濃度／mM	酵素分析法により決定したグルコース濃度／mM
A	136 ± 15	144 ± 8
B	115 ± 14	108 ± 7
C	72 ± 6	72 ± 5
D	280 ± 50	240 ± 9
E	123 ± 8	125 ± 5
F	290 ± 40	250 ± 10

4.2.7 ■ おわりに

ラマン分光の生命科学への応用が今後さらに進展するためには，より使いやすいハードウェアと，分光学の知識なしに解析が可能になるソフトウェア，この両者の協奏的発展が必須である．医療応用で実用化することを考えれば，病室に持ち込めるような小型のハードウェアと，診断結果を直ちに表示する自動解析ソフトウェアの開発が必要となる．一方，ラマン散乱と振動スペクトルに関する十分な理解なしには，生細胞の代謝動態を探ることを目的とした基礎研究や，先端医療装置を開発する高度な応用研究を行うことはできない．応用現場への柔軟な対応と，それを可能にする優秀なラマン分光学者の育成が，物理学，化学と生命科学の枠組みを超えて求められている．

文　献

1）T. Miyazawa, T. Shimanouchi, and S. Mizushima, *J. Chem. Phys.*, **29**, 611（1958）
2）T. Miyazawa, *J. Chem. Phys.*, **32**, 1647（1960）
3）S. Krimm and J. Bandekar, *Adv. Protein Chem.*, **38**, 181（1986）
4）M. N. Siamwiza, R. C. Lord, M. C. Chen, T. Takamatsu, I. Harada, H. Matsuura, and T. Shimanouchi, *Biochemistry*, **14**, 4870（1975）
5）I. Harada, T. Takeuchi, K. Uchida, S. Hashimoto, A. Toyama, T. Miura, S. Ohsaka, and T. Yamagishi（A, Bertoluzza, C. fagnano, and P. Monti eds.）, in *Spectroscopy of Biological Molecules*, Editrice Esculapio（1986）, p. 25
6）坪井正道（坪井正道，田中誠之，田隅三生　編），赤外･ラマン･振動 I，南江堂（1983），振動分光法による生体物質の研究
7）H. Sugeta, A. Go, and T. Miyazawa, *Bull. Chem. Soc. Jpn*, **46**, 3407（1973）
8）Y. Ozaki, *Appl. Spectrosc. Review*, **24**, 259（1988）
9）Y. Ozaki, A. Mizuno, K. Itoh, and K. Iriyama, *J. Biol. Chem.*, **262**, 15445（1987）
10）N. T. Yu, D. C. DeNagel, P. L. Pruett, and J. F. R. Kuck Jr., *Proc. Natl. Acad. Sci. USA*, **82**, 7965（1985）
11）T. Yamamoto, K. Yoshikiyo, Y.-K. Min, H. Hamaguchi, S. Imura, S. Kudoh, T. Takahashi, and N. Yamamoto, *J. Mol. Struct.*, **968**, 115（2010）
12）M. Tsuboi, *J. Am. Chem. Soc.*, **79**, 1351（1957）
13）K. Nagai, T. Kitagawa, and H. Morimoto, *J. Mol. Biol.*, **136**, 271（1980）
14）M. Fujiwara and M. Tasumi, *J. Phys. Chem.*, **90**, 250（1986）
15）楊 李哲，碩士論文，台湾国立陽明大學（2013）
16）S. Saito and M. Tasumi, *J. Raman Spectrosc.*, **14**, 310（1983）
17）L. Rimai, M. E. Heyde, and D. Gill, *J. Am. Chem. Soc.*, **95**, 4493（1973）
18）T. Noguchi, H. Hayashi, and M. Tasumi, *Biochim. Biophys. Acta*, **1017**, 280（1990）
19）Y.-S. Huang, T. Karashima, M. Yamamoto, and H. Hamaguchi, *J. Raman Spectrosc.*, **34**, 1（2003）
20）Y. Naito, A. Toh-e, and H. Hamaguchi, *J. Raman Spectrosc.*, **36**, 837（2005）
21）L.-d. Chiu, F. Hullin-Matsuda, T. Kobayashi, H. Torii, and H. Hamaguchi, *J. Biophotonics*, **5**, 724（2012）

22）Y.-S. Huang, T. Karashima, M. Yamamoto, and H. Hamaguchi, *Biochemistry*, **44**, 10009（2005）

23）H. Abramczyk, B. B.-Pluska, J. Surmacki, J. Jablonska, and R. Kordek, *J. Mol. Liquids*, **164**, 123（2011）

24）Y.-K. Min, T. Yamamoto, E. Kohda, T. Ito, and H. Hamaguchi, *J. Raman Spectrosc.*, **36**, 73（2005）

25）K. Maquelin, L.-P. Choo-Smith, H. P. Endtz, H. A. Bruining, and G. J. Puppels, *J. Clin. Microbiol.*, **40**, 594（2002）

26）I. Delfino, C. Camerlingo, M. Portaccio, B. Della Ventura, L. Mita, D. G. Mita, and M. Lepore, *Food Chemistry*, **127**, 735（2011）

4.3 ■ 工業分析

ラマン分光は，測定上の困難（蛍光による妨害，試料の光分解など）や標準スペクトルデータベースの不備などのために，これまで赤外線吸収分光，X線回折，核磁気共鳴，質量分析などに比べて工業分析に用いられることが少なかった．しかし近年，技術発展にともなって工業材料のバルク分析だけでなく，半導体微小部位や薄膜表面の分析手法としてその独自の力を発揮している．

本節では最初に，ラマン分光による評価が特に有効なバルク試料の中からガラス，ゴム，炭素材料，高分子・ポリマーの分析事例を紹介する．また，最近注目を集めているLiイオン電池などの微小部の分析，半導体デバイスの応力評価へのラマン分光の応用例を紹介する．次に，薄膜や表面の分析事例として，全反射ラマン分光，共鳴ラマン分光や光導波路法の応用に関しても紹介する．最後に，最近のトピックスとしてラマン分光法を用いた気体・気泡分析の事例，紫外および近赤外領域のラマン分光分析の事例を紹介する．

4.3.1 ■ ガラスのラマンスペクトル

ガラスのような非晶質材料は，X線回折の手法が使えないため，ラマン分光が特に有効な材料の一つである[1)]．光ファイバーやニューガラスの研究開発の進展にともない，種々のガラス材料のラマンスペクトルによる研究が行われている．一例として，

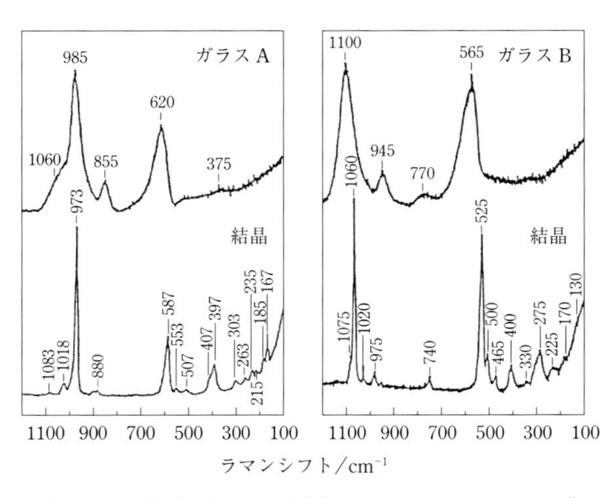

図 4.3.1 2種類の異なるケイ酸塩ガラスのラマンスペクトル[2)]

図 4.3.1 に 2 種類の異なるケイ酸塩ガラスのラマンスペクトルを示す[2)]．比較のため，図には対応する結晶のラマンスペクトルも示した．ガラスのラマンバンドには，(1) スペクトルの線幅が広く，結晶に比べシフトする，(2) 散乱強度が結晶に比べ著しく小さい，(3) 800～1200 cm^{-1} のバンドは SiO_4 四面体の対称伸縮振動に対応し，非架橋酸素が多いほど低波数シフトする傾向がある，などの特徴がある．

フッ素ドープのガラスでは，F に由来するラマンバンドの相対強度と屈折率との相関性が見出され，光ファイバーの実用的な評価に用いられている[3)]．ガラス以外にも同じく非晶質材料であるアモルファスシリコンやセレンなどの評価においても，ラマン分光は非架橋構造や局所的な秩序構造の解析に有効な評価手法として利用されている．

4.3.2 ■ ゴム関連材料のラマンスペクトル

ラマンスペクトルには，C=C, C–S, S–S 結合などの伸縮振動が強く観測される．そのため，ラマン分光はゴム関連材料の分析に有用な手法の一つである[4)]．**図 4.3.2** に示すスチレン/ブタジエン/メチルメタクリレート 3 元共重合体のラマンスペクトル[5)]には，S (スチレン)，B (ブタジエン)，M (メチルメタクリレート) の各成分に特徴的なラマンバンドが観測される．1640～1670 cm^{-1} にはポリブタジエンの 3 種類の異性体 (B_t, B_c, B_v) に特徴的な C=C 伸縮振動に基づくラマンバンドが観測される．これらのバンドを用いて各成分の組成比や，ブタジエンの異性体比を求めることが可能である．実用ゴムの測定では，蛍光による妨害の問題や，添加カーボンブラックによる測定時の熱損傷の問題があるが，原材料やモデル系の分析においてはラマン分光による評価が有効である．また，後述の近赤外ラマン分光を用いれば，蛍光の影響を軽減したラマンスペクトルの取得が可能である．またラマンスペクトルによ

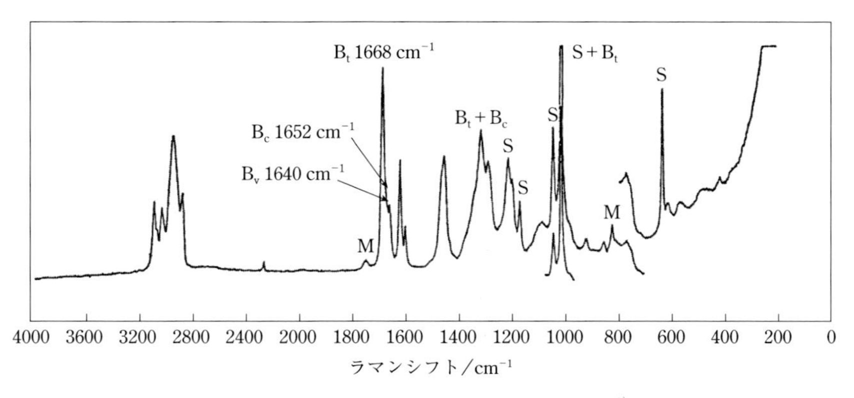

図 4.3.2　3 元共重合体ゴムのラマンスペクトル[5)]

り，$-S-$，$-S_2-$，$-S_3-$などの架橋構造を区別することも可能である[6)].

4.3.3 ■ 炭素材料のラマンスペクトル

A. グラファイト

ほぼ完全なグラファイト構造をとるHOPG（highly oriented pyrolytic graphite，グラファイト単結晶）のラマンスペクトルをAr^+レーザーの514.5 nmの発振線を用いて測定すると，1581 cm^{-1}付近に単一のシャープなラマンバンド（e_{2g}振動）が観測される[7)]．構造が乱れて結晶子サイズが20 nm程度となったPG（pyrolytic graphite，熱分解炭素）では，1355 cm^{-1}付近に新しいバンドが観測される．このバンドは構造の乱れによってラマン活性となったブリルアンゾーンエッジ（K点）の格子振動（フォノン）と帰属されている．さらに，構造が乱れて結晶子サイズが2 nm程度となったGC（glassy carbon, 無定形炭素）では，エッジモードの強度が著しく強くなり，e_{2g}モードが1590 cm^{-1}付近に観測され，また2本のラマンバンドのバンド幅も著しく増大する．一般にアモルファス物質では，フォノンの状態密度の高い波数領域がラマンスペクトルに寄与する．グラファイトでは1355 cm^{-1}付近と1590 cm^{-1}付近でフォノンの状態密度が高くなるため，GCではその状態密度を反映したラマンスペクトルが観測されている．このように2本のラマンバンドの相対強度や半値幅から，試料の結晶子のサイズが見積られている．**図4.3.3**にダイヤモンド，HOPG，PGのラマンスペクトルを示す．

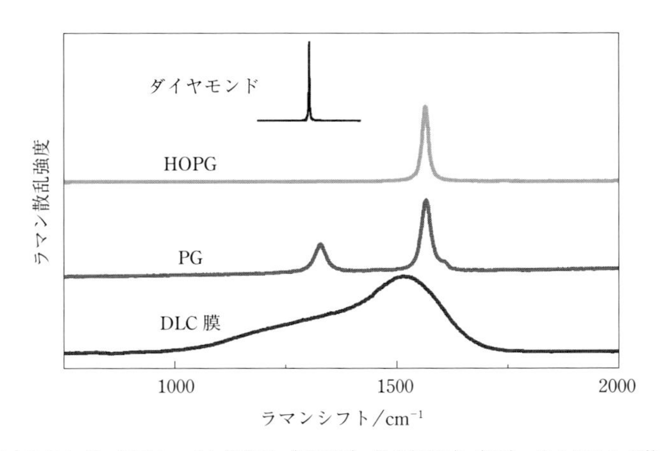

図4.3.3 ダイヤモンド，グラファイト単結晶（HOPG），熱分解炭素（PG），ダイヤモンド状炭素（DLC）膜のラマンスペクトル[7)]
励起光波長は514.5 nm.

DLC（diamond-like carbon，ダイヤモンド状炭素）膜と呼ばれる非晶質炭素膜は，その内部構造が非晶質な sp^2 炭素と sp^3 炭素とから構成されており，ダイヤモンドに近い物理的性質を示すことから，幅広い応用が期待されている．DLC 膜を Ar^+ レーザーの 514.5 nm の発振線を用いて測定すると，1530 cm^{-1} 付近を中心とし 1400 cm^{-1} 付近にショルダーバンドを有する非対称なラマンバンドが観測される（図 4.3.3 参照）．HOPG, PG, DLC 膜に観測されるラマンバンドは，いずれも sp^2 炭素構造のクラスターによるラマンバンドと考えられる[8]．

B.　カーボンナノチューブ

炭素材料の中で，将来の応用が期待されている材料の一つとして，カーボンナノチューブがある．カーボンナノチューブはグラフェンシートを巻いて筒状にしたものである．カーボンナノチューブには，半導体的性質と金属的性質を示すものがあり，それは構造に依存している．また，カーボンナノチューブの中にさらに細いカーボンナノチューブが入り込んだ構造（多層カーボンナノチューブ）もある．内部に入り込んだ構造をもたないものは，特に単層カーボンナノチューブという．代表的な単層カーボンナノチューブのラマンスペクトルを**図 4.3.4** に示した[9]．

300 cm^{-1} 以下の領域に観測されているバンドは，チューブの直径が大きくなったり小さくなったりするように振動するラジアルブリージングモード（radial breathing mode, RBM；分子の呼吸振動に対応したモード）と呼ばれており，RBM モードの振動数 ν (cm^{-1}) とナノチューブの直径 d (nm) との間には次式の関係があることが知られている．

$$\nu[\mathrm{cm}^{-1}] = \frac{248}{d[\mathrm{nm}]} \tag{4.3.1}$$

式(4.3.1)から，単層カーボンナノチューブのチューブ径を求めることができる．また，ラマンスペクトルの詳細な解析から，ナノチューブが単層か多層かに関する情報も得られ，カーボンナノチューブの研究において，ラマン分光が有効に用いられている[9]．図 4.3.4 のラマンスペクトルの励起波長依存性は，この試料がさまざまな構造のナノチューブの混合物であり，共鳴効果により，特定の構造のナノチューブが選択的に観測されていることを示している．

C.　ダイヤモンド

ダイヤモンド結晶では，1332 cm^{-1} 付近にシャープなラマンバンドが観測される．非晶質ダイヤモンドのラマンスペクトルは，含まれる微細なダイヤモンド結晶（結晶子）のサイズに依存して変化する．**図 4.3.5** に結晶子サイズが約 5 nm のダイヤモンド（cluster diamond）のラマンスペクトルを示す[10]．比較のために天然ダイヤモンド

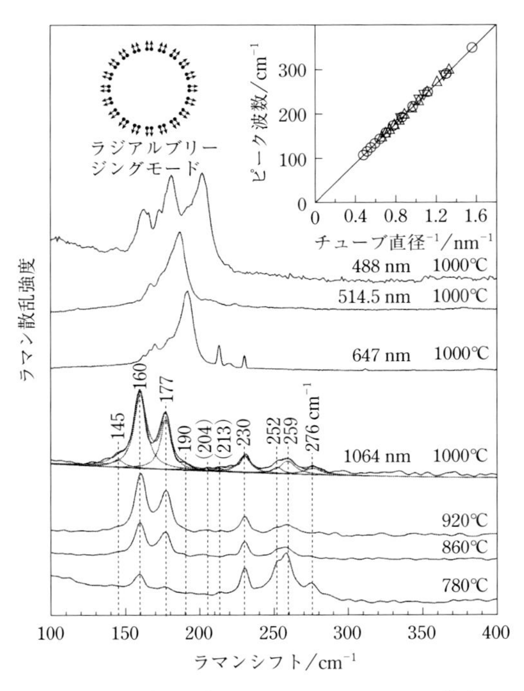

図 4.3.4 励起波長を変えて測定した単層カーボンナノチューブの共鳴ラマンスペクトル[9)]

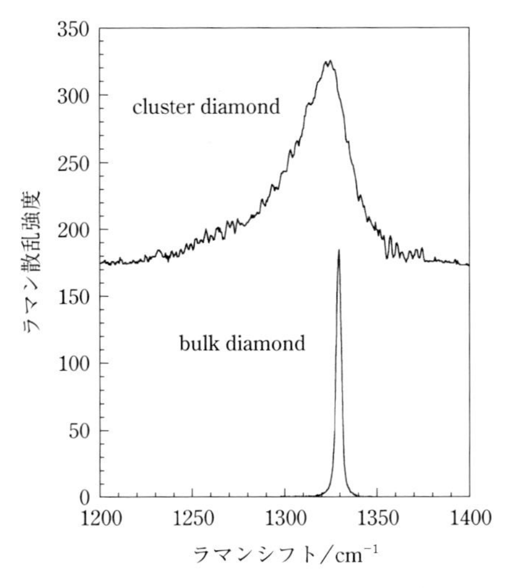

図 4.3.5 結晶子サイズが約 5 nm のダイヤモンド（cluster diamond）と天然ダイヤモンド結晶（bulk diamond）のラマンスペクトル[10)]

結晶（bulk diamond）のラマンスペクトルも示してある．結晶子サイズが約 5 nm と小さくなると，バンドのピーク位置が約 10 $\mathrm{cm^{-1}}$ 低波数シフトし，低波数側にテールを引いた非対称なスペクトルになる．また，半値幅も結晶子サイズの減少にともなって，約 2 $\mathrm{cm^{-1}}$ であったものが 40 $\mathrm{cm^{-1}}$ まで著しく増大する．

結晶中のフォノンの振動数は，波数ベクトル $\boldsymbol{k}$ の大きさや方向によって変化する．通常のラマン散乱では，運動量保存則のため $\boldsymbol{k}=\mathbf{0}$（$\Gamma$ 点）付近のフォノンのみが観測されるが，結晶子サイズの減少によって運動量保存則が緩和されると，$\boldsymbol{k}\neq\mathbf{0}$ のフォノンもラマンスペクトルに寄与するようになる（2.3.1 項 C. 参照）．ダイヤモンドでは，フォノンの振動数は波数ベクトルが Γ 点から離れるとともに低下するため，ダイヤモンドの微結晶では $\boldsymbol{k}\neq\mathbf{0}$ の低い振動数のフォノンがラマンスペクトルに寄与する．その結果，ピーク位置の低波数シフトやスペクトルの低波数側のショルダーバンドの増加（非対称化）が起こる（サイズ効果）．逆に，このようなラマンスペクトルのバンド形変化の解析から，ダイヤモンド微粒子のサイズに関する情報を得ることもできる[11)]．

4.3.4 ■ 高分子・ポリマーの評価

A. ポリエチレンテレフタレートの配向度・結晶化度評価

ポリエチレンテレフタレート（polyethylene terephthalate, PET）は，ポリエステルの一種であり，エチレングリコール（$\mathrm{HO{-}CH_2{-}CH_2{-}OH}$）とテレフタル酸の脱水縮合により作られるエステル結合が連なった化合物である．PET は結晶部分（不透明で硬く，耐熱性が高い）と非晶部分（透明で柔軟，耐熱性が低い）からなり，結晶部分と非晶部分の割合で PET の性質が決まる．飲料容器として知られるペットボトルのほか，フィルム・磁気テープの基材，衣料用の繊維など（フリースなど）に広く用いられている．

図 4.3.6(a)に，PET フィルムのラマンスペクトルを示す．1725 $\mathrm{cm^{-1}}$ 付近にカルボニル C=O 基の伸縮振動に由来するラマンバンドが，1615 $\mathrm{cm^{-1}}$ 付近にはベンゼン環の C=C 基の伸縮振動に由来するバンドが観測される．1615 $\mathrm{cm^{-1}}$ 付近の C=C 基の伸縮振動に由来するバンドは，PET の一次元主鎖方向に変位し，その方向に分極率が大きく変化する振動モードである．レーザー光の偏光方向を PET の主鎖方向に平行（$I_{1615,/\!/}$）および垂直方向（$I_{1615,\perp}$）として測定したラマンバンドの強度比 R は，PET フィルムの配向パラメータ R（$I_{1615,/\!/}/I_{1615,\perp}$）として用いられる．

図 4.3.6(b)は，PET フィルムを主鎖方向に延伸した一軸延伸フィルムにおける配向パラメータ R のフィルム面内分布を示す．動径方向に配向パラメータである強度

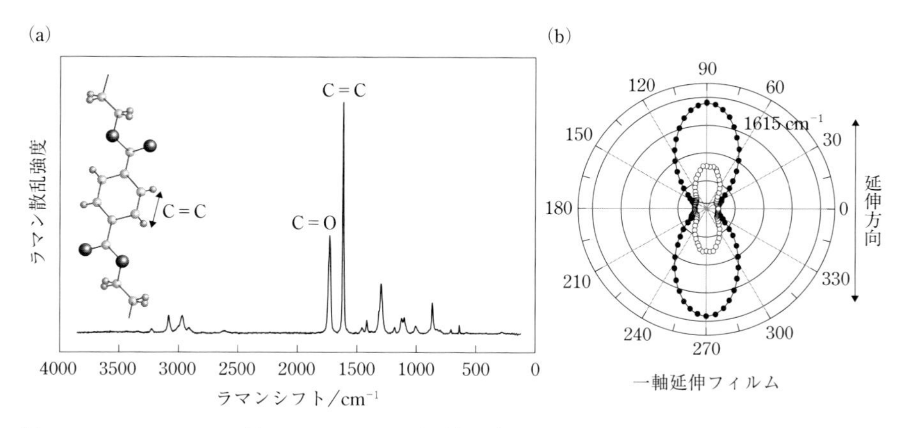

図 4.3.6　PET フィルムの (a) ラマンスペクトルと (b) 配向パラメータ R のフィルム面内の強度比分布

比 R をとり，角度方向にフィルム延伸軸のレーザー光偏光に対する回転角をとって極座標プロットしてある．未延伸フィルムではフィルム面を回転しても強度比 R は変化しないため，円形のパターンが得られる．一方，一軸延伸したフィルムでは延伸方向に強度比が大きくなるプロペラ状のパターンが得られる．延伸倍率が大きくなるとともに，白丸○のパターンから黒丸●パターンのように延伸方向での相対強度が大きくなり，強度比の異方性が顕著になる．このように，偏光ラマン分光測定から，高分子の配向を評価することが可能である．

B. UV 硬化樹脂の硬化度評価

ラマン分光を用いて UV 硬化樹脂の重合反応の進行度を評価した例を紹介する．典型的なエポキシアクリレート系 UV 硬化樹脂モノマーに光重合開始剤を数 wt%加えた後, UV 照射時間を変化させて重合反応させた試料のラマンスペクトルを**図 4.3.7**(a)に示す[12]．照射時間が長くなるにつれて，1640 cm^{-1} 付近にみられるアクリロイル基の C=C 基に由来するバンドが減少しているのがわかる．一方，1610 cm^{-1} 付近に観測される重合反応に関与しないベンゼン環の C=C 伸縮バンドに変化はみられない．したがって，反応の進行の度合いは，この 2 つのバンドの相対強度により評価できる[12]．I_{1640} (1640 cm^{-1} のラマンバンド強度)/I_{1610} (1610 cm^{-1} のラマンバンド強度) はアクリロイル基の残存量，つまり重合反応度に相当し，この値が小さいほど重合反応が進んでいることを示す．重合反応度の照射時間依存性を**図 4.3.7**(b)に示す．数秒の UV 照射でかなり重合が進んでいる様子が観察される．10 秒照射後あたりから重合反応の進行はなだらかになり，180 秒の照射で十分な重合反応が生じることがわかる．

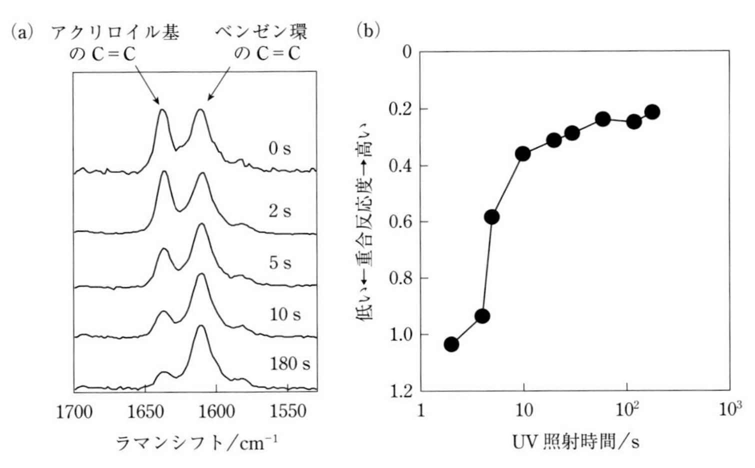

図 4.3.7　(a) 重合反応後のスペクトル変化，(b) ベンゼン環のC=Cとアクリロイル基のC=Cのバンド強度比から求めた重合反応度の照射時間依存性[12)]

4.3.5 ■ Liイオン二次電池のラマンスペクトル

Liイオン二次電池は，正極と負極の間をリチウムイオンが移動することで充放電を行う二次電池である．電極材料にはさまざまなものが使われるが，正極にコバルト酸リチウム，負極に炭素（グラファイト）を用いることが多い．正極板と負極板でセパレータを挟んだ構造を何層も積み重ね，全体を有機溶媒の電解質で満たした構造になっている．最近では，スマートフォン向けに電解質としてゲル状の高分子を用いたリチウムポリマー電池が利用されている．

リチウムイオン電池の正極が劣化する過程を，ラマン分光により解析した例を紹介する．正極の断面を作製し，断面のコバルト酸リチウム（$LiCoO_2$）粒子からそれぞれ，直径10 μm程度の粒子を選び，粒子の中央でのラマンスペクトル測定を行った結果を**図 4.3.8**に示す．参照試料として市販の$LiCoO_2$のラマンスペクトルもあわせて示してある[13)]．$LiCoO_2$の2本のラマンバンドはそれぞれa_{1g}モード（595 cm^{-1}），e_gモード（495 cm^{-1}）に帰属される[14)]．長期使用により，ラマンスペクトルにはバンド強度の減少とバンド幅の増大が認められる．これはサイクル劣化により，$LiCoO_2$の層間に存在するリチウム量が減少することを示している．また，酸化コバルト（Co_3O_4）に相当するピーク（図中の＊）が生成していることから，$LiCoO_2$の結晶構造そのものが変化していることもわかる．

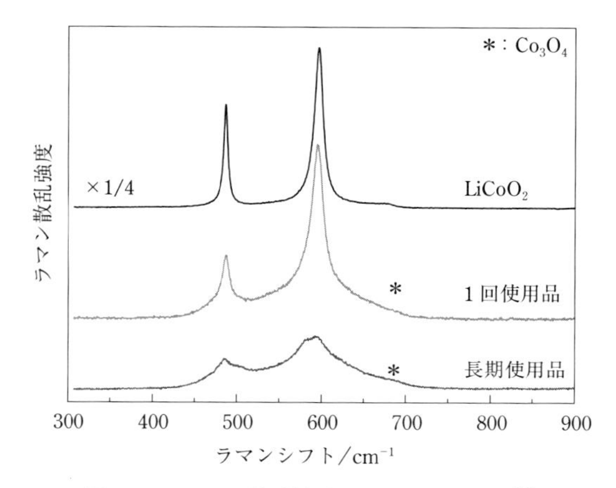

図 4.3.8　$LiCoO_2$ 粒子断面のラマンスペクトル[13)]

4.3.6 ■ 顕微ラマン分光を用いた微小部の分析

顕微ラマン分光は，光学顕微鏡と同程度の空間分解能（約 500 nm）で微小部位の化学構造，結晶性，配向などに関する情報を与える．また，*in situ* で非破壊分析が可能なため，広範囲の工業材料が対象となる．特に Si, GaAs, GaN, SiC などの半導体，各種セラミックス，高分子材料，炭素材料，複合材料などの微小部位が関与した分析には，不可欠の手法として定着している．

顕微ラマン分光を用いて試料の断面を分析することにより，構造や組成の深さ方向の分布を調べることができる．通常の垂直断面（**図 4.3.9**(a)）では，深さ方向の分解能はレーザー光のビーム径で制限され，約 500 nm 程度である．精密傾斜研磨(**図 4.3.9**(b))を行うと，斜面の長さが傾斜角 α に応じて$(\sin\alpha)^{-1}$倍だけ拡大されることになり，

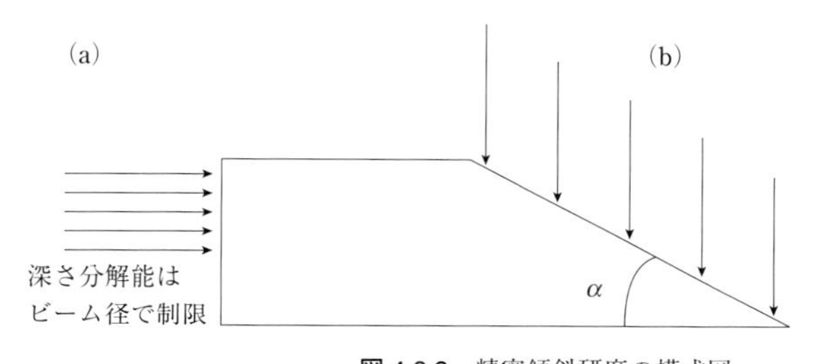

傾斜角	深さ分解能
10°	約 174 nm
3°	約 52 nm
1°	約 17 nm

図 4.3.9　精密傾斜研磨の模式図
(a) 断面図，(b) 斜面図

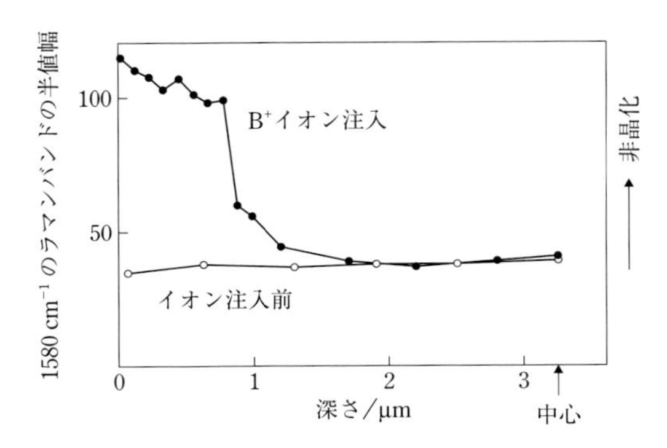

図 4.3.10　炭素繊維における B^+ イオン注入前後のラマンバンド（1580 cm^{-1}）の半値幅変化[16)]

深さ分解能が大幅に向上する[15)]．特に炭素材料の場合は，レーザー光の侵入深さが 17 nm 程度であることから，表のように深さ分解能が著しく向上する．

傾斜研磨法を用いて，ホウ素イオンを注入した炭素繊維（直径 6.5 µm）の深さ方向における構造変化を，顕微ラマン分光により調べた例を**図 4.3.10** に示す[16)]．表面から 1 µm 以内の領域でラマンバンドの半値幅が大きくなっており，表層部で炭素繊維の結晶性が著しく低下していることがわかる．

4.3.7 ■ ラマン分光を用いた半導体デバイス材料の応力評価

物体の歪みは，ミクロなスケールで見ると，構成する各原子間の距離の変化をともなう．原子間距離が変化すると結合力が変化するため，フォノンの振動数はわずかながら変化する．ラマン分光によってこの振動数の変化を検出すれば，結晶の歪みについての定量的情報が得られる．一般に，圧縮歪みの場合はラマンバンドは高波数側にシフトし，引っ張り歪みであれば逆に低波数側にシフトするので，シフトの量から歪みの性質および大きさが推定される．

歪みの度合いが大きくかつ均一な歪み分布をもったシリコン結晶膜を作る方法として，歪み緩和を起こさせた $Si_{1-x}Ge_x$ 混晶の上に Si を成長させる方法が広く用いられている．しかしこのようにして作製した Si 膜には，クロスハッチパターンと呼ばれる格子状の縞構造が生成する．このクロスハッチパターンが，ラマンイメージングによって調べられている．**図 4.3.11**(a) と (b) に，Si 基板上に作製した歪み Si 層 (25 nm)/$Si_{0.67}Ge_{0.33}$ 混晶（1 µm）の応力分布を示す[17)]．図 4.3.11(a) と (b) は，それぞれ歪み Si 層と $Si_{0.67}Ge_{0.33}$ 層の応力分布を示している．図 4.3.11(a) の歪み Si 層には引張り応力が，**図 4.3.11**(b) の $Si_{0.67}Ge_{0.33}$ 層には逆に圧縮応力が生じており，クロスハッ

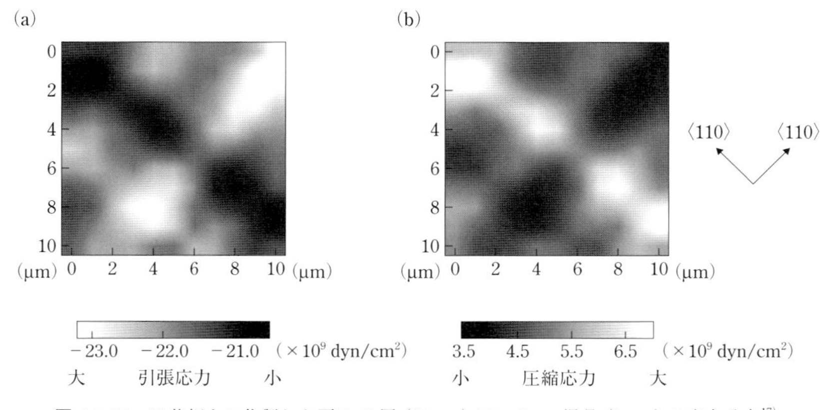

図 4.3.11 Si 基板上に作製した歪み Si 層 (25 nm)/$Si_{0.67}Ge_{0.33}$ 混晶 (1 μm) の応力分布[17)]
(a) 歪み Si 層の応力分布と (b) $Si_{0.67}Ge_{0.33}$ 層の応力分布.

チパターンに対応した応力分布が観測されていることがわかる.

4.3.8 ■ ラマン分光を用いた薄膜および表面分析

ラマン分光は本来表面感度の高い分析手法ではないが, 全反射ラマン, 共鳴ラマン効果の利用, 光導波路法などの手法の導入によって, 表面分析にも広く用いられている.

A. 全反射ラマン分光の原理と応用例

光が媒質 I (屈折率 n_1) から媒質 II (屈折率 n_2) に入射する場合を考える. $n_1 < n_2$ のとき, 光はスネルの法則に従って界面を透過する. しかし, $n_1 > n_2$ で入射角 θ がある臨界角 θ_c より大きい場合には, 媒質 I から媒質 II へ透過する光はなく, 入射光がすべて反射されるという全反射現象が生じる. 入射光のすべてが反射されるからといって媒質 II に電磁波が存在しないというわけではなく, 界面からの距離とともに強度が指数関数的に減衰する表面電磁波 (エバネッセント波) が浸み出すことが知られている. このエバネッセント波を利用してラマンスペクトルを観測すると, 試料表面の化学構造や結晶性・配向状態の評価だけでなく, 表面上の薄膜の配向などに関する知見を得ることも可能である[18)]. これを全反射ラマン分光という.

屈折率 n_p のプリズムを用いて, 屈折率 n_s の薄膜を測定する場合, 全反射臨界角 θ_c は式(4.3.2)で与えられる.

$$\theta_c = \sin^{-1}\left(\frac{n_s}{n_p}\right) \tag{4.3.2}$$

また, エバネッセント波の浸み出しの深さ(振幅が 1/e になるまでの距離) d は式(4.3.3)

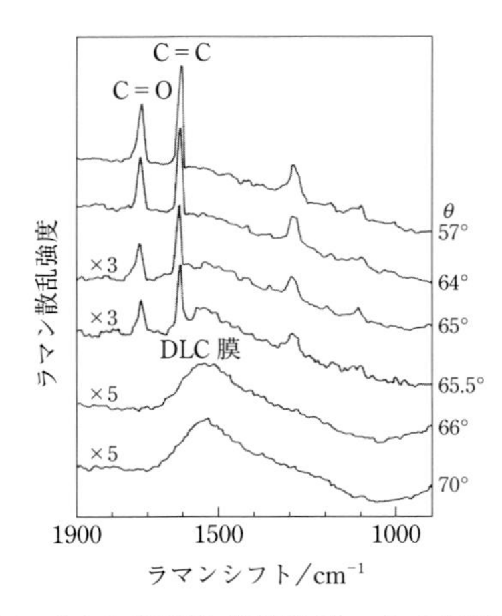

図 4.3.12　PET フィルム上 DLC 膜（厚さ約 50 nm）の全反射ラマンスペクトル
励起光波長は 514.5 nm，$\theta_c = 66°$.

で与えられる.

$$d = \frac{\lambda}{2\pi n_p}\left[\sin^2\theta - \left(\frac{n_s}{n_p}\right)^2\right]^{-1/2} \tag{4.3.3}$$

ここで，λ は入射光の波長を表している．浸み出しの深さ d は，プリズムおよび薄膜の屈折率，レーザー光の波長，入射角に依存する．全反射ラマン分光では，d は約 50 nm 程度である.

磁気テープの保護膜として，前述の DLC（diamond like carbon）膜が使われている．磁気テープは PET フィルム上に 100 nm 以下の磁性層がコーティングされており，その上に保護膜である DLC 膜がスパッタ法やプラズマ CVD 法で成膜されている．通常の顕微ラマン測定を行うと，磁性層が薄い場合には PET の強い蛍光やラマンバンドが観測され，DLC 膜のラマンスペクトルを測定できない場合がある．そのような場合に，全反射ラマン分光を用いると，保護膜の DLC 膜だけのラマンスペクトルを得ることができる.

PET フィルム上にモデル的に作製した厚さが約 50 nm の DLC 膜の測定例を**図 4.3.12** に示す[19]．屈折率 $n_p = 1.88$ のプリズムを用いて波長 514.5 nm のレーザー光で測定する場合，全反射臨界角（$\theta_c = 66°$）よりも小さな入射角では全反射が起こらないため，下地 PET フィルム全体のラマンスペクトルが観測され，DLC 膜のラマンバンドは明確には検出できない．しかし，θ_c よりも大きな入射角では表層部に形成されているDLC膜に特徴的なラマンバンドのみが選択的に検出される．入射角を変えると浸み出しの深さが変わることから，薄膜の深さ方向の構造変化に関する知見を得ることもできる．

B.　共鳴ラマン効果を利用した薄膜の分析法

共鳴ラマン効果を利用すると表面構造を非破壊で，高感度に分析することが可能になる．GaN系化合物半導体はバンドギャップが大きいことから，紫外領域の発光ダイオード（LED）や，半導体レーザー（LD）の活性層・クラッド層に利用されている．特に，$Al_xGa_{1-x}N$はGaNよりもバンドギャップが大きいことから，LEDやLDのクラッド層の材料に用いられる．LEDやLDの代表的構造はダブルヘテロ構造であり，コンタクト層/クラッド層/活性層/クラッド層/基板という多層から構成されている．共鳴ラマン効果を利用すると，このような多層構造の特定の層を選択的に高感度で検出することができ，しかもその層の結晶性や組成を評価することができる．導波型LD（GaN/InGaN/AlGaN）構造の共鳴ラマンスペクトルを**図4.3.13**に示す[20]．3.00 eV（413 nm），3.72 eV（333 nm）励起では，それぞれ，InGaN, AlGaNのa_1(LO)フォノンが共鳴し，強く観測される．$Al_xGa_{1-x}N$のa_1(LO)フォノンのピーク波数の組成依存性を利用すると，ラマンスペクトル測定からクラッド層のAl組成を見積もることができる．a_1(LO)フォノンのピーク波数から見積もったAlの組成は，およそ$x=0.146$であり，電子線マイクロアナライザーで評価された値（$x=0.15$）と良く一致する．共鳴ラマン効果を利用すると，非破壊で多層構造の特定層の組成や結晶性を選択的に評

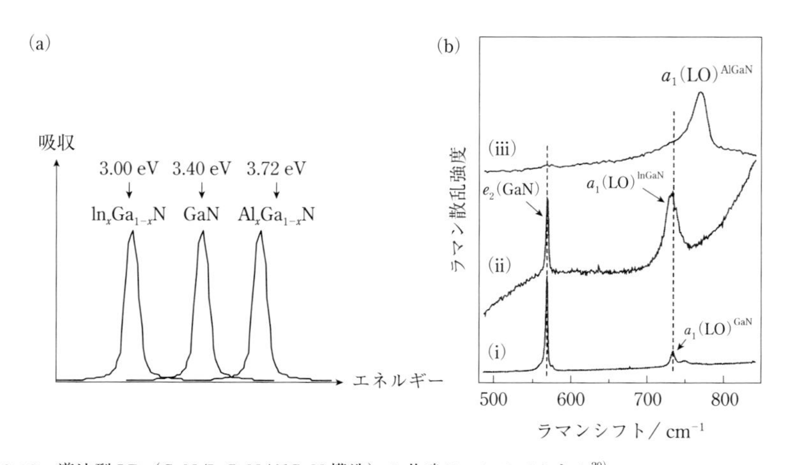

図4.3.13　導波型LD（GaN/InGaN/AlGaN構造）の共鳴ラマンスペクトル[20]
励起光の光子エネルギーは(i) 2.18 eV(568 nm)，(ii) 3.00 eV(413 nm)，(iii) 3.72 eV(333 nm)．
測定温度は300 K．

価することが可能である.

C.　導波路法を利用した薄膜の分析法

4.1.2 項でも述べたが, 有機 EL（electroluminescence）素子は, 液晶やプラズマディスプレイなどに代わる次世代の薄型ディスプレイとして期待されている. **図 4.3.14** に, ガラス基板上に作製した有機 EL 材料 α–NPD, 2–TNANA, Alq_3 の約 200 nm の単層膜のラマンスペクトルを示す[21]. 表面（surface）側から測定すると, 各試料のラマンスペクトルは非常に弱いが, 断面側（vertical, horizontal）側から測定すると 10〜100 倍程度ラマンバンドの強度が強くなる. これは, 断面からレーザー光を照射すると, 上下の層でレーザー光が全反射するため, 各層に平行な方向にレーザー光が伝搬し, 薄膜中でのレーザー光の光路長が長くなるためである. このようにしてラマン強度を増大させる方法を導波路法と呼ぶ. また, レーザー光の偏光方向をガラス基板に垂直に選んだ偏光配置で測定した場合（vertical）と, ガラス基板に平行に選んだ偏光配置で測定した場合（horizontal）のラマンバンドの強度を比較すると, "horizontal" 配置で測定したラマンバンドの強度が強い傾向がある. これは, 3 種類の各分子がいずれもベンゼン骨格から形成されているために, それらがすべてガラス基板に対してほとんど平行に配向していることを表している. 導波路法を用いると, 非常に薄い有機薄膜の配向状態を高感度で評価することが可能である.

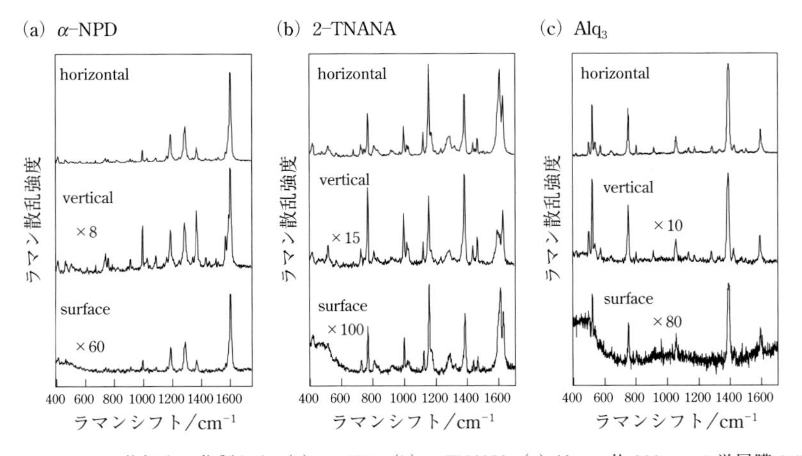

図 4.3.14　ガラス基板上に作製した (a) α–NPD, (b) 2–TNANA, (c) Alq_3 の約 200 nm の単層膜のラマンスペクトル[21]

4.3.9 ■ 最近のトピックス

A. ラマン分光を用いた気体・気泡分析

ラマン分光では，2 原子以上から構成される気体分子の回転および振動回転スペクトルの観測が可能である．顕微ラマン分光を用いれば，ガラス基板や液晶パネル，樹脂などに含まれている気泡を非破壊で，サブミクロンの空間分解能で評価することが可能である．

図 4.3.15(a)と(b)は，同じ液晶ディスプレイ（LCD）パネルについてそれぞれ160°C および 210°C の熱処理により発生した気泡のラマンスペクトルを示している．(a)では N_2 を主成分として CO や H_2, CO_2 など複数のガス成分の他，有機物の分解物としてメタン(CH_4)が存在することがわかる．一方，(b)では主に窒素と酸素がほぼ空気と一致する組成比で検出されている．これは熱処理温度が高いと，封止樹脂の劣化によって混入封止樹脂付近に亀裂が発生し，空気が混入するためと考えられる．ガス圧を調整した標準ガス試料と，ラマンバンドの強度を比較することにより，気泡中に含まれる各種ガス成分の割合を求めることも可能である．

B. 紫外ラマン分光による半導体の応力評価

ラマン散乱の強度は，励起光の振動数の一乗，ラマン散乱光の振動数の三乗に比例することが知られている（2.2.1 項参照）．すなわち，励起レーザー光の波長が短くなるほどラマン散乱の強度が強くなる．しかし，現実には分光器や CCD 検出器の感度の低下などにより，244 nm の深紫外レーザー光が測定できる限界波長に近い．Si 半導体の場合，共鳴ラマン効果が起こる 325 nm や 364 nm の紫外レーザー光励起では，ラマン強度は著しく向上する．一方で，試料による励起光の吸収のために，測定深度

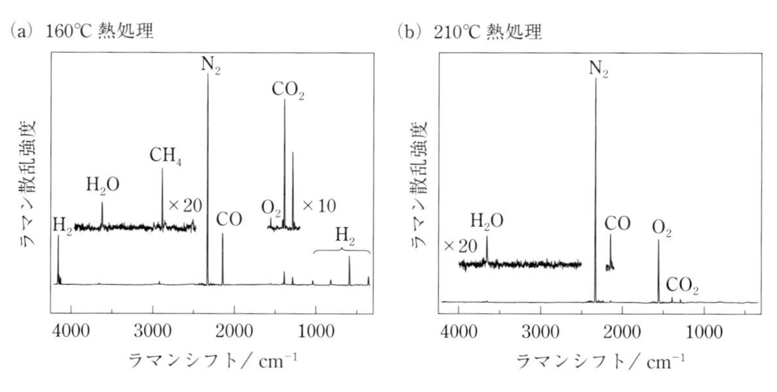

図 4.3.15 LCD パネルの（a）160°C，（b）210°C での熱処理により発生した気泡の分析例

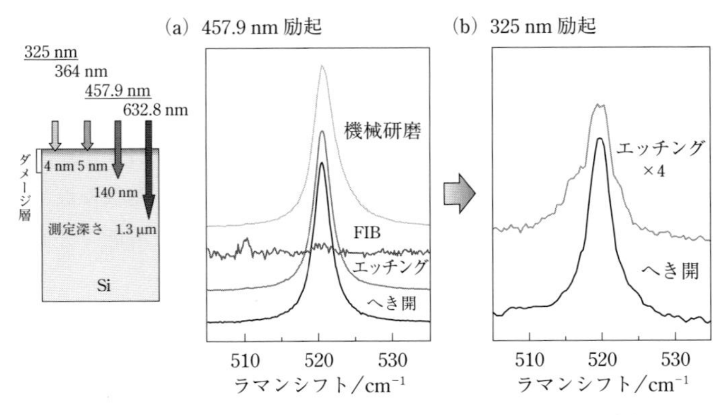

図 4.3.16　Si ウエハの表面処理にともなうラマンスペクトルの変化
(a) 457.9 nm 励起，(b) 325 nm 励起.

は 4～5 nm まで浅くなる.

ここでは，Si ウエハの表面処理にともなうダメージ評価にラマン分光を適用した例を示す．**図 4.3.16**(a)の 457.9 nm 励起で測定した場合は，FIB（focused ion beam, 集束イオンビーム）加工後のラマンバンドはダメージのためにほとんど観測されない．へき開（cleavage）と Ar エッチング（etching）処理後のラマンバンドの半値幅は，Si ウエハに対するレーザー光の侵入深さが深いために，ほとんど変化していない．機械研磨（mechanical polishing）後の Si ウエハでは，ラマンバンドのピーク位置が高波数側にシフトし，かつ半値幅も大きくなっていることから，Si ウエハ表面に圧縮応力が生じていることが考えられる．一方，**図 4.3.16**(b)の紫外光（325.0 nm）励起での測定では，Ar エッチング処理後のラマンバンドの半値幅がへき開断面（cleavage）よりも著しく増大していることから，Si ウエハの最表面 4～5 nm の領域で結晶性が低下していることがわかる．この例のように，紫外ラマン分光を用いると，nm レベルの半導体最表面の結晶性の評価を行うことができる.

C. 近赤外ラマン分光による高分子材料の評価

これまでラマン分光測定は，主として可視領域の励起光を用いて行われてきた．可視領域では多くの有機物やポリマー材料から強い蛍光が放出され，微弱なラマンスペクトルが観測できないという大きな問題点がある．そのため，蛍光の少ない有機物・ポリマーやカーボン材料，無機材料や半導体材料に測定対象が限られてきた．しかし近年，近赤外領域（0.9～1.6 μm）の励起光を用いて蛍光をほぼ完全に除去したラマンスペクトルが取得できるようになってきた．半導体や無機材料に関しては，可視領域で測定するよりも近赤外領域で測定する方が大きなメリットがある材料も存在する.

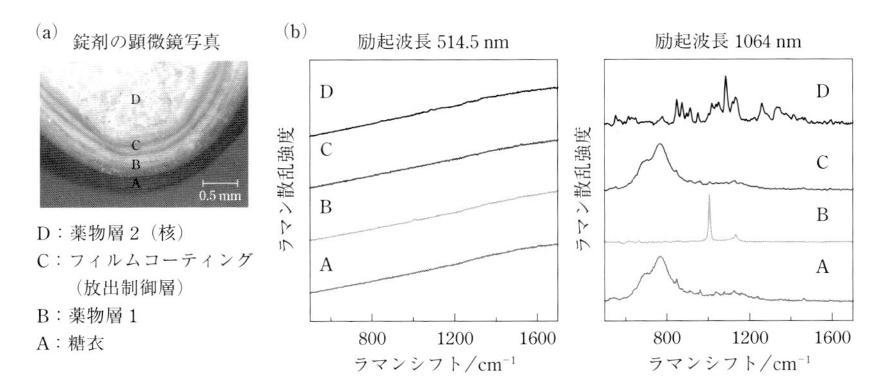

図 4.3.17　錠剤のラマンスペクトル[22]
(a) 実体顕微鏡写真，(b) 測定点 A, B, C, D のラマンスペクトル．

近赤外ラマン分光による医薬品の分析事例の一つとして，錠剤のラマンスペクトルを紹介する．**図 4.3.17** (a) と (b) は，それぞれ，錠剤の実体顕微鏡写真とラマンスペクトルを示す[22]．A, B, C, D 点はそれぞれ糖衣，薬物層 1，フィルムコーティング層，薬物層 2 に対応する．波長 514.5 nm の励起ではいずれの測定点も蛍光しか観測できないが，波長 1064 nm の励起ではほぼ蛍光を完全に除去したラマンスペクトルが観測されている．この例が示すように，今まで可視領域では蛍光の問題で測定できなかった各種ポリマーや有機物，医薬品のラマンスペクトルの測定が，近赤外領域では可能になる．配向測定や結晶性の評価，医薬品などに含まれる異物分析や劣化品の構造解析，微小結晶多形の構造解析などの幅広い分析が，近赤外ラマン分光により可能になる．

文 献

1）増井暁夫，能代 誠，セラミックス，**21**, 440（1986）
2）S. A. Brawer and W. B. White, *J. Chem. Phys.*, **63**, 2421（1975）
3）P. Dumas, J. Corset, Y. Levy, and V. Neuman, *J. Raman Spectrosc.*, **13**, 134（1982）
4）黒崎和夫，日本ゴム協会誌，**56**, 601（1983）
5）H. J. Sloane and R. R. Cook, *Appl. Speclrosc.*, **27**, 217（1973）
6）J. L. Koenig, M. M. Coleman, J. R. Shelton, and P. H. Starmer, *Rubber Chem. Technol.*, **44**, 71（1971）
7）吉川正信，表面技術，**42**, 1217（1991）
8）M. Yoshikawa, N. Nagai, M. Matsuki, H. Fukuda, G. Katagiri, H. Ishida, and I. Nagai, *Phys. Rev. B*, **46**, 7169（1992）
9）齋藤弥八，坂東俊治，カーボンナノチューブの基礎，コロナ社（1998）
10）M. Yoshikawa, Y. Mori, H. Obata, M. Maegawa, G. Katagiri, H. Ishida, and A. Ishitani, *Appl. Phys. Lett.*, **67**, 694（1995）
11）V. I. Korepanov, H. Witek, H. Okajima, E. Osawa, and H. Hamaguchi, *J. Chem. Phys.*, **140**, 041107（2014）
12）吉川正信，井上敬子，樹脂の硬化度・硬化挙動の測定と評価方法，サイエンス＆テクノロジー（2007）, pp. 324−339
13）廣中俊也，青木靖仁，柴森孝弘，*The TRC News*, **12**, 33（2008）
14）M. C. Rao, *Optelectron. Adv. Mater., Rapid Commun.*, **4**, 2088（2010）
15）石田英之，吉川正信，中川義嗣，宮田洋明，加連明也，萬 尚樹，表面分析，共立出版（2011）
16）片桐 元，高純度化学技術大系，**1**, 1145（1996）
17）中島信一, 三谷武志，吉川正信，応用物理，**75**, 1224（2006）
18）吉川正信，石田英之，石谷 炯，ペトロテック，**12**, 836（1989）
19）前川めぐみ，吉川正信，片桐 元，石田英之，清水良祐，分析化学，**40**, T203（1991）
20）M. Yoshikawa, J. Wagner, H. Obloh, M. Kunzer, and M. Maier, *J. Appl. Phys.*, **87**, 2583（2000）
21）N. Muraki and M. Yoshikawa, *Chem. Phys. Lett.*, **481**, 103（2009）
22）村木直樹，青木靖仁，吉川正信，*The TRC News*, **86**, 24（2004）

付録 A　レーザー発振線および自然放出線の波数

ラマン分光用励起光源としてしばしば用いられる各種気体レーザーの発振線波数を**表 A.1** に，Ar^+ レーザー放電管の自然放出線波数を**表 A.2** に集録した．参照した文献は以下のとおりである．

なお，文献 1 と 5 では基礎となる実測値が異なるため，Ar^+ イオンの放出線波数が 1/100 cm^{-1} の桁で異なるが，ラマンスペクトルの較正の目的には問題とはならない．

文　献

1）G. Norlén, *Physica Scripta*, **8**, 249（1973）

2）K. Burns, K. B. Adams, and J. Longwell, *J. Opt. Soc. Am.*, **40**, 339（1950）

3）J. Loader, *Basic Laser Raman Spectroscopy*, Heyden and Sons, London（1970）

4）R. J. Pressley ed., *Handbook of Lasers with Selected Data on Optical Technology*, CRC Press, Boca Raton（1971）

5）N. C. Craig and I. W. Levin, *Appl. Spectrosc.*, **33**, 475（1979）

表 A.1　気体レーザー発振線波数[1~4]

	空気中の波長/nm	真空中の波長/nm	真空中の波数/cm^{-1}
Ar^+ レーザー[1]	514.53083	514.67417	19429.769
	501.77628	501.85621	19926.026
	496.50795	496.64650	20135.046
	487.98635	488.12264	20486.655
	476.48646	476.61969	20981.089
	472.68683	472.81906	21149.740
	465.79012	465.92053	21462.888
	457.93495	458.06327	21831.045
	363.70310	363.80676	27487.120
	350.97785	351.07823	28483.680
He–Ne レーザー[2]	632.81646	632.99145	15798.002
Kr^+ レーザー[3,4]	676.457	676.644	14778.83
	647.100	647.279	15449.29
	568.192	568.350	17594.80
	530.868	531.016	18831.83
	520.832	520.997	19194.70
	482.518	482.653	20718.83
	476.244	476.377	20991.77
	468.045	468.176	21359.49
	461.917	462.046	21642.85
	356.420	356.521	28048.78
	350.742	350.842	28502.83
He–Cd レーザー[4]	441.565	441.69	22640.36
	325.0	325.1	30760

表 A.2　Ar^+ レーザー自然放出線波数[5)]

相対強度	空気中の波長/nm	真空中の波数/cm^{-1}	488.0 nm からの波数シフト/cm^{-1}	514.5 nm からの波数シフト/cm^{-1}
5000	487.9860	20486.67	0	
200	488.9033	20448.23	38.4	
130	490.4753	20382.70	104.0	
970	493.3206	20265.13	221.5	
14	494.2915	20225.33	261.3	
10	495.5111	20175.53	311.1	
960	496.5073	20135.07	351.6	
330	497.2157	20106.39	380.3	
1500	500.9334	19957.16	529.5	
620	501.7160	19926.03	560.6	
1400	506.2036	19749.39	737.3	
10	509.0496	19638.98	847.7	
360	514.1790	19443.06	1043.6	
1000	514.5319	19429.73	1056.9	0
8	516.2745	19364.14	1122.5	65.6
38	516.5774	19352.79	1133.9	76.9
41	517.6233	19313.69	1173.0	116.0
20	521.6816	19163.44	1323.2	266.3
150	528.6895	18909.43	1577.2	520.3
12	530.5690	18842.45	1644.2	587.3
18	539.7522	18521.87	1964.8	907.9
11	540.2604	18504.45	1982.2	925.3
12	540.7348	18488.21	1998.5	941.5
19	549.4307	18329.04	2157.6	1100.7
14	549.5876	18190.47	2296.2	1239.3
14	549.8185	18182.76	2303.9	1247.0
14	550.0334	18175.66	2311.0	1254.1
22	555.4050	17999.88	2486.8	1429.8
30	555.87031	17984.81	2501.9	1444.9
12	557.25428	17940.15	2546.5	1489.6
18	557.7689	17923.59	2563.1	1506.1
11	557.8518	17920.93	2565.7	1508.8
48	560.67341	17830.75	2655.9	1599.0
14	562.5684	17770.69	2716.0	1659.0
14	563.5882	17738.53	2748.1	1691.2
29	565.07054	17692.00	2794.7	1737.7
27	565.4450	17680.28	2806.4	1749.4
22	567.2952	17622.62	2864.1	1807.1
27	569.1650	17564.73	2921.9	1865.0
23	572.4325	17464.47	3022.2	1965.3
16	573.95207	17418.23	3068.4	2011.5
69	577.2326	17319.24	3167.4	2110.5
16	578.6560	17276.63	3210.0	2153.1
49	581.2746	17198.80	3287.9	2230.9

相対強度	空気中の波長/nm	真空中の波数/cm^{-1}	488.0 nm からの波数シフト/cm^{-1}	514.5 nm からの波数シフト/cm^{-1}
18	584.3781	17107.47	3379.2	2322.3
12	587.0443	17029.77	3456.9	2400.0
11	588.26250	16994.50	3492.2	2435.2
18	588.85851	16977.31	3509.4	2452.4
38	591.20861	16909.81	3576.9	2519.9
10	592.88124	16862.11	3624.6	2567.6
11	595.0905	16799.51	3687.2	2630.2
23	598.5920	16701.24	3785.4	2728.5
20	598.9339	16691.71	3795.0	2738.0
57	603.21291	16573.30	3913.4	2856.4
37	604.32254	16542.87	3943.8	2886.9
14	604.4468	16539.47	3947.2	2890.3
14	604.6894	16532.84	3953.8	2896.9
14	604.9072	16526.89	3959.8	2902.8
15	605.93735	16498.79	3987.9	2930.9
11	607.7431	16449.77	4036.9	2980.0
91	610.3546	16379.38	4107.3	3050.4
>1750	611.4929	16348.90	4137.8	3080.8
100	612.3368	16326.36	4160.3	3103.4
97	613.8660	16285.69	4201.0	3144.0
1400	617.2290	16196.96	4289.71	3232.8
26	618.7136	16158.10	4328.6	3271.6
26	623.9713	16021.95	4464.7	3407.8
590	624.3125	16013.19	4473.5	3416.5
16	632.4414	15807.37	4679.3	3622.4
11	638.47189	15658.07	4828.6	3771.7
14	639.6614	15628.95	4857.7	3800.8
160	639.9215	15622.60	4864.1	3807.1
50	641.63075	15580.98	4905.7	3848.8
27	643.7604	15529.44	4957.2	3900.3
22	644.1908	15519.06	4967.6	3910.7
16	644.3858	15514.36	4972.3	3915.4

付録B　ネオンランプの発光スペクトルおよび発光線波数

市販のパイロットランプ用ネオンランプの発光スペクトルを**図 B.1**，**図 B.2** に，ネオンの放出線の真空中の波数を**表 B.1** に集録した．図B.1のスペクトルは，He–Ne レーザーの 632.8 nm の発振線を励起線としたときの波数シフトが 0〜1800 cm^{-1} の領域のネオンランプのスペクトルである．このように，横軸を励起線からの波数シフトで目盛った標準スペクトルを作成しておくと，実際の波数較正操作を行うときたいへん便利である．図 B.2 のスペクトルは 12900〜30000 cm^{-1} の領域のネオンランプのスペクトルを 2000 cm^{-1} ごとに分割したもので，各スペクトルの縦軸はその領域の最強ピークに合わせて調節してある．また表 B.1 の表を参照して，対応する発光線の真空中の波数を書き入れてある．さらに，ランプ中の Ar^{+} によると思われる発光線には対応する真空中の波数[1)] と ArI という記号を印した．これらの数値を用いて波数較正を行うときには，さらに精密な測定によって文献値[1,2)] の波数，および図 B.2 のスペクトル中の帰属が正しいことを確認する必要がある．実際，図 B.2 のスペクトル中の何本かの線は，文献値と ±1 cm^{-1} 以上のずれを示したので，標準線として不適当であり図中にはその波数シフトを記入していない．図 B.1 および図 B.2 のスペクトルの測定条件は以下のとおりである．

図 B.1，B.2

光　源：市販パイロットランプ用ネオンランプ

分光器：Jobin Yvon HR320　シングルポリクロメーター，回折格子 1800 本／mm，スリット幅 10 μm（12900〜18000 cm^{-1} 測定時）または 80 μm（18000〜30000 cm^{-1} 測定時）

検出器：Princeton Instruments　Spec10 : 400B/LN，液体窒素冷却 CCD 検出器

表 B.1 のネオンの発光線の真空中の波数は，Burns らによる空気中の実測波長[2)] を Edlén の屈折率の展開式[3)] によって真空中の波長に換算し，その逆数をとったものである．

なお図 B.1 および図 B.2 のネオンランプのスペクトルの測定と解析には，学習院大学理学部学生の北村 捷氏の御助力を得た．ここに記して謝意を表す．

文 献

1) G. Norlén, *Physica Scripta*, **8**, 249 (1973)
2) K. Burns, K. B. Adams, and J. Longwell, *J. Opt. Soc. Am.*, **40**, 339 (1950)
3) B. Edlén, *J. Opt. Soc. Am.*, **43**, 339 (1953)

図 B.1　ネオンランプの発光スペクトル

（He–Ne レーザー 632.8 nm 発振線より 0〜1800 cm^{-1} の波数シフト領域）

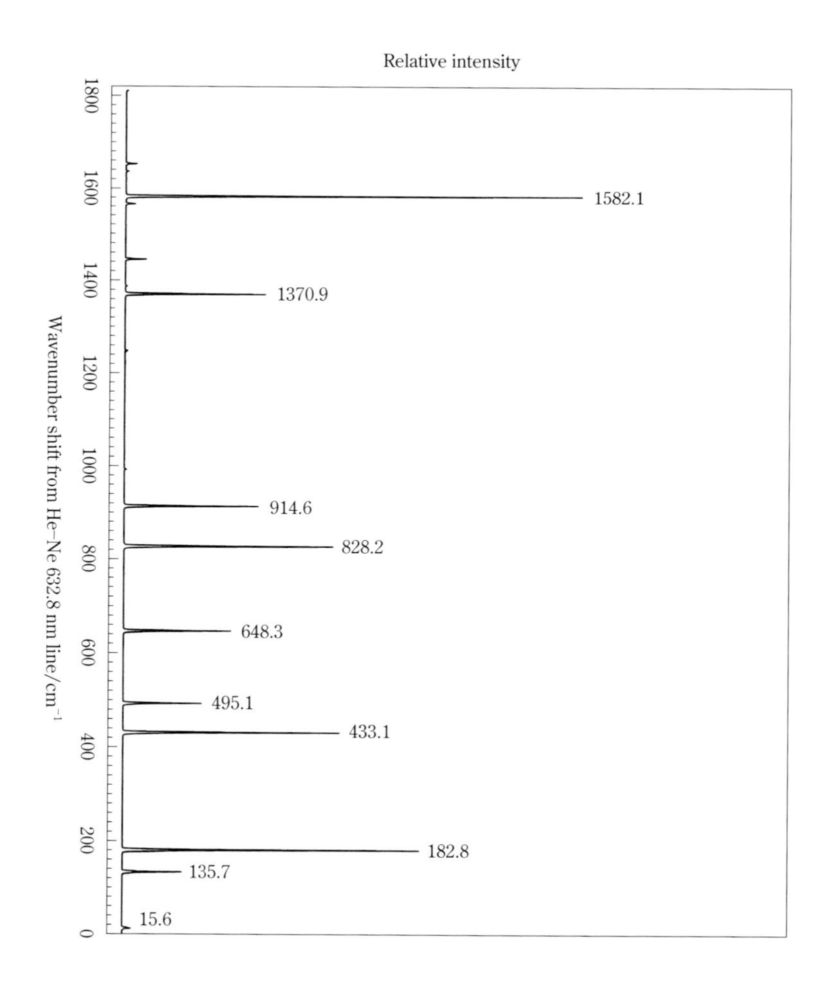

図 B.2　ネオンランプの発光スペクトル

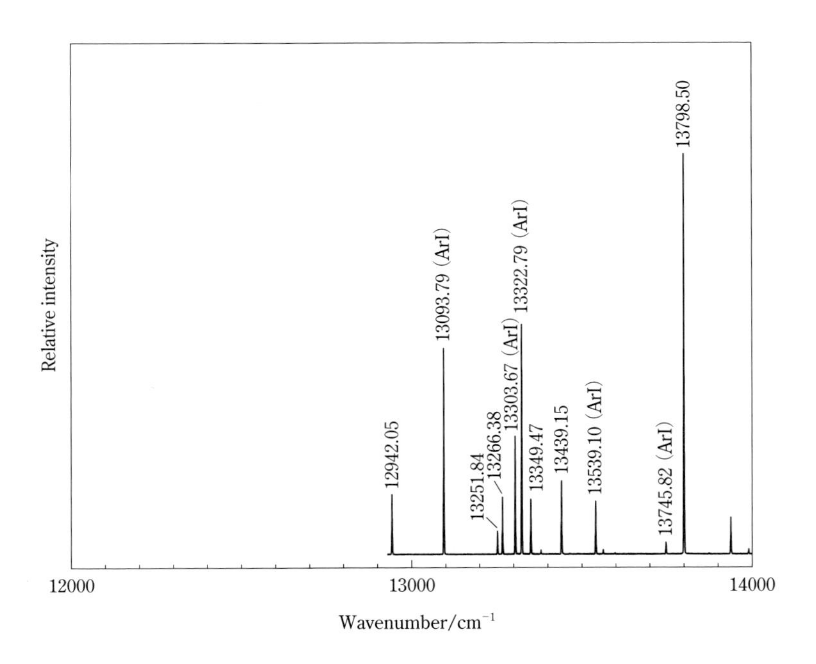

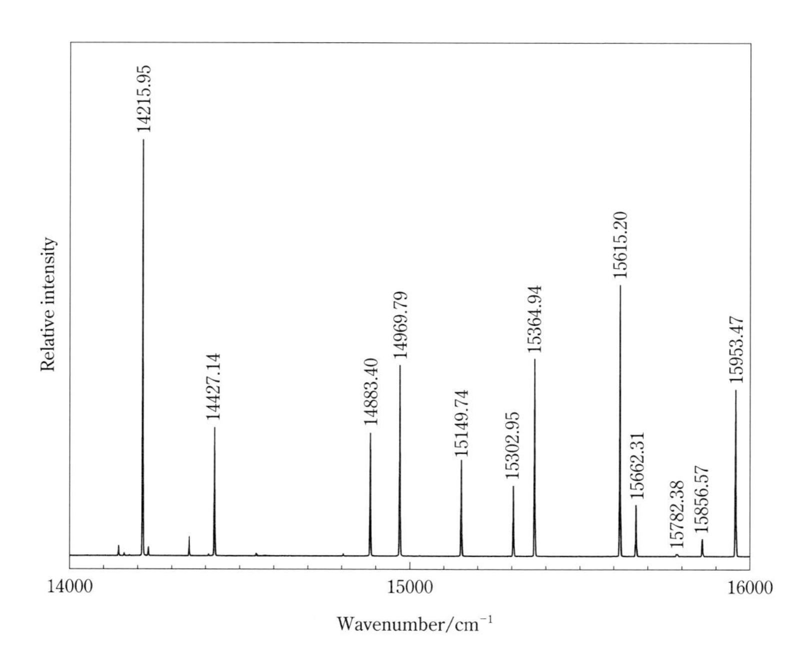
14215.95
14427.14
14883.40
14969.79
15149.74
15302.95
15364.94
15615.20
15662.31
15782.38
15856.57
15953.47
Relative intensity
14000
15000
16000
Wavenumber/cm⁻¹

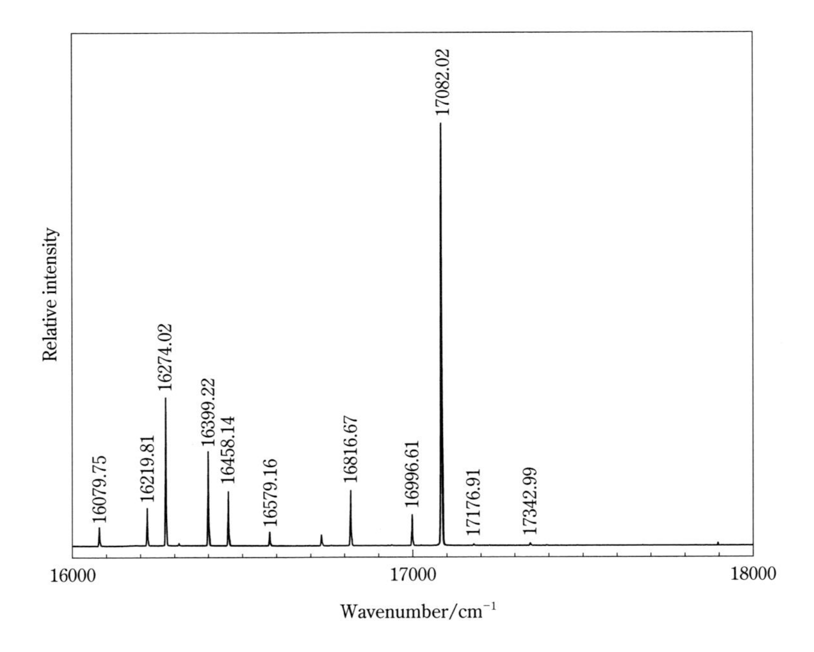
17082.02
Relative intensity
16274.02
16399.22
16458.14
16816.67
16079.75
16219.81
16579.16
16996.61
17176.91
17342.99
16000
17000
18000
Wavenumber/cm^{-1}

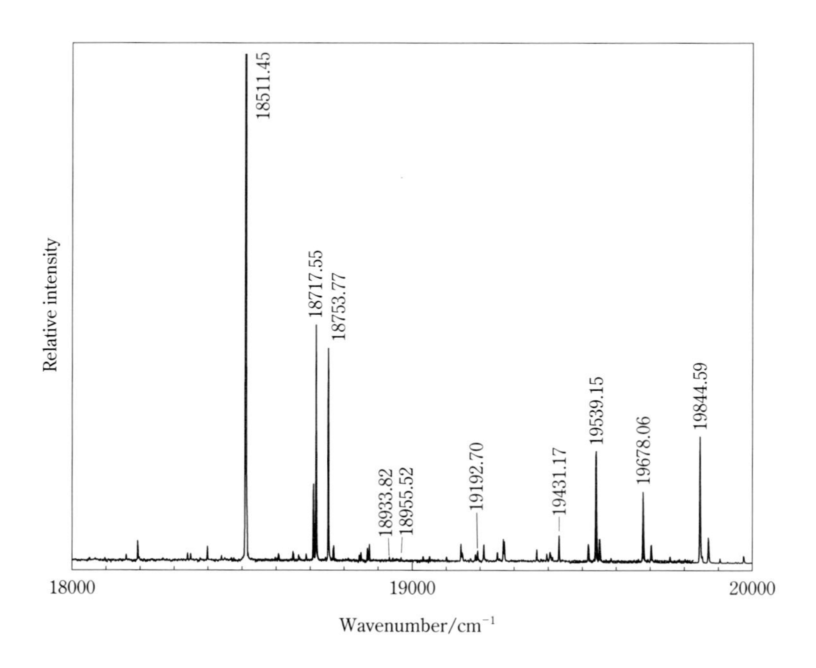
18511.45
18717.55
18753.77
18933.82
18955.52
19192.70
19431.17
19539.15
19678.06
19844.59
Relative intensity
18000
19000
20000
Wavenumber/cm⁻¹

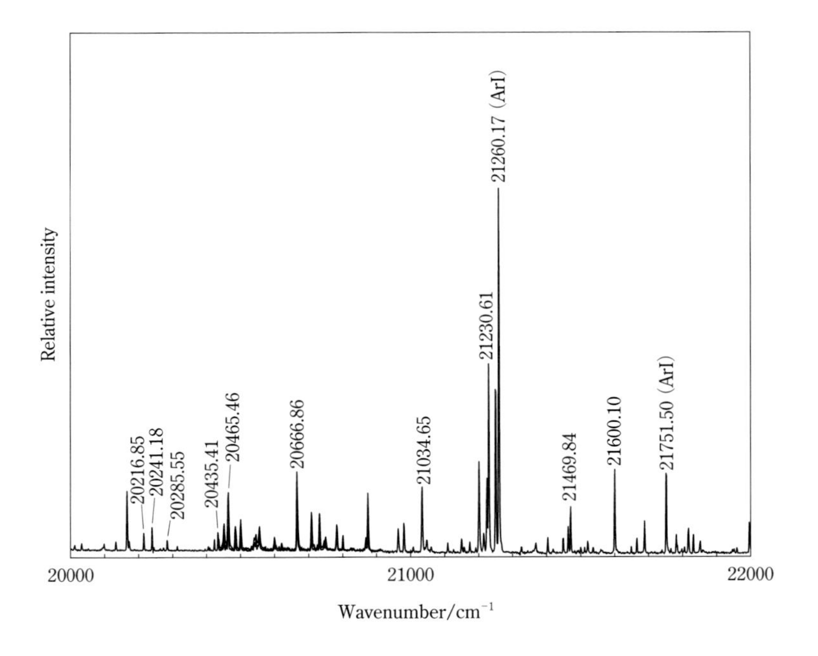
Relative intensity
20216.85
20241.18
20285.55
20435.41
20465.46
20666.86
21034.65
21230.61
21260.17 (ArI)
21469.84
21600.10
21751.50 (ArI)
20000
21000
22000
Wavenumber/cm⁻¹

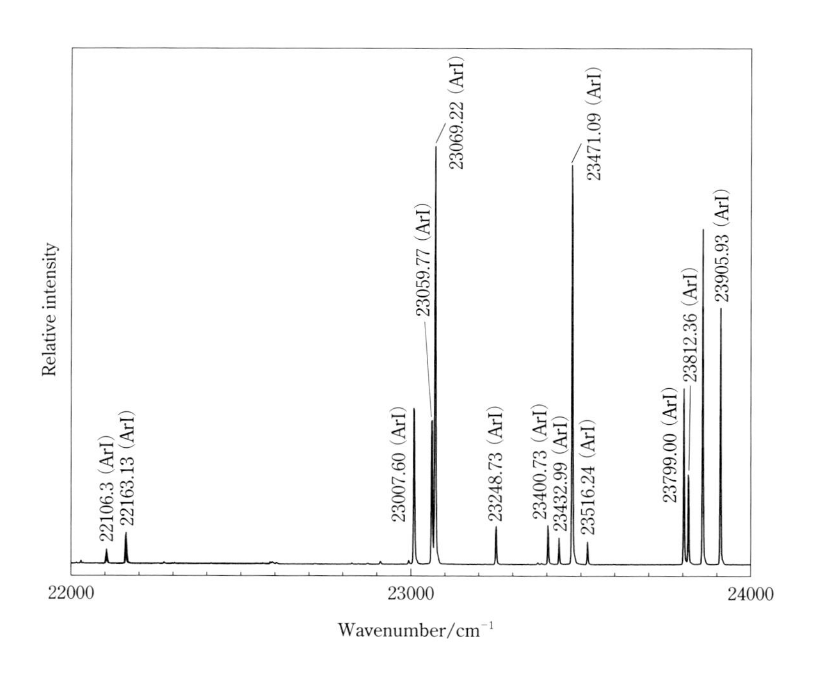

Relative intensity
22106.3 (ArI)
22163.13 (ArI)
23007.60 (ArI)
23059.77 (ArI)
23069.22 (ArI)
23248.73 (ArI)
23400.73 (ArI)
23432.99 (ArI)
23471.09 (ArI)
23516.24 (ArI)
23799.00 (ArI)
23812.36 (ArI)
23905.93 (ArI)
22000
23000
24000
Wavenumber/cm⁻¹

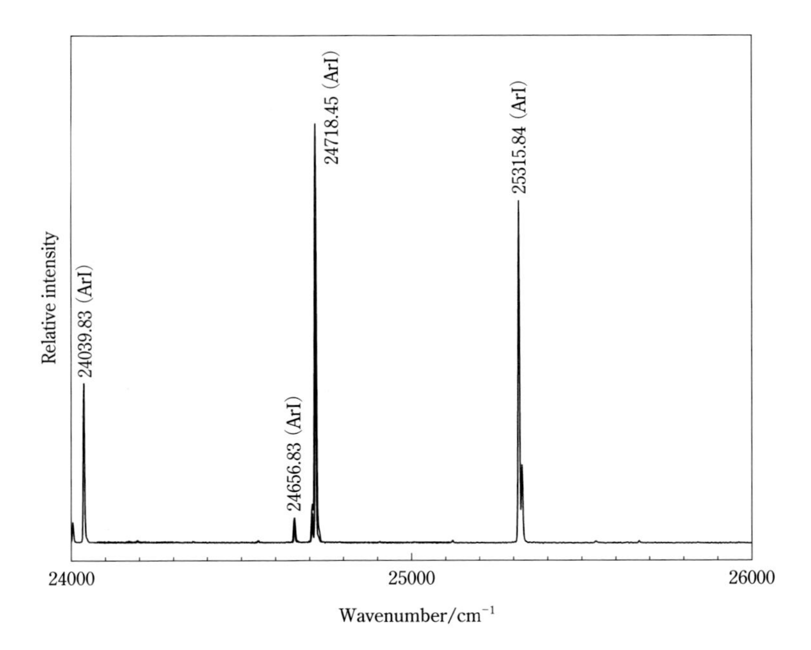

Relative intensity
24039.83 (ArI)
24656.83 (ArI)
24718.45 (ArI)
25315.84 (ArI)
24000
25000
26000
Wavenumber/cm⁻¹

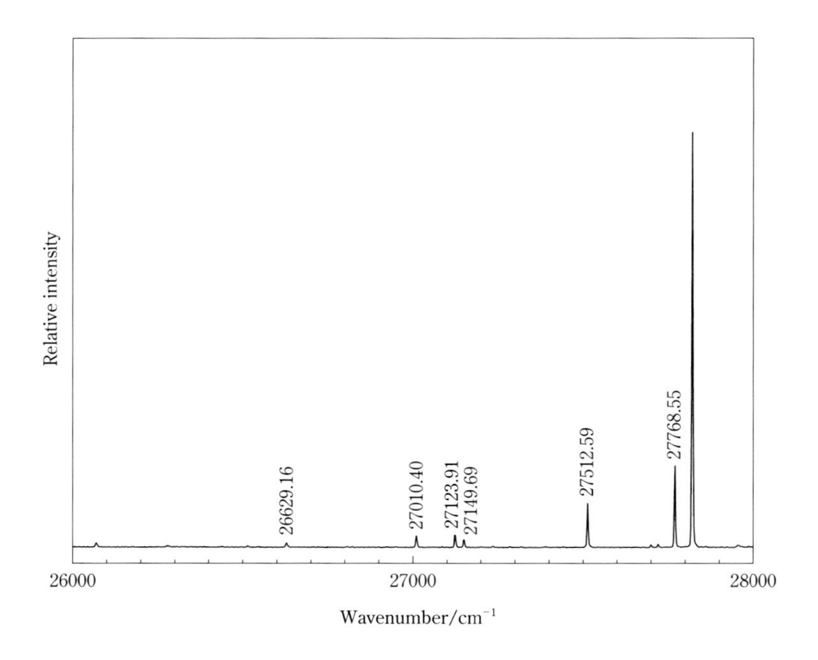
Relative intensity
26629.16
27010.40
27123.91
27149.69
27512.59
27768.55
26000
27000
28000
Wavenumber/cm⁻¹

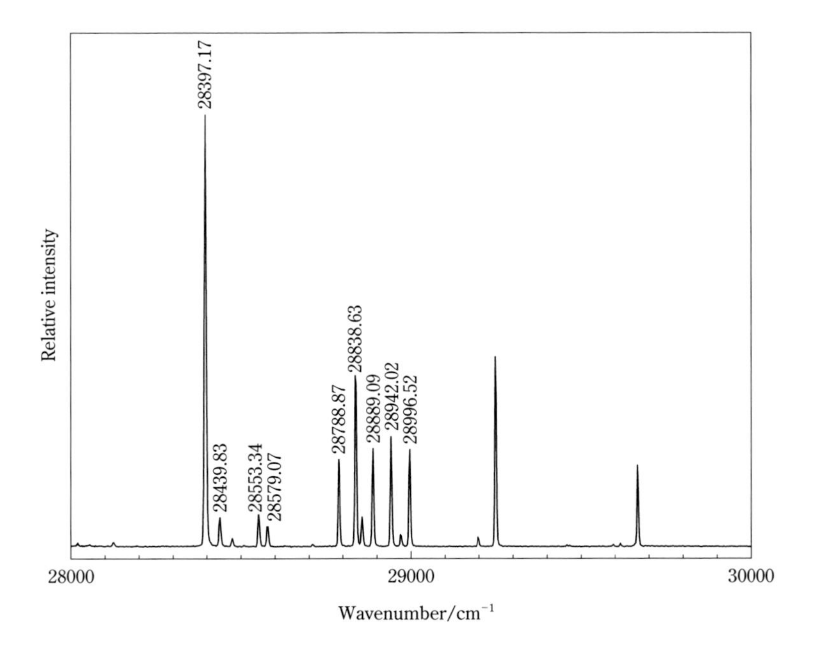
28397.17
28439.83
28553.34
28579.07
28788.87
28838.63
28889.09
28942.02
28996.52
Relative intensity
28000
29000
30000
Wavenumber/cm⁻¹

表 B.1　ネオンの発光線波長および波数

空気中の波長/nm	真空中の波長/nm	真空中の波数/cm^{-1}
312.61986	312.71049	31978.460
314.86107	314.95227	31750.843
315.34107	315.43239	31702.515
316.75762	316.84930	31560.745
336.98076	337.07756	29666.763
336.99069	337.08750	29665.888
337.56489	337.66185	29615.428
341.79031	341.88834	29249.316
341.80000	341.89804	29248.486
342.39120	342.48940	29197.984
344.77022	344.86901	28996.517
345.07641	345.17528	28970.789
345.41942	345.51838	28942.020
346.05235	346.15148	28889.086
346.43385	346.53308	28857.274
346.65781	346.75709	28838.631
347.25706	347.35649	28788.868
349.80632	349.90641	28579.071
350.12154	350.22172	28553.341
351.07207	351.17249	28476.035
351.51900	351.61952	28439.831
352.04714	352.14780	28397.167
356.29551	356.39727	28058.576
359.35263	359.45519	27819.880
359.36390	359.46644	27819.009
360.01694	360.11966	27768.548
360.91787	361.02082	27699.234
363.36643	363.47000	27512.587
368.22421	368.32905	27149.637
368.57351	368.67845	27123.907
370.12247	370.22780	27010.397
375.42148	375.52818	26629.160
427.02674	427.14694	23411.147
427.55598	427.67631	23382.170
430.62625	430.74737	23215.464
433.41267	433.53453	23066.214
436.30000	436.42261	22913.570
438.10000	438.22312	22819.426
439.50000	439.62346	22746.739
442.25205	442.37623	22605.193
442.48096	442.60523	22593.497
442.50000	442.62428	22592.525
443.37239	443.49687	22548.073
446.00000	446.12517	22415.234
446.68120	446.80655	22381.051

空気中の波長/nm	真空中の波長/nm	真空中の波数/cm^{-1}
447.50000	447.62557	22340.100
448.31990	448.44567	22299.245
448.80926	448.93519	22274.930
450.00000	450.12623	22215.991
451.70000	451.82668	22132.381
452.50000	452.62690	22093.252
453.77545	453.90267	22031.155
453.82927	453.95650	22028.542
454.03801	454.16531	22018.414
455.20000	455.32762	21962.208
456.50000	456.62796	21899.666
457.30000	457.42818	21861.355
457.50620	457.63443	21851.503
458.20000	458.32839	21818.417
458.24521	458.37364	21816.263
460.90000	461.02913	21690.603
461.40000	461.52926	21667.099
461.70000	461.82933	21653.021
462.83113	462.96076	21600.103
463.60000	463.72985	21564.279
464.54180	464.67188	21520.562
464.90000	465.03018	21503.981
465.63936	465.76973	21469.837
466.11054	466.24103	21448.134
467.00000	467.13075	21407.283
467.80000	467.93095	21370.674
467.90000	468.03097	21366.107
468.76724	468.89844	21326.580
470.43949	470.57113	21250.772
470.88619	471.01793	21230.614
471.00669	471.13848	21225.182
471.20661	471.33845	21216.177
471.53466	471.66657	21201.418
472.50000	472.63218	21158.102
474.95754	475.09038	21048.627
475.27320	475.40613	21034.647
475.87260	476.00569	21008.152
478.00000	478.13365	20914.654
478.89270	479.02659	20875.668
479.02170	479.15562	20870.047
480.01000	480.14420	20827.077
481.00640	481.14084	20783.935
481.76386	481.89851	20751.257
482.19236	482.32712	20732.817
482.73444	482.86932	20709.537
482.75840	482.89331	20708.508
483.73139	483.86653	20666.856

空気中の波長/nm	真空中の波長/nm	真空中の波数/cm^{-1}
485.26571	485.40126	20601.512
486.30800	486.44385	20557.357
486.55009	486.68598	20547.130
486.64770	486.78363	20543.008
488.49170	488.62811	20465.462
489.21007	489.34667	20435.410
492.82410	492.96169	20285.552
493.90457	494.04243	20241.176
494.49899	494.63701	20216.846
495.70335	495.84170	20167.727
495.71230	495.85063	20167.364
499.49130	499.63064	20014.785
500.51587	500.65548	19973.815
501.10000	501.23980	19950.531
502.28640	502.42647	19903.410
503.13504	503.27538	19869.838
503.77512	503.91560	19844.593
507.42007	507.56153	19702.045
508.03852	508.18014	19678.061
510.47011	510.61239	19584.327
511.36724	511.50974	19549.970
511.65032	511.79292	19539.153
512.22565	512.36837	19517.208
514.49384	514.63719	19431.165
515.19610	515.33965	19404.678
515.44271	515.58628	19395.396
515.66672	515.81035	19386.970
515.89018	516.03388	19378.573
518.86122	519.00571	19267.611
519.13223	519.27683	19257.551
519.31302	519.45764	19250.848
519.32227	519.46691	19250.504
520.38962	520.53452	19211.022
520.88648	521.03152	19192.697
521.05672	521.20178	19186.427
521.43389	521.57907	19172.548
522.23517	522.38058	19143.131
523.40271	523.54840	19100.431
527.40393	527.55072	18955.524
528.00853	528.15547	18933.819
529.81891	529.96634	18869.123
530.47580	530.62338	18845.758
532.63968	532.78785	18769.197
533.07775	533.22602	18753.773
534.10938	534.25797	18717.550
534.32834	534.47697	18709.880
534.92038	535.06915	18689.173

空気中の波長／nm	真空中の波長／nm	真空中の波数／cm^{-1}
536.00121	536.15029	18651.487
537.23110	537.38051	18608.788
537.49774	537.64723	18599.556
538.32503	538.47470	18570.975
540.05616	540.20628	18511.447
541.26490	541.41537	18470.107
541.85584	542.00645	18449.965
543.36513	543.51619	18398.716
544.85091	545.00234	18348.545
549.44158	549.59424	18195.242
553.36788	553.52161	18066.142
553.86510	554.01895	18049.924
556.27662	556.43110	17971.677
565.25664	565.41349	17686.171
565.66588	565.82284	17673.376
566.25489	566.41201	17654.993
568.98163	569.13951	17570.384
571.92248	572.08116	17480.037
574.82985	574.98926	17391.629
576.05885	576.21861	17354.525
576.44188	576.60175	17342.993
580.44496	580.60591	17223.386
581.14066	581.30182	17202.767
582.01558	582.17697	17176.908
585.24878	585.41103	17082.015
586.84183	587.00447	17035.645
587.28275	587.44556	17022.854
588.18950	588.35250	16996.614
590.24623	590.40980	16937.388
590.27835	590.44192	16936.467
590.64294	590.80660	16926.013
591.36327	591.52712	16905.396
591.89068	592.05469	16890.332
594.48342	594.64815	16816.667
596.16228	596.32741	16769.311
596.54710	596.71239	16758.492
597.46273	597.62825	16732.810
597.55340	597.71892	16730.272
598.79074	598.95663	16695.700
599.16532	599.33127	16685.263
600.09275	600.25899	16659.476
602.99971	603.16670	16579.165
604.61348	604.78090	16534.914
606.45359	606.62148	16484.744
607.43377	607.60198	16458.143
609.61630	609.78503	16399.222
612.84498	613.01462	16312.825

空気中の波長／nm	真空中の波長／nm	真空中の波数／cm^{-1}
614.30623	614.47624	16274.022
616.35939	616.52995	16219.812
617.48829	617.65918	16190.159
618.21460	618.38565	16171.139
618.90649	619.07776	16153.060
619.30663	619.47800	16142.623
620.57775	620.74944	16109.559
621.38758	621.55950	16088.564
621.72813	621.90016	16079.752
624.67294	624.84575	16003.950
626.64950	626.82284	15953.471
629.37447	629.54853	15884.399
630.47892	630.65326	15856.574
631.36921	631.54382	15834.214
632.81646	632.99145	15798.002
633.44279	633.61795	15782.381
635.18618	635.36178	15739.064
638.29914	638.47559	15662.306
640.22460	640.40157	15615.202
642.17108	642.34856	15567.872
644.47118	644.64930	15512.310
650.65279	650.83255	15364.935
653.28824	653.46874	15302.951
659.89529	660.07757	15149.735
665.20925	665.39296	15028.713
666.68967	666.87376	14995.342
667.82764	668.01202	14969.791
671.70428	671.88971	14883.395
692.94672	693.13787	14427.144
702.40500	702.59870	14232.876
703.24128	703.43523	14215.950
705.12937	705.32380	14177.885
705.91079	706.10545	14162.191
707.39380	707.58885	14132.501
724.51665	724.71629	13798.503
743.88981	744.09467	13439.150
747.24383	747.44961	13378.828
748.88712	749.09334	13349.471
753.57739	753.78489	13266.384
754.40439	754.61211	13251.841
772.46281	772.67538	12942.046
783.90550	784.12118	12753.131
792.71172	792.92975	12611.458
793.69946	793.91778	12595.763
794.31805	794.53651	12585.954
808.24576	808.46800	12369.073
811.85495	812.07815	12314.086

空気中の波長／nm	真空中の波長／nm	真空中の波数／cm^{-1}
812.89077	813.11430	12298.394
813.64061	813.86433	12287.060
824.86812	825.09484	12119.819
825.93795	826.16497	12104.120
826.60788	826.83508	12094.310
826.71166	826.93888	12092.792
830.03248	830.26059	12044.411
836.57464	836.80456	11950.222
837.76062	837.99085	11933.305
841.71614	841.94741	11877.226
841.84265	842.07400	11875.441
846.33569	846.56824	11812.397
848.44424	848.67736	11783.041
849.53591	849.76932	11767.900
854.46952	854.70424	11699.954
857.13535	857.37084	11663.564
859.12583	859.36185	11636.542
863.46472	863.70190	11578.069
864.70400	864.94149	11561.476
865.43837	865.67608	11551.665
865.55206	865.78979	11550.148
867.94898	868.18741	11518.250
868.19216	868.43061	11515.025
870.41132	870.65037	11485.667
877.16592	877.40682	11397.222
878.06223	878.30333	11385.588
878.37539	878.61659	11381.529
883.09078	883.33326	11320.756
885.38669	885.62980	11291.400
886.53057	886.77400	11276.830
886.57562	886.81907	11276.257
891.94987	892.19474	11208.315

付録C　インデンおよび溶媒のラマンスペクトル

波数較正に用いられるインデン，および，溶媒24種類のラマンスペクトルを集録した．溶媒のスペクトルは日本語名の50音順に並べてある．測定条件は以下のとおりである．

光　源：LASOS LGK 7665P　He-Ne レーザー，632.8 nm，15 mW（試料部）
分光器：Jobin Yvon HR320　シングルポリクロメーター，回折格子 1800 本／mm，
　　　　スリット幅 80 μm
検出器：Princeton Instruments　Spec10 : 400B/LN，液体窒素冷却 CCD 検出器

波数較正はネオンの発光線を用いて行った（3.3.1 項参照）．波数精度は ± 0.5 cm^{-1} 程度である．エタノールと四塩化炭素の試料には，和光純薬工業株式会社製のそれぞれ脱水（99.5%）およびインフィニティピュアの試薬を用いた．

エタノールと四塩化炭素以外の溶媒試料には東京化成工業株式会社より提供していただいたスペクトル分析用あるいは HPLC 用の試薬を用いた．また，スペクトルの測定，データ処理には学習院大学大学院自然科学研究科の大学院生，野嶋優妃博士および上保貴則氏のご助力を得た．ここに記して謝意を表す．

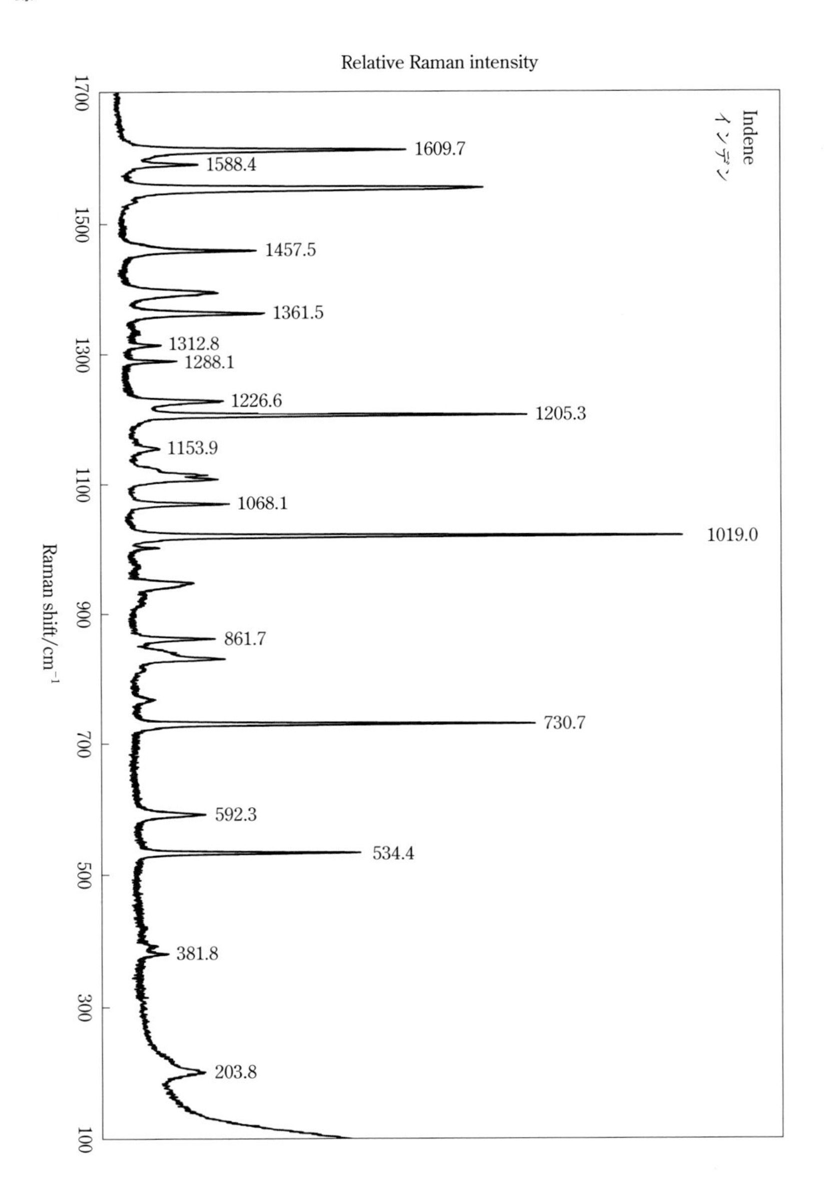

Relative Raman intensity
Indene
インデン
Raman shift/cm⁻¹
1700
1500
1300
1100
900
700
500
300
100
1609.7
1588.4
1457.5
1361.5
1312.8
1288.1
1226.6
1205.3
1153.9
1068.1
1019.0
861.7
730.7
592.3
534.4
381.8
203.8

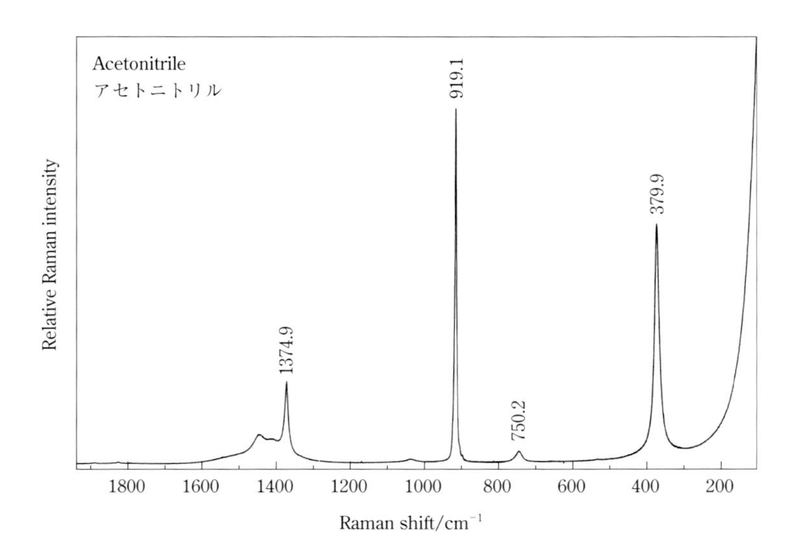
Acetonitrile
アセトニトリル
919.1
379.9
1374.9
750.2
Relative Raman intensity
1800
1600
1400
1200
1000
800
600
400
200
Raman shift/cm⁻¹

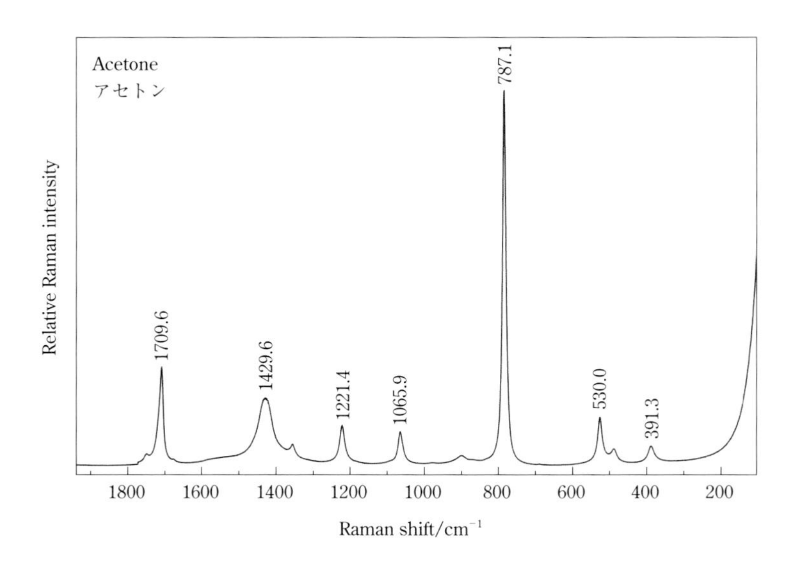
Acetone
アセトン
787.1
1709.6
1429.6
1221.4
1065.9
530.0
391.3
Relative Raman intensity
1800
1600
1400
1200
1000
800
600
400
200
Raman shift/cm⁻¹

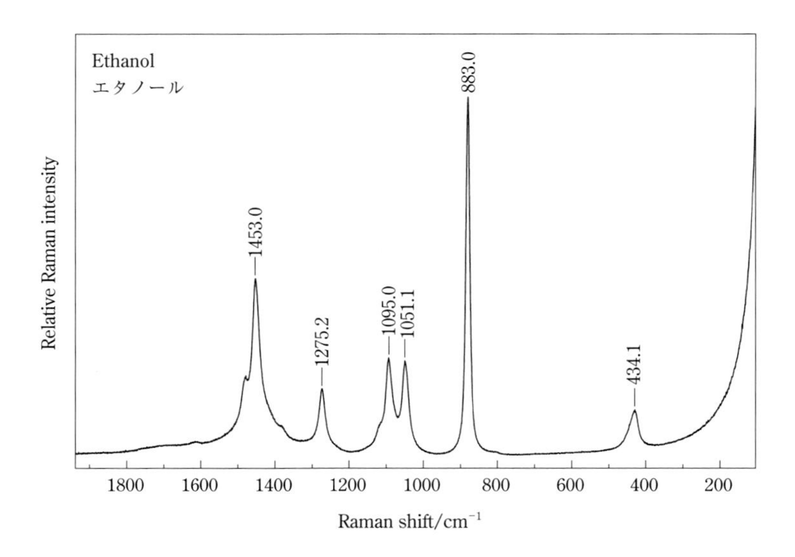
Ethanol
エタノール
Relative Raman intensity
883.0
1453.0
1275.2
1095.0
1051.1
434.1
1800
1600
1400
1200
1000
800
600
400
200
Raman shift/cm⁻¹

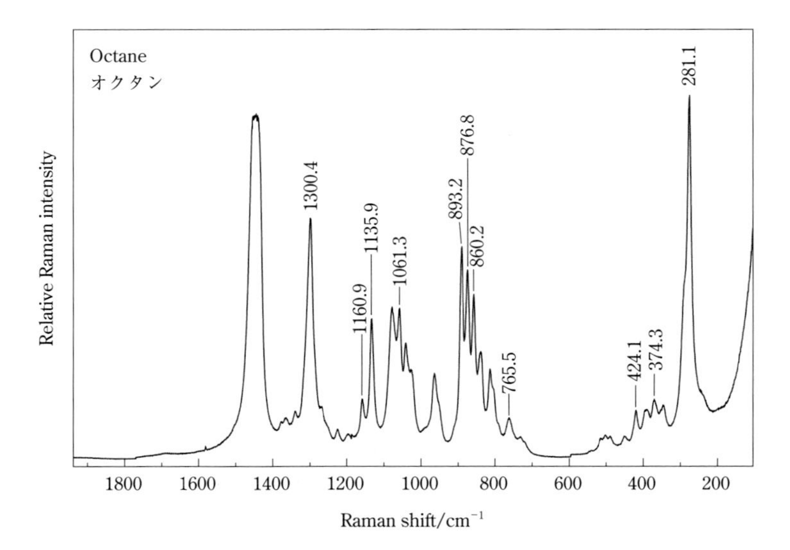
Octane
オクタン
Relative Raman intensity
281.1
876.8
1300.4
893.2
1135.9
860.2
1061.3
1160.9
765.5
424.1
374.3
1800
1600
1400
1200
1000
800
600
400
200
Raman shift/cm⁻¹

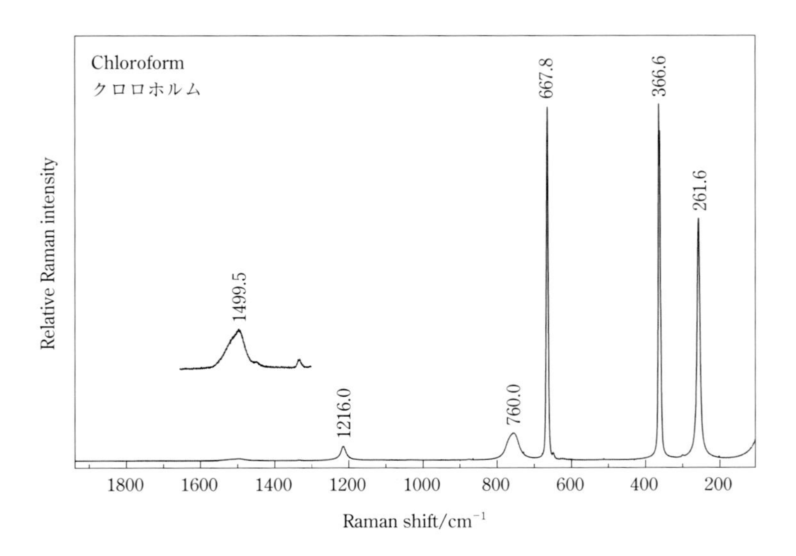
Chloroform
クロロホルム
Relative Raman intensity
1499.5
1216.0
760.0
667.8
366.6
261.6
1800
1600
1400
1200
1000
800
600
400
200
Raman shift/cm⁻¹

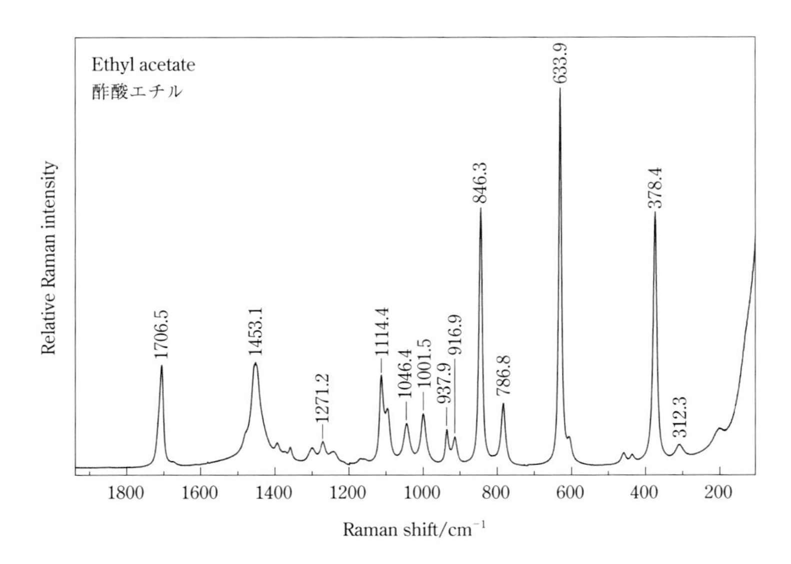
Ethyl acetate
酢酸エチル
Relative Raman intensity
1706.5
1453.1
1271.2
1114.4
1046.4
1001.5
937.9
916.9
846.3
786.8
633.9
378.4
312.3
1800
1600
1400
1200
1000
800
600
400
200
Raman shift/cm⁻¹

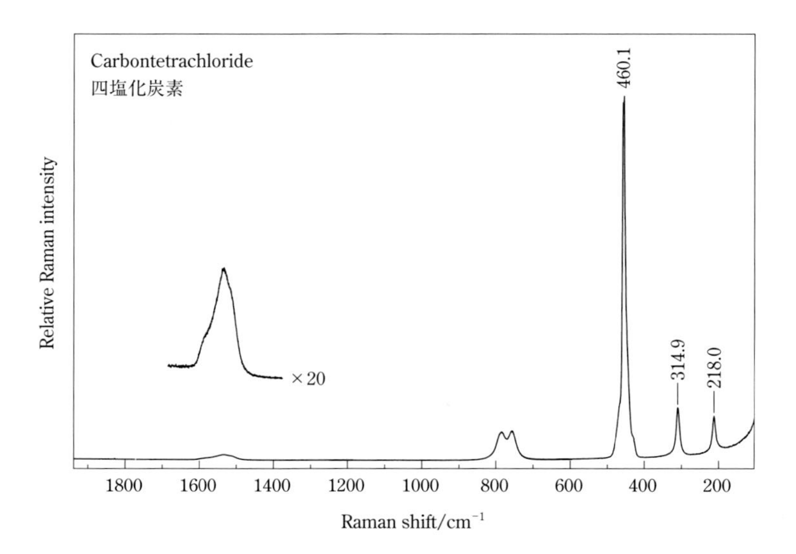
Carbontetrachloride
四塩化炭素
460.1
314.9
218.0
×20
Relative Raman intensity
1800
1600
1400
1200
1000
800
600
400
200
Raman shift/cm⁻¹

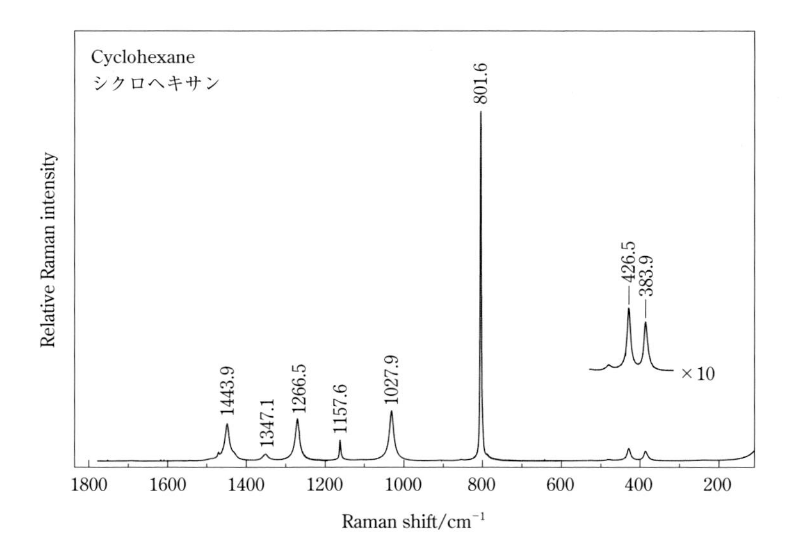
Cyclohexane
シクロヘキサン
801.6
426.5
383.9
×10
1443.9
1347.1
1266.5
1157.6
1027.9
Relative Raman intensity
1800
1600
1400
1200
1000
800
600
400
200
Raman shift/cm⁻¹

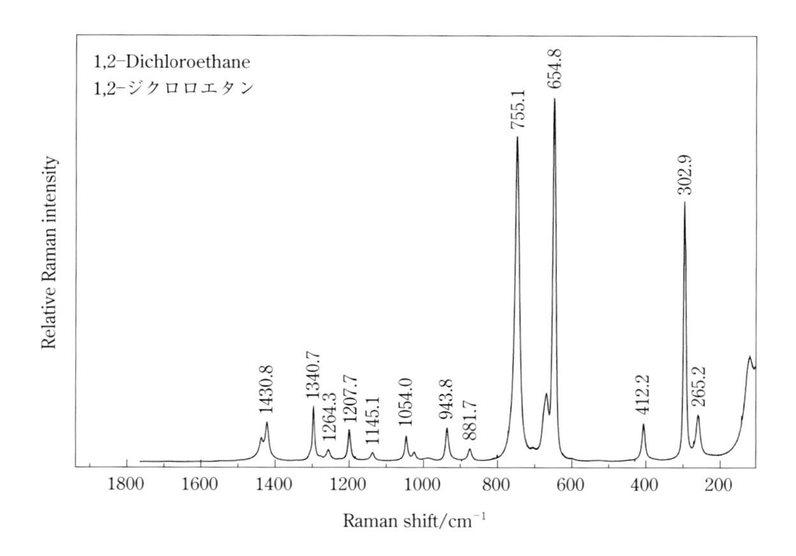
1,2-Dichloroethane
1,2-ジクロロエタン
Relative Raman intensity
1430.8
1340.7
1264.3
1207.7
1145.1
1054.0
943.8
881.7
755.1
654.8
412.2
302.9
265.2
1800
1600
1400
1200
1000
800
600
400
200
Raman shift/cm⁻¹

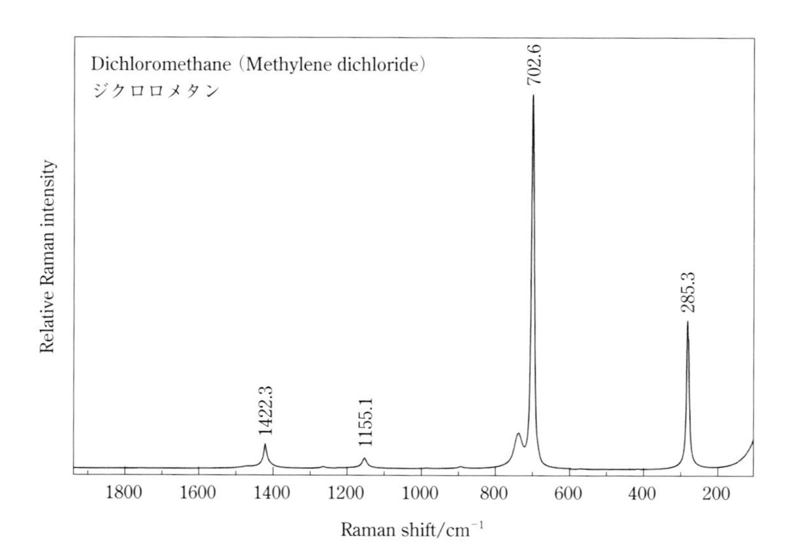
Dichloromethane (Methylene dichloride)
ジクロロメタン
Relative Raman intensity
1422.3
1155.1
702.6
285.3
1800
1600
1400
1200
1000
800
600
400
200
Raman shift/cm⁻¹

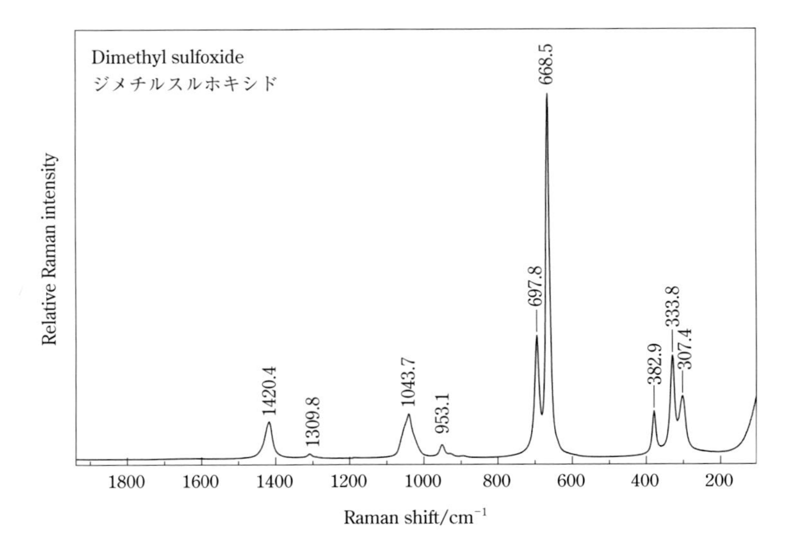
Dimethyl sulfoxide
ジメチルスルホキシド
Relative Raman intensity
668.5
697.8
333.8
307.4
382.9
1420.4
1309.8
1043.7
953.1
1800
1600
1400
1200
1000
800
600
400
200
Raman shift/cm⁻¹

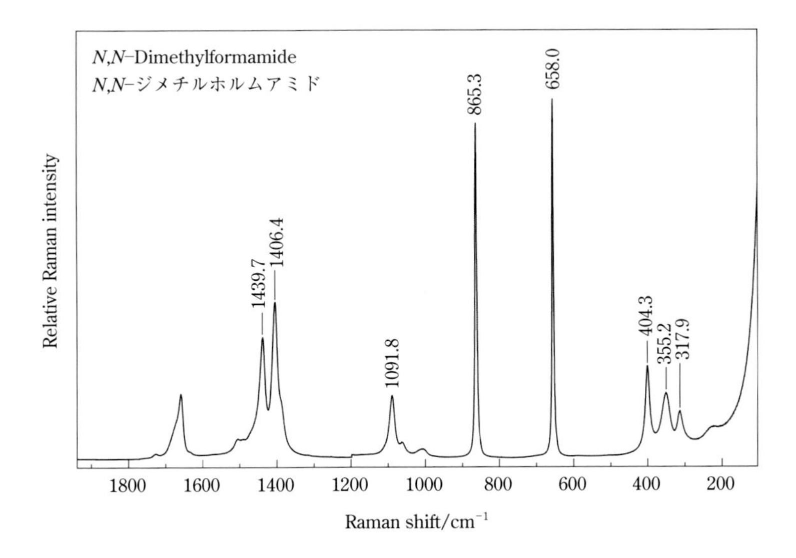
N,N–Dimethylformamide
N,N–ジメチルホルムアミド
Relative Raman intensity
865.3
658.0
1439.7
1406.4
1091.8
404.3
355.2
317.9
1800
1600
1400
1200
1000
800
600
400
200
Raman shift/cm⁻¹

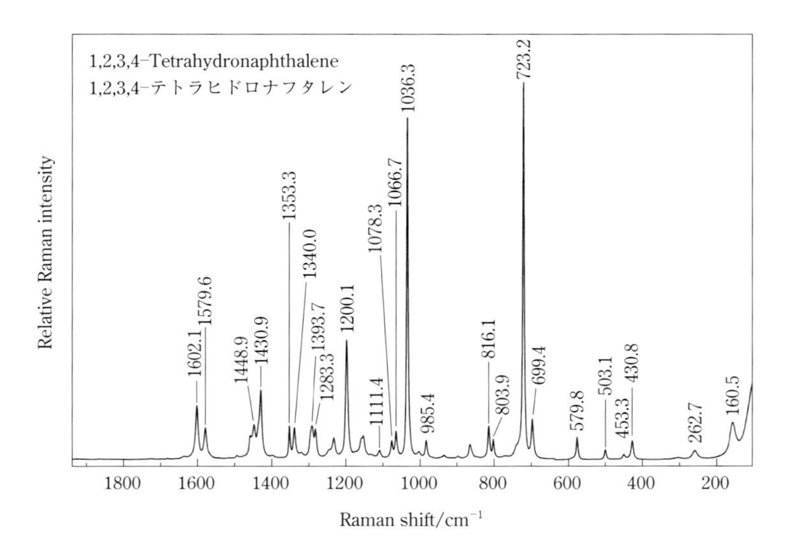
1,2,3,4-Tetrahydronaphthalene
1,2,3,4-テトラヒドロナフタレン
Relative Raman intensity
1602.1
1579.6
1448.9
1430.9
1353.3
1340.0
1393.7
1283.3
1200.1
1111.4
1078.3
1066.7
1036.3
985.4
816.1
803.9
723.2
699.4
579.8
503.1
453.3
430.8
262.7
160.5
1800
1600
1400
1200
1000
800
600
400
200
Raman shift/cm^{-1}

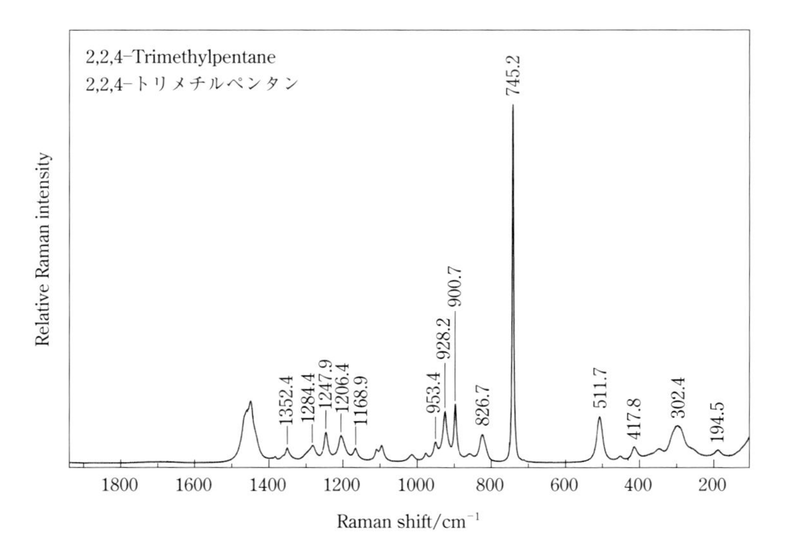
2,2,4-Trimethylpentane
2,2,4-トリメチルペンタン
Relative Raman intensity
1352.4
1284.4
1247.9
1206.4
1168.9
953.4
928.2
900.7
826.7
745.2
511.7
417.8
302.4
194.5
1800
1600
1400
1200
1000
800
600
400
200
Raman shift/cm^{-1}

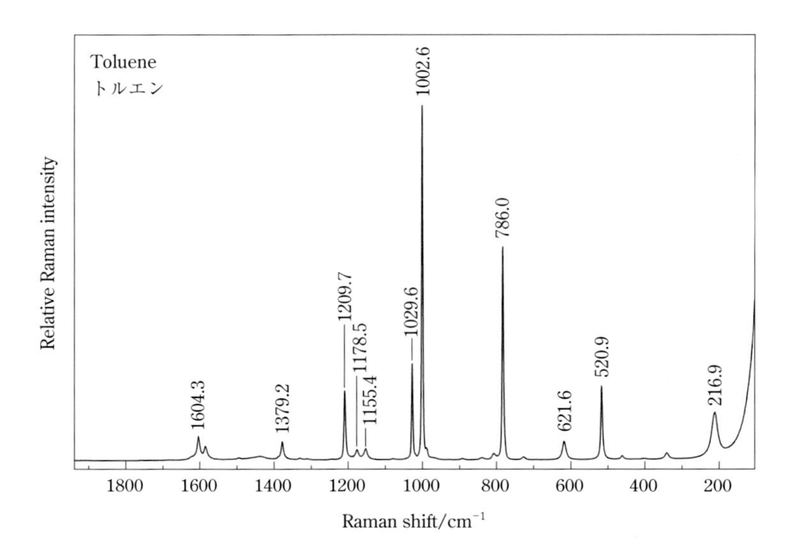
Toluene
トルエン
Relative Raman intensity
1002.6
786.0
1209.7
1029.6
1178.5
1155.4
1604.3
1379.2
621.6
520.9
216.9
1800
1600
1400
1200
1000
800
600
400
200
Raman shift/cm⁻¹

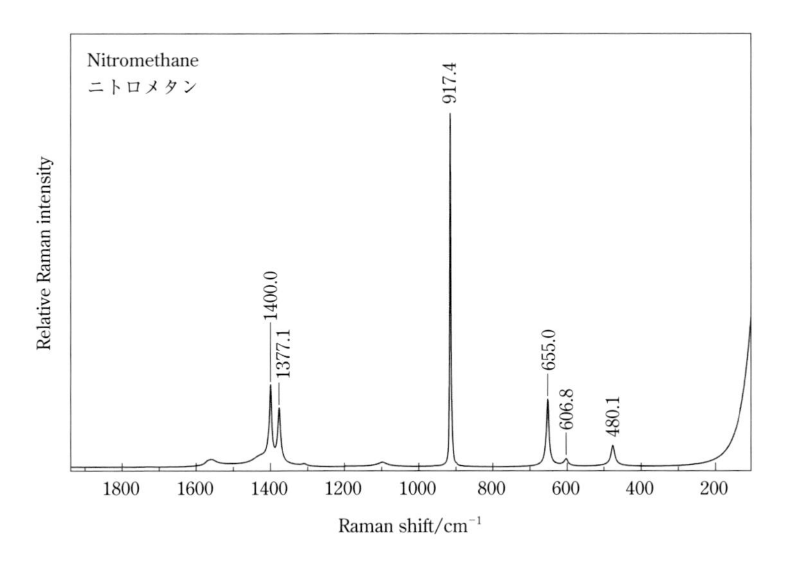
Nitromethane
ニトロメタン
Relative Raman intensity
917.4
1400.0
1377.1
655.0
606.8
480.1
1800
1600
1400
1200
1000
800
600
400
200
Raman shift/cm⁻¹

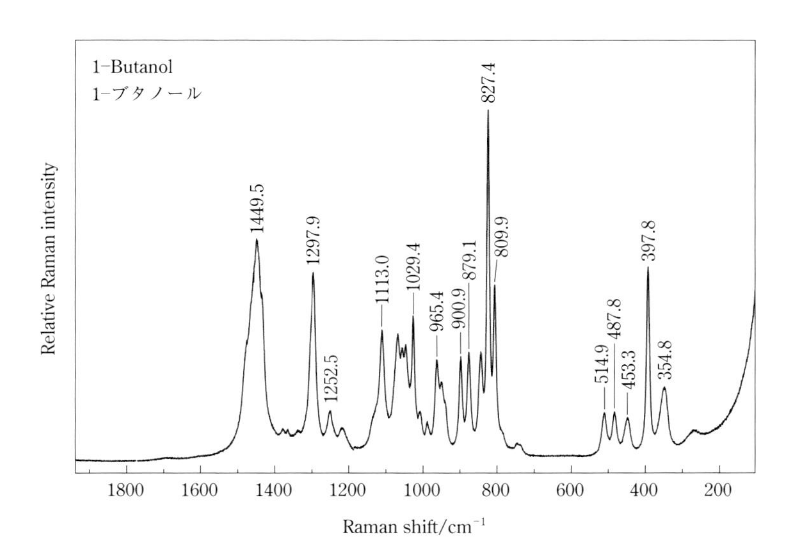
1-Butanol
1-ブタノール
Relative Raman intensity
1449.5
1297.9
1252.5
1113.0
1029.4
965.4
900.9
879.1
827.4
809.9
514.9
487.8
453.3
397.8
354.8
1800
1600
1400
1200
1000
800
600
400
200
Raman shift/cm^{-1}

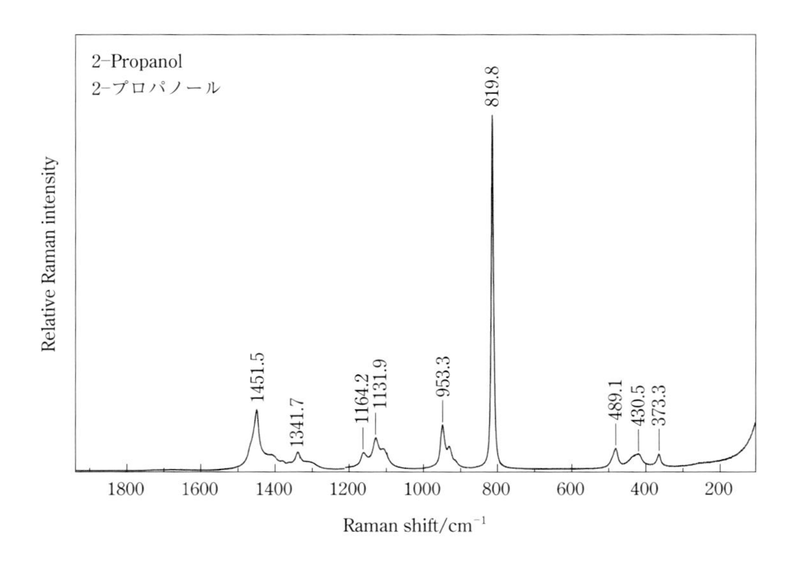
2-Propanol
2-プロパノール
Relative Raman intensity
1451.5
1341.7
1164.2
1131.9
953.3
819.8
489.1
430.5
373.3
1800
1600
1400
1200
1000
800
600
400
200
Raman shift/cm^{-1}

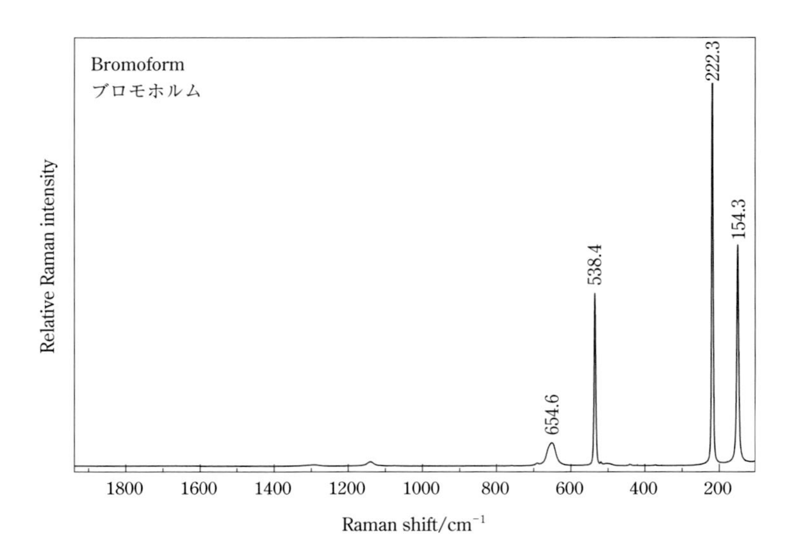
Bromoform
ブロモホルム
Relative Raman intensity
222.3
154.3
538.4
654.6
1800
1600
1400
1200
1000
800
600
400
200
Raman shift/cm^{-1}

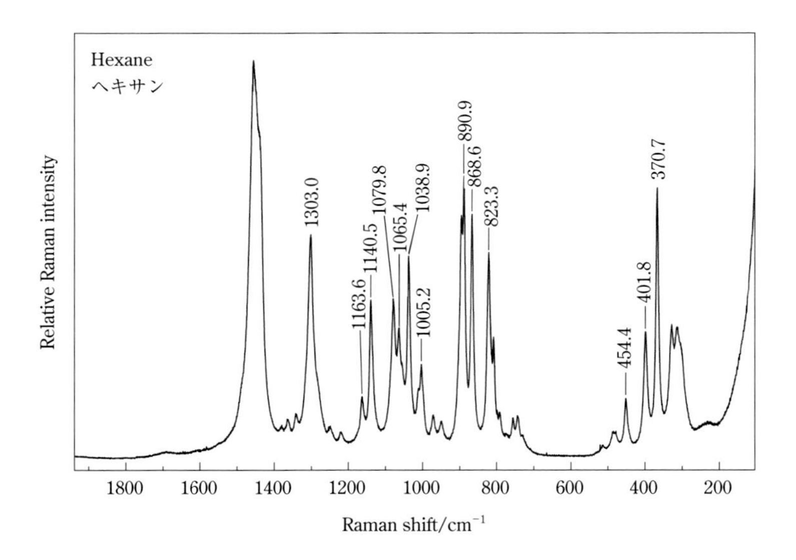
Hexane
ヘキサン
Relative Raman intensity
1303.0
1163.6
1140.5
1079.8
1065.4
1038.9
1005.2
890.9
868.6
823.3
454.4
401.8
370.7
1800
1600
1400
1200
1000
800
600
400
200
Raman shift/cm^{-1}

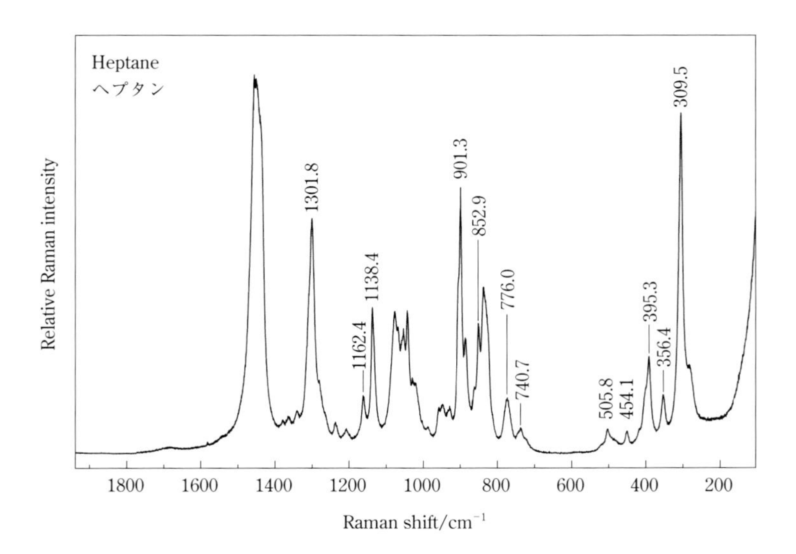
Heptane
ヘプタン
Relative Raman intensity
1301.8
1162.4
1138.4
901.3
852.9
776.0
740.7
505.8
454.1
395.3
356.4
309.5
1800
1600
1400
1200
1000
800
600
400
200
Raman shift/cm⁻¹

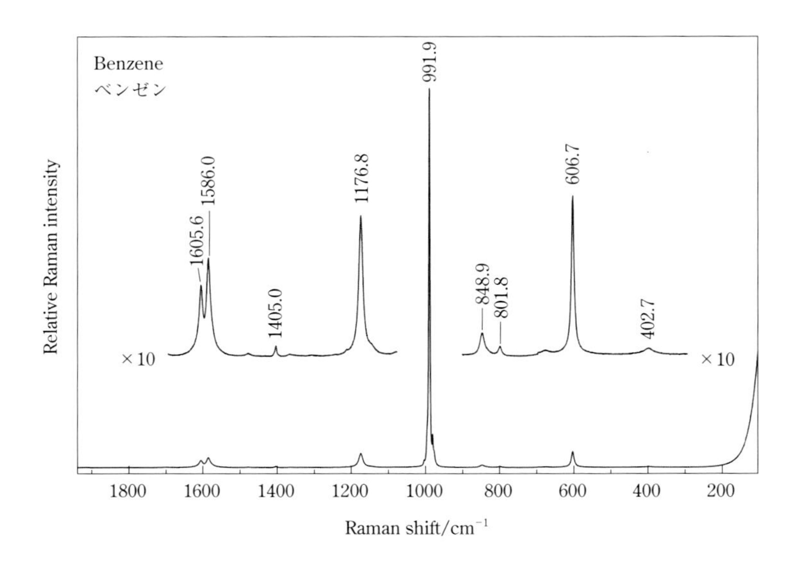
Benzene
ベンゼン
Relative Raman intensity
991.9
1605.6
1586.0
1405.0
1176.8
848.9
801.8
606.7
402.7
×10
×10
1800
1600
1400
1200
1000
800
600
400
200
Raman shift/cm⁻¹

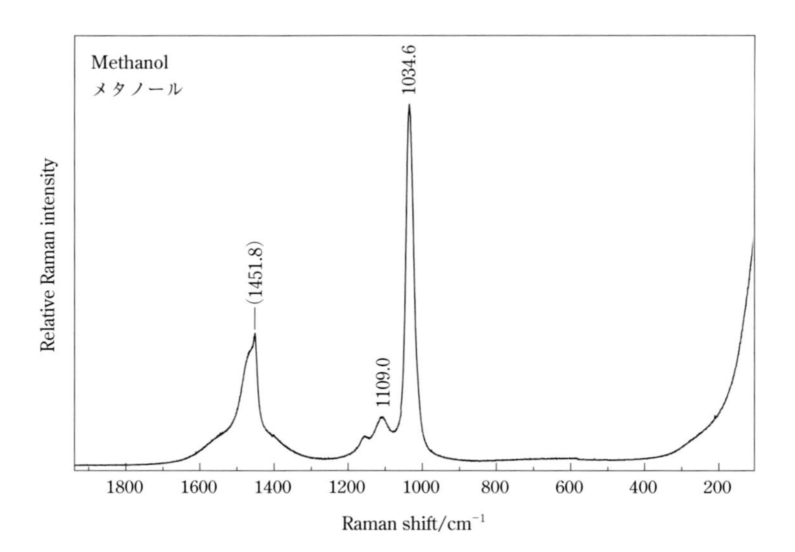
Methanol
メタノール
1034.6
(1451.8)
1109.0
Relative Raman intensity
1800
1600
1400
1200
1000
800
600
400
200
Raman shift/cm⁻¹

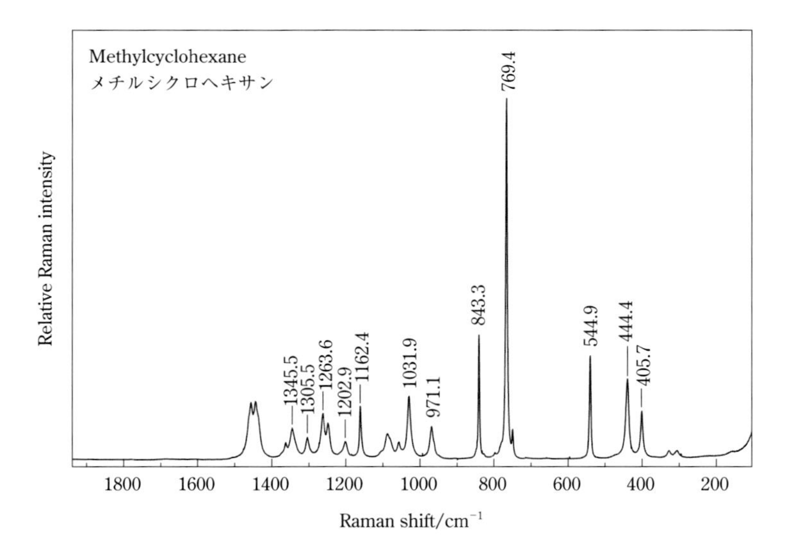
Methylcyclohexane
メチルシクロヘキサン
769.4
843.3
544.9
444.4
405.7
1345.5
1305.5
1263.6
1202.9
1162.4
1031.9
971.1
Relative Raman intensity
1800
1600
1400
1200
1000
800
600
400
200
Raman shift/cm⁻¹

付録D　ラマン・赤外グループ振動数表

表 D.1 は波数領域とグループ振動との対応関係を，**表 D.2** は個々の基（グループ）が示すグループ振動の詳細をまとめたものである．**表 D.3** は表 D.2 の付表である．表 D.1 は表 D.2 の索引として利用できるようになっている．本書はラマン分光学に関するものであるが，表 D.1〜D.3 にはラマンのみならず赤外吸収のグループ振動数をも含めた．なお，これらの表は『実験化学ガイドブック』（日本化学会 編：丸善，1984）の表 4･49，4･50（平川暁子）に手を加えたものである．

表 D.1〜D.3 では，次のような略字を使用した．R（アルキル基），Ar（芳香族環），X（ハロゲン原子），VS（非常に強い），S（強い），M（中程度），W（弱い），br（幅の広いバンド）．なお，強度の記述において，大文字はラマン，小文字は赤外のデータを表す．

表 D.1　波数領域とグループ振動の対応

波数領域 [cm^{-1}]	グループ	該当する化合物[a]
3700〜3100	−OH, −NH−, ≡CH	アルコール[12,13]，カルボン酸[14]，オキシム[41]，アミン[27,28,55]，アミド[42,43,45,63]，イミン[32]，アルキン[9]．OH の振動はラマンでは弱い．
3100〜3000	=CH−, $=CH_2$, $\overline{CH_2CH_2X}$	アルケン[7]，芳香族化合物[11,26,55,56]，3 員環化合物[6,25]
3000〜2800	>CH−, >CH_2−, −CH_3 −OH, ≡NH^+	アルカン[1,2,4]．赤外，ラマンそれぞれに強いピークがあるが，一致しないことが多い．アルコール[13]，カルボン酸[14]，アミン塩[30]．幅広いピーク．
2800〜2700	−CHO	アルデヒド[17]．
2700〜2280	P−OH, −SH, B−H, P−H	リンのオキソ酸[73]，幅広い．チオール[57]，ラマンで強い．ホウ素化合物[81]，ホスホン酸エステル[72]，ホスフィン酸エステル[73]，ホスフィンオキシド[73]．
2280〜2200	−C≡C−, −C≡N, −$\overset{+}{N}$≡N, −N=C=O	アルキン(−C≡C−)[10]，ニトリル[33]，ジアゾニウム塩[36]，イソシアン酸エステル[46]．

[a] 右肩の数字はそれぞれ表 D.2 の見出し番号を示す．

波数領域 [cm^{-1}]	グループ	該当する化合物[a]
2200～2000	$-\overset{+}{N}\equiv\overset{-}{C}$, $>C=C=O$, $-N=C=N-$, $-C\equiv CH$, $-SC\equiv N$, $-N=C=S$, $-N=\overset{+}{N}=\overset{-}{N}$, $>\overset{-}{C}=\overset{+}{N}=N$	イソニトリル[34]，ケテン[18]，カルボジイミド[38]，アルキン($-C\equiv CH$)[9]，チオシアン酸エステル[71]，イソチオシアン酸エステル[70]，アジド[40]，ジアゾ[37]．
2000～1700	$=CH-$, $=CH_2$ $>C=C=C<$	芳香族化合物[11,56]，アルケン[7]，弱いが赤外スペクトルの形が構造判定に役立つ．アレン[8]．
1870～1600	$>C=O$	ケトン[15]，アルデヒド[17]，カルボン酸[14]，エステル[20]，炭酸エステル[24]，ラクトン[22]，酸無水物[23]，酸ハロゲン化物[84]，アミド[42～44]，ラクタム[45]．
1700～1500	$>C=C<$, $>C=N-$, $-N=N-$	アルケン[7]，芳香族化合物[11,26,55,56]，イミン[32]，オキシム[41]，アゾ化合物[35]．
	$-NO_2$, $-NO$, $-CONH-$ $-NH-$, $-COO^-$	ニトロ化合物[47]，ニトロソ化合物[50]，硝酸エステル[48]，亜硝酸エステル[51]，アミド[42,43]，アミン[27]，カルボキシラート[16]，アミノ酸[16,30]．
1500～1300	$-CH_2-$, $-CH_3$, $=CH$, $-SO_2$, $-NO_2$, $-N=N-$, $-COO^-$, $-OH$, $B-O$, $B-N$, NH_4^+, CO_3^{2-}, NO_3^-, NO_2^-	アルカン[1,2]，アルケン[7]，芳香族化合物[11,26,56,57]，スルホニル化合物[66～69,86,87]，ニトロ化合物[47,50,52]，芳香族アゾ化合物[35]，カルボキシラート[16]，アルコール[13]，ホウ素化合物[81]，カルボン酸[14]，無機塩[88～93]．
1300～1000	$C-C$, $C-O$, $C-N$, $C-F$, $O-Si$, $C=S$, $-SO-$, $-SO_2-$, $-PO$, $\geq P=O$, $\geq\overset{+}{N}-\overset{-}{O}$, $-CONH-$, (三員環 X), (ベンゼン環), (五員環 X), SO_4^{2-}	アルカン[1～6]，エーテル[19]，エステル[20]，酸無水物[23]，アルコール[12]，アミン[27～29]，有機フッ素化合物[82,83]，有機ケイ素化合物[79]，チオカルボニル化合物[61～63]，チオニル化合物[64～69,85～87]，リン化合物[72,74,75]，アミンオキシド[53]，第2級アミド[43]，3員環化合物[6,25]，芳香族化合物[11,26,56]，硫酸塩[92]．
1000～650	$=CH-$, (ベンゼン環), (五員環 X), $C-C$, $C-O$, $O-O$, $Si-O$, $P-O$, NH, NO_3^-, CO_3^{2-}, PO_4^{3-}, SO_4^{2-}	アルケン[7]，芳香族化合物[11,26,56]，アルカン[1～5]，アルコール[12,13]，エーテル[19]，ペルオキシド[21]，有機ケイ素化合物[78,79]，リン化合物[72,75,76]，アミン[27～29]，無機塩[88～93]．
750～500	$C-Cl$, $C-Br$, $C-I$	ハロゲン化アルキル[82]
	$C-S$, $S-S$	チオール[57]，スルフィド[58]，ジスルフィド[59]．
500～	$-(CH_2)_n-$	直鎖炭化水素[3]

表 D.2　グループ振動数表

振動の型	波数領域 [cm^{-1}][a]と強度 (R, IR)	隣接基の影響
(i) C, H 原子のみを含む基		
(1) $-CH_3$　メチル		
縮重伸縮	2970～2950 (S, vs)	$CH_3-C=C$ では～2975, CH_3-O では 2990～2975 にシフト.
対称伸縮	2885～2860 (VS, s)	CH_3-O では 2830～2815, CH_3-N では, 2805～2790 にシフト.
縮重変角	1470～1460 (S, vs)	CH_3-O では 1465～1440, CH_3-S では 1440～1415 にシフト.
対称変角	1385～1370 (M, vs)	$(CH_3)_2CH-$ では～1385, ～1370, $(CH_3)_3C-$ では～1395, ～1370 の2本となり, 各基に特徴的. CH_3- に結合する原子の種類により波数が大きくシフトする. CH_3-O ～1445, CH_3-N ～1420, CH_3-C ～1380, CH_3-S ～1310, CH_3-P ～1295, CH_3-Si ～1265.
横ゆれ	1200～800 (M, s～w)	骨格構造に依存し, 特徴のあるピークを示さない.
(2) $-CH_2-$　メチレン		
逆対称伸縮	2940～2915 (S, vs)	シクロプロパン環 3095～3075, シクロヘキサン環 2930～2920.
対称伸縮	2865～2845 (S, vs)	シクロプロパン環 3030～3000, シクロヘキサン環 2875～2850.
はさみ	1475～1445 (S, m)	強度は CH_2 数に依存, $-CH_2CO-$, $-CH_2SO_2-$, $-CH_2NO_2$ では～1420(S, s).
縦ゆれ	1415～1175 (W, m)	骨格構造に依存する. 鎖の長さに応じて規則的な小吸収帯が出る場合もある.
ひねり	1305～1295 (M, w)	n-C_nH_{2n+2} では $n>4$ のとき～720 で一定となる.
横ゆれ	1060～720 (W, s)	
(3) $-(CH_2)_n-$　直鎖炭化水素 (CH_2 の振動は(2)項参照)		
CC 伸縮	1130～850 (VS, w)	$n=4$; 837, $n=6$; 898, $n=36$; 1132, 1063.
CCC 変角	535～0 (S, w)	$n=4$; 425, $n=6$; 373, $n=36$; 475～67 に5本.
(4) $-CH(CH_3)_2$　イソプロピル (CH_3 の振動は(1)項参照)		
CH 伸縮	2900～2850 (W, w)	
CC 伸縮+CH_3 横ゆれ	1170, 1145 (M, s)	赤外に特徴的. 2本現れる.
CC 対称伸縮	835～750 (VS, w)	ラマンに特徴的. $=CH-CH(CH_3)_2$ ～840, $=C(CH_3)-CH(CH_3)_2$ ～710.

[a] アルキル基(R)に接続した場合を示す. ただし, 無機イオンの場合を除く.

振動の型	波数領域 [cm^{-1}][a] と強度 (R, IR)	隣接基の影響
(5)　$-C(CH_3)_3$　*t*-ブチル（CH_3 の振動は(1)項参照）		
CC 伸縮+CH_3 横ゆれ	1255, 1210（M, s）	赤外に特徴的．2 本現れる．
CC 対称伸縮	760～650（VS, w）	ラマンに特徴的． $=CH-C(CH_3)_3$ ～740, $=C(CH_3)-C(CH_3)_3$ ～685.
(6)　△　シクロプロピル（CH_2 の振動は(2)項参照）		
3 員環伸縮	1220～1185（VS, w）	ラマンに特徴的．
(7)　$>C=C<$　アルケン（ビニル，ビニリデン，ビニレンなど）		
CH_2 逆対称伸縮	3090～3070（M～W, m～s）	3000 以上のピークは不飽和 CH の存在を示す．
CH 伸縮	3040～3010（S～W, m）	
CH_2 対称伸縮	3000～2950（S, m）	
CH_2 面外倍音	1860～1750（W, w）	赤外に特徴的．
C＝C 伸縮	1680～1600（S, m～w）	置換基，共役の影響を大きく受ける．表 D.3(a)参照．
CH_2 はさみ	1420～1400（M, m）	
CH 変角	1360～1250（S～M, m～w）	$-CH=CH-$ では *cis* : 1270～1250(S, m) *trans* : 1310～1295(S, w). $-CH=C<$ では弱く 1360～1320.
CH_2, CH 面外	1000～650（W, s）	赤外に特徴的．表 D.3(a)参照．
C＝C－C 変角	600～400（W, w）	
(8)　$>C=C=C<$　アレン		
C＝C＝C 逆対称伸縮	1980～1920（VW, s）	赤外に特徴的．2 本現れることもある．
C＝C＝C 対称伸縮	1130～1060（VS, w）	ラマンに特徴的．2 本現れる． $ArCH=C=CH_2$　1080, 1065, $XCH=C=CH_2$　1095～1076.
CH_2, CH 面外	875～840（M, vs）	赤外に強い．倍音は 1700 付近．
(9)　$-C\equiv CH$　アルキン（エチニル）		
CH 伸縮	3335～3280（M, m～s）	鋭いピーク．$ArC\equiv CH$　3288.
C≡C 伸縮	2150～2120（VS, w）	ラマンに特徴的．$ArC\equiv CH$　2115～2100.
C≡C－H 変角	675～620（W, s）	$RC\equiv CH$ の R に軸対称性がないと 2 本に枝分かれ．一般に br.
$-C\equiv CH$ 変角	355～335（VS, w）	ラマンに特徴的．
(10)　$-C\equiv C-$　アルキン（エチニレン）		
C≡C 伸縮	2255～2220（VS, vw）	ラマンに特徴的． $RC\equiv CR'$ ～2300, ～2235 (2 本), $RC\equiv CAr$ ～2210, ～2250 (2 本).

振動の型	波数領域 [cm^{-1}][a] と強度 (R, IR)	隣接基の影響
(11) フェニル		
CH 伸縮	3100～3000 (VS, m～w)	赤外では数本．最強ラマン線は一置換では 3050±20，二置換では 3075±20．
CH 面外の倍音	2000～1700 (VW, w)	置換基の位置に依存する数本の赤外吸収帯が現れる．
環の伸縮 (ν_8)	1620～1580 (S～M, m～w)	2本．置換置の位置にはあまり依存しない．
環の伸縮 (ν_{19})	1500～1420 (W, s～m)	2本．赤外に特徴的．CH_3, CH_2 の振動に重なることがある．
環 (ν_1, ν_6, ν_{12}) と置換基−環伸縮とのカップル	1230～550 (VS, w)	ラマンに特徴的．表 D.3(b) 参照．置換基の位置および種類（質量）に依存する．
CH 面外	900～680 (W, vs～s)	赤外に特徴的．置換基の位置に依存．
(ii) O 原子を含む基		
(12) 遊離 −OH　アルコール		
OH 伸縮	3640～3610 (W, m～s)	第1 ROH ～3640，第2 ROH ～3630，第3 ROH ～3620，ArOH ～3610．
C−C−O 逆対称伸縮	1160～1030 (M, s)	第1 ROH ～1050，第2 ROH ～1100，第3 ROH ～1150，ArOH ～1200．
C−C−O 対称伸縮	970～730 (VS, w)	ラマンに特徴的．第1 ROH 970～880，第2 ROH ～820，第3 ROH ～745．
(13) 会合 −OH　アルコール（C−O の振動は (12) 項参照）		
OH 伸縮	3600～3500 (W, s)	2分子間会合をする場合，極性溶媒と会合する場合．
OH 伸縮	3400～3200 (W, vs(br))	鎖状会合をする場合．
OH 伸縮	3200～2500 (W, m(br))	キレート結合をつくる場合．
OH 変角 OH 面外	1480～1300 (W, s～m(br)) 680～620 (W, s～m(br))	} 水素結合が強い場合は高波数シフト．
(14) −COOH　カルボン酸		
OH 伸縮	3570～3530 (W, m)	遊離カルボン酸，比較的鋭い．
OH 伸縮	3050～2400 (M～W, s(br))	会合カルボン酸．
C=O 伸縮	1800～1650 (S, vs)	遊離 ～1770，2量体の強いピークは ～1660（ラマン），～1710（赤外，br）．
OH 変角	1440～1400 (W, m) 1380～1280 (W, m)	2量体 遊離カルボン酸 } C−O 伸縮とカップル
C−O 伸縮	1315～1280 (M, s) 1190～1075 (M, s)	2量体 遊離カルボン酸 } OH 変角とカップル
OH 面外	960～900 (W, m(br))	2量体の存在を示すマーカーバンド．

振動の型	波数領域 [cm^{-1}][a)]と強度 (R, IR)	隣接基の影響
(15) >C=O　ケトン		
C=O 伸縮		
(飽和ケトン)	1725〜1705 (S, vs)	置換基がかさ高いと低波数シフト. △=O 1850, □=O 1784, ⬠=O 1745, >CXCO−(α−ハロケトン)の eclipse 形 1750.
(共役ケトン)	1700〜1660 (S, vs)	ArCOR 〜1690, ArCOAr 〜1665, キノン 〜1675. *s−cis* 形は C=C 伸縮 1650〜1600 (赤外, s) をともなう (*s−cis* の判定).
(α−ジケトン)	1730〜1710 (S, vs)	*s−trans* 形では IR・R ともに 1 本. *s−cis* 形では 2 本. 6 員環 〜1760, 〜1730, 5 員環 〜1775, 〜1760, エノール形では 〜1675 で C=C 伸縮 〜1650 (赤外, s) をともなう.
(β−ジケトン)	1650〜1640 (S, vs〜s)	エノール形で遊離の場合. 分子内キレートを形成すると 〜1615 (s) と 〜1605 (s, C=C 伸縮). ケト形では 〜1720.
(ジアゾケトン)	1650〜1640 (S, s)	$RCO-CH=\overset{+}{N}=\overset{-}{N}$ 〜1645, $ArCO-CH=\overset{+}{N}=\overset{-}{N}$ 〜1620.
(16) $-COO^-$　カルボキシラート		
COO^- 逆対称伸縮	1630〜1560 (W, vs)	塩酸を加えると 〜1740 (C=O 伸縮) 1 本となる.
COO^- 対称伸縮	1440〜1350 (S, m)	
COO^- 面外	690〜640 (W, m)	状態による変化大.
COO^- 横ゆれ	540〜500 (M, m)	
(17) −CHO　アルデヒド		
CH 変角の倍音	2840〜2810 (M, m)	アルデヒドに特徴的なダブレット. フェルミ共鳴による.
CH 伸縮	2740〜2710 (VS, m)	
C=O 伸縮	1730〜1710 (S, vs)	共役により低波数シフト. C=CCHO 〜1685, ArCHO 〜1700.
CH 変角	1410〜1380 (S〜M, s)	
C−CO 伸縮	1120〜1090 (S〜M, m〜s)	ArCHO 1210〜1160. RCHO (R が枝分かれ α 炭素のとき) 800〜750.
(18) >C=C=O　ケテン		
C=C=O 逆対称伸縮	2150〜2110 (W, s)	$Ar_2C=C=O$ 〜2105.
C=C=O 対称伸縮	1380〜1370 (VS, w)	$Ar_2C=C=O$ 〜1120.
(19) C−O−C　エーテル		
C−O−C 逆対称伸縮	1150〜1070 (S, vs)	芳香族エーテル 1310〜1210, ビニルエーテル 1240〜1200, 環状飽和エーテル 1110〜920.
C−O−C 対称伸縮	930〜830 (VS, s〜w)	芳香族エーテル 1050〜1010, ビニルエーテル 1050〜900, 環状飽和エーテル 1270〜810.

振動の型	波数領域 [cm⁻¹][a] と強度 (R, IR)	隣接基の影響
(20) CO－OR　エステル		
C＝O 伸縮	1765～1720 (S, vs)	ArCOOR ～1720, ArCOOAr ～1735, ＝CHCOOR ～1715, RCOOC＝ ～1760.
C－O－C 逆対称伸縮	1250～1160 (W, vs)	ArCOOR ～1275, ArCOOAr ～1260, ＝CHCOOR ～1275, RCOOC＝ ～1210.
C－O－C 対称伸縮	1100～1025 (M～W, m)	ArCOOR ～1140, ＝CHCOOR ～1125, RCOOC＝ ～1050.
(21) C－O－O－C　ペルオキシド		
O－O 伸縮	880～770 (S, vw)	ラマンに特徴的. ROOH ～870, ROOR ～780.
(22) CO－C (環)　ラクトン		
C＝O 伸縮		
(β-ラクトン)	1850～1830 (S, s)	
(γ-ラクトン)	1785～1770 (S, s)	不飽和の場合は 2 本となることがある.
(δ-ラクトン)	1750～1730 (S, s)	
(23) －CO－O－CO－　酸無水物		
対称 C＝O 伸縮	1850～1780 (S, vs～s)	5 員環 ～1860, 6 員環 ～1810, ArCO－O－COAr ～1775.
逆対称 C＝O 伸縮	1790～1710 (S, vs～s)	5 員環 ～1785, 6 員環 ～1770, ArCO－O－COAr ～1720.
C－O－C 伸縮	1200～1000 (M, vs)	
(24) －O－CO－O－　炭酸エステル		
C＝O 伸縮	1750～1740 (S, s)	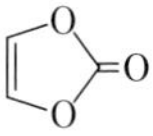 RO－CO－OAr ～1775, ArO－CO－OAr ～1800, 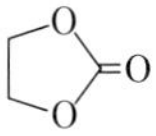 (環状, O, O)＝O 1795, (環状不飽和, O, O)＝O 1835.
(25) 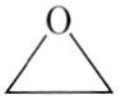 (O 三員環)　エポキシ		
3 員環伸縮	1260～1240 (VS, w)	
(26) 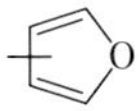 (O 五員環)　フリル		
CH 伸縮	3165～3120 (VS, m)	
C＝C 逆対称伸縮	1605～1590 (S, s～w)	環に C＝C, C＝O が隣接すると 1585～1560.
C＝C 対称伸縮	1515～1490 (VS, m～w)	環に C＝C, C＝O が隣接すると 1480～1460.
環の振動	1390～1370 (S, s～m)	
環の振動	1020～990 (S～M, m～w)	
CH 面外	885～870 (M～W, s)	鋭い.

振動の型	波数領域 [cm^{-1}][a]と強度 (R, IR)	隣接基の影響
(iii) N 原子を含む基		
(27) $-NH_2$　第1級アミン		
NH_2 逆対称伸縮	3440～3380 (M, m)	$ArNH_2$ ～3480, 会合体では 3400～3300.
NH_2 対称伸縮	3360～3320 (S, m)	$ArNH_2$ ～3390, 会合体では 3330～3250.
NH_2 はさみ	1640～1560 (W, s)	$ArNH_2$ も同領域.
CN 伸縮	1090～1070 (M, m)	$ArNH_2$ ～1310 (S, s), R_2CHNH_2 ～1140, ～1040, R_3CNH_2 ～1240, ～1040.
NH_2 縦ゆれ	850～650 (W, s～m(br))	会合すると高波数シフト.
(28) $-NH-$　第2級アミン		
NH 伸縮	3350～3300 (M, m)	ArNHR ～3450, 環状中の NH ～3490(s) は鋭く特徴的.
CNC 逆対称伸縮	1150～1130 (M, s)	ArNHR 1360～1250, 1280～1180 (計2本).
CNC 対称伸縮	910～860 (S, w)	
NH 変角	750～650 (W, s～m(br))	幅広く会合により高波数シフト.
(29) $-N\langle$　第3級アミン		
C−N 縮重伸縮	1230～1040 (M, m)	ArNRR′ ～1310, ～1230.
CNC 対称伸縮	830～740 (M～S, w)	
(30) $-NH_3^+$, $-NH_2^+-$, $\rangle NH^+-$　アミン塩		
NH^+ 伸縮	3200～2200 (W, s(br))	$-NH_3^+$ ～3000, $-NH_2^+-$ 2700～2250, $\rangle NH^+-$ 2700～2250.
NH_3^+ 縮重変角	1600～1575 (W, s～m)	NH_2^+ 変角も同領域.
NH_3^+ 対称変角	1510～1490 (W, m)	
(31) $\rangle NH^+$　不飽和アミン塩（複素芳香族化合物塩）		
NH^+ 伸縮	2500～2300 (W, s(br))	赤外では幅広い.
	2200～1800 (W, m)	1～数本, アミン塩にはない.
$C=N^+$ 伸縮	1700～1620 (S, m)	C=N 伸縮（(32) 項参照）がプロトン化により高波数シフト.
(32) $\rangle C=N-$　イミン, イミドエーテル		
NH 伸縮	3400～3300 (M, m)	
C=N 伸縮	1680～1655 (S, m～s)	ArCH=NR ～1650, ArCH=NAr ～1640, $(RO)_2C=NH$ ～1660.
(33) $-C\equiv N$　ニトリル		
C≡N 伸縮	2260～2240 (S～VS, s～m)	ArC≡N ～2230, HCN 2094, 共役により低波数シフトし, ラマン強度増大.
CCN 変角	385～280 (S～M, —)	ラマンに特徴的.
(34) $-\overset{+}{N}\equiv\overset{-}{C}$　イソシアニド		
$\overset{+}{N}\equiv\overset{-}{C}$ 伸縮	2150～2130 (S, s～m)	$Ar\overset{+}{N}\equiv\overset{-}{C}$ ～2115.

振動の型	波数領域 [cm^{-1}][a]と強度 (R, IR)	隣接基の影響
(35) $-N=N-$ アゾ		
$N=N$ 伸縮	1580～1570 (S, vw)	ラマンに特徴的．アゾベンゼン誘導体では大きく低波数シフト．ArN=NAr(*cis*) 1510, (*trans*) 1430.
(36) $-\overset{+}{N}\equiv N$ ジアゾニウム塩		
$\overset{+}{N}\equiv N$ 伸縮	2280～2240 (W, s)	赤外に特徴的.
(37) $>C=\overset{+}{N}=\overset{-}{N}$ ジアゾ		
$C=\overset{+}{N}=\overset{-}{N}$ 逆対称伸縮	2050～2000 (—, vs)	
(38) $-N=C=N-$ カルボジイミド		
NCN 逆対称伸縮	2140～2130 (W, vs)	ArN=C=NAr 2145(vs)，2115(s) に分かれる.
NCN 対称伸縮	1500～1460 (M, vw)	ラマンに特徴的.
(39) $(N)_2>\overset{+}{C}-N$ グアニジニウム		
NH 伸縮	～3300 (W, s(br))	NH^{+}伸縮よりも NH 伸縮に近い.
$\overset{+}{C}N$ 縮重伸縮	1680～1630 (W, s)	
(40) $-N=\overset{+}{N}=\overset{-}{N}$ アジド		
$N\overset{+}{N}\overset{-}{N}$ 逆対称伸縮	2170～2080 (M～S, s)	$ArN\overset{+}{N}\overset{-}{N}$ では2本 (フェルミ共鳴による).
$N\overset{+}{N}\overset{-}{N}$ 対称伸縮	1340～1180 (VS, m～s)	
41) $>C=NOH$ オキシム (ヒドロキシイミノ)		
OH 伸縮	3650～3590 (W, vs)	遊離オキシム，ArC=NOH ～3570.
OH 伸縮	3320～3100 (W, vs)	会合オキシム，幅広い.
$C=N$ 伸縮	1680～1650 (VS, m)	ArC=NOH ～1625.
$N-O$ 伸縮	960～930 (S, s)	
(42) $-CONH_2$ 第1級アミド		
NH 逆対称伸縮	3530～3520 (M～W, s)	$ArCONH_2$ ～3540．会合体の場合 ～3340 (幅広い).
NH 対称伸縮	3410～3390 (M, s)	$ArCONH_2$ ～3420．会合体の場合 ～3170 (幅広い).
CO 伸縮 (アミドI)	1700～1670 (S, vs)	会合体 ～1650(M, vs).
NH_2 はさみ (アミドII)	1610～1590 (M, s)	会合体 ～1620(W, m).
CN 伸縮 (アミドIII)	1420～1400 (S, m～s)	会合体 ～1410，$HCONH_2$ 1312(VS).
(43) $-CONH-$ 第2級アミド		
NH 伸縮	3460～3420 (S～M, m)	会合体 ～3290(M, s)，*cis*-アミド会合体 ～3200.
アミドI	1690～1680 (S, vs)	会合体 ～1655(S, s)，RCONHAr (遊離) ～1700.
アミドII	1560～1530 (W, vs)	会合体 ～1550，*cis*-アミド ～1450(m～w).
アミドIII	1260～1250 (VS, m)	会合体 ～1290(S, m)，*cis*-アミド ～1350．会合体 $HCONHCH_3$ 1250.

振動の型	波数領域 [cm^{-1}][a)] と強度 (R, IR)	隣接基の影響
NCO 変角（アミド IV）	630～620（S, m）	会合体～625.
NH 面外（アミド V）	730～650（VW, s（br））	赤外に特徴的．会合体～750.
CO 面外（アミド VI）	600～580（W, s）	赤外に特徴的．会合体 ～610.
(44) −CON< 第3級アミド		
アミド I	1670～1640（S, vs）	状態による変化は小さい.
CNC 対称伸縮	750～700（S～M, w）	HCONRR′ ～850.
O＝C−N 変角	620～590（M～W, m）	HCONRR′ ～650.
(45) CO−NH ラクタム		
NH 伸縮	3440～3420（W, m～w）	2 量体～3175, ～3070（2 本）.
C＝O 伸縮	1770～1690（S, s）	NH =O ～1850, NH =O ～1745, NH =O ～1700, NH =O ～1640.
(46) −N＝C＝O イソシアン酸エステル		
NCO 逆対称伸縮	2280～2250（W, vs）	共役による波数シフトは小さい.
NCO 対称伸縮	1470～1400（VS, vw）	
(47) $-NO_2$ ニトロ		
NO_2 逆対称伸縮	1560～1540（M～S, vs）	$ArNO_2$ ～1520, R_3CNO_2 ～1540, $R_2C(NO_2)_2$ ～1575, $RC(NO_2)_3$ ～1600.
NO_2 対称伸縮	1385～1350（S, vs）	$ArNO_2$ ～1345, R_3CNO_2 ～1350, $R_2C(NO_2)_2$ ～1330, $RC(NO_2)_3$ ～1300.
C−N 伸縮	920～860（M～S, m）	*n*-RNO_2 2 本（回転異性による）.
NO_2 変角	630～610（M, m）	$ArNO_2$ ～550.
NO_2 横ゆれ	550～470（S～W, w）	
(48) $-O-NO_2$ 硝酸エステル		
NO_2 逆対称伸縮	1640～1620（M, vs）	置換基の構造に依存しない.
NO_2 対称伸縮	1285～1260（VS, s）	R_2CHONO_2 では枝分かれする．環状置換基では 1 本.
O−N 伸縮	870～855（S, s）	
NO_2 変角	710～695（W, m～s）	
NO_2 横ゆれ	610～560（S, s）	
(49) >$N-NO_2$ ニトラミン		
NO_2 逆対称伸縮	1630～1550（—, s）	
NO_2 対称伸縮	1300～1250（—, s）	
(50) −N＝O ニトロソ		
N＝O 伸縮		
（単量体）	1600～1540（VS, vs）	ArNO ～1500.
（シス 2 量体）	1425～1330（—, vs）	RNO ～1410, ～1330. ArNO ～1410, ～1390.
（トランス 2 量体）	1290～1190（—, vs）	RNO ～1230, ArNO ～1270.

振動の型	波数領域 [cm^{-1}][a] と強度 (R, IR)	隣接基の影響
(51) −O−N=O　亜硝酸エステル（ニトロソオキシ）		
N=O 伸縮	1680〜1610（VS, vs）	*trans* 1680〜1650，*cis* 1625〜1610.
O−N 伸縮	840〜750（—, m〜s）	*trans* 815〜750，*cis* 810〜815.
ONO 変角	690〜565（—, m）	*trans* 625〜565，*cis* 690〜620.
(52) >N−N=O　ニトロソアミン		
N=O 伸縮	1460〜1425（—, vs）	ArN(−)−N=O　1500〜1450.
N−N 伸縮	1150〜925（—, s）	
(53) ≥$\overset{+}{N}$−$\overset{-}{O}$　アミンオキシド		
$\overset{+}{N}$−$\overset{-}{O}$ 伸縮	1300〜1200（W, vs）	第 3 級アミンオキシド 970〜950. 芳香族 *N*-オキシドの場合，会合体（$\overset{+}{N}$−$\overset{-}{O}$⋯H）の形成により 20〜40 cm^{-1} 低波数シフト.
(54) −N=N^{+}(−)−O^{-}　アゾキシ		
$\overset{+}{N}$−$\overset{-}{O}$ 伸縮	1310〜1250（—, vs）	赤外に特徴的.
(55) ピロリル（NH）		
NH 伸縮	3530〜3490（S〜M, s）	会合ピロリル 3400〜3380.
CH 伸縮	3130〜3100（S, w）	
環の伸縮	1570〜1420（VS〜S, s〜w）	3 本．中央のラマンが最強．*N* 置換で低波数シフト.
(56) ピリジル（N）		
CH 伸縮	3100〜3000（VS, m〜w）	数本．最強ラマン線は一置換体 3050 ± 20，二置換体 3075 ± 20.
CH 面外の倍音	2000〜1700（VW, w）	置換基位置に依存する数本の吸収帯.
環の伸縮（ν_8）	1620〜1570（S〜M, m〜s）	2 本．置換基の位置依存は少ない.
環の伸縮（ν_{19}）	1500〜1410（W〜M, s〜m）	2 本.
環(ν_1, ν_6, ν_{12})と環−置換基伸縮とのカップル	1230〜550（VS〜S, w）	置換基の位置および種類（質量）に依存する数本の強いラマン線．表 D.3(b) 参照.
CH 面外	900〜690（W, vs〜s）	置換基の位置に依存する 1〜2 本の赤外吸収帯.
(iv) S 原子を含む基		
(57) −SH　チオール（C−S 伸縮は (58) 項を参照）		
SH 伸縮	2590〜2560（S, w）	会合による波数シフトは比較的小さい.
(58) C−S−C　スルフィド（CH_3，CH_2 の振動は (1)，(2) 項を参照）		
C−S 伸縮	745〜585（VS〜S, w〜m）	ラマンに特徴的．回転異性の判定に利用できる．CH_3SCH_3 742（逆対称），691（対称），ArSR 〜720（S−R 伸縮），ArS 伸縮は環の振動とカップルするため一定値を示さない．$(CH_3)_2CHSR$ 〜650，$(CH_3)_3CSR$ 〜585 で各基に特徴的.

振動の型	波数領域 [cm^{-1}][a] と強度 (R, IR)	隣接基の影響
(59) C－S－S－C　ジスルフィド		
C－S 伸縮	725～600（S～VS, vw）	1～数本.
S－S 伸縮	545～500（VS～S, vw）	ラマンに特徴的. C－S, S－S, S－C 軸のまわりの内部回転に依存. GGG ～510, GGT ～525, TGT ～540. ArSSAr 540～520.
(60) C－$(S)_n$－C　ポリスルフィド		
S－S 伸縮	510～480（S, w）	R－SSS－H　500～450. R－SSS－X　500～450.
(61) ＞C＝S　チオケトン		
C＝S 伸縮	1260～1050（S, s）	ラマン，赤外ともに強いが，置換基の種類により波数が大きく変化するので，グループ振動として定めにくい.
(62) －CS－S－　ジチオエステル		
C＝S 伸縮	1225～1140（S, s）	$(CH_3)_3CC(=S)SC_2H_5$ 1103.
C－S 伸縮	620～560（S～M, m）	C－C(＝S)伸縮とカップルしている.
(63) －CS－N＜　チオアミド		
NH 伸縮	3400～3380（M, m）	会合体 ～3150, チオラクタムでも同じ.
アミド II	1550～1460（M, vs）	置換基による変動が大きいため，帰属は明確ではない.
アミド I（C＝S 伸縮）	1350～1100（M, s）	
	840～710（S, w～m）	
(64) C－SO－C　スルホキシド（X－SO－X は(85)項参照）		
S＝O 伸縮	1060～1040（S, vs）	2 本観測されることがある（C－S 軸まわりの回転異性による). 水素結合すると 15～40 cm^{-1} 低波数シフト. RSOAr ～1045, ArSOAr ～1040, (環状) S=O 1090.
(65) －O－SO－O－　亜硫酸エステル		
S＝O 伸縮	1210～1195（S, vs）	C－SO－O の S＝O 伸縮は，(64)項と(65)項の中間領域.
(66) C－SO_2－C　スルホン（C－SO_2－X, X－SO_2－X は(86), (87)項参照）		
SO_2 逆対称伸縮	1340～1300（変動, vs）	RSO_2Ar ～1320(W), ArSOAr ～1340(W), RSO_2R(M)の R に枝分かれがあると～1305.
SO_2 対称伸縮	1150～1120（VS, vs）	RSO_2Ar ～1155, $ArSO_2Ar$ ～1165.
SO_2 変角	515～480（M, —）	RSO_2Ar ～555.

振動の型	波数領域 [cm^{-1}][a]と強度 (R, IR)	隣接基の影響
(67) C－SO_2－O－　スルホン酸，スルホン酸エステル		
SO_2 逆対称伸縮	1375～1340（変動 , vs）	$ArSO_2OR$ ～1350(W)，RSO_2OH（無水物）～1345，RSO_3^- 1230～1200.
SO_2 対称伸縮	1195～1170（VS, s）	$ArSO_2OR$ ～1190，RSO_2OH（無水物）～1160，RSO_3^- ～1120.
S－O 伸縮	700～600（W, m）	RSO_2OH（無水物）～900.
SO_2 変角	550～485（M, —）	2本，$ArSO_2OR$ ～575(W～M, s)，$ClSO_2OR$ ～570.
(68) －O－SO_2－O－　硫酸エステル		
SO_2 逆対称伸縮	1400～1370（S, vs）	
SO_2 対称伸縮	1200～1185（VS, vs）	
(69) C－SO_2－N＜　スルホンアミド		
SO_2 逆対称伸縮	1360～1320（M, vs）	RSO_2NHR ～1330，RSO_2NR_2 ～1340，$ArSO_2NHR$ ～1320.
SO_2 対称伸縮	1180～1140（VS, vs）	$ArSO_2NH_2$ ～1155.
SO_2 変角	525～510（S, —）	
(70) －N＝C＝S　イソチオシアン酸エステル		
NCS 逆対称伸縮	2140～2090（S, vs(br)）	～2200(M, m) と～2100(S, s)に枝分かれすることが多い．ArN＝C＝S では ～2180(W, s)，～2100(S, s)，～2060(S, s)に分枝.
C－N 伸縮	1090～1080（S, s）	ArN＝C＝Sでは～1250(S, w)と～930(W, s).
NCS 対称伸縮	690～650（VS, m）	
(71) －S－C≡N　チオシアン酸エステル		
C＝N 伸縮	2150～2130（S, vs）	ArS－C≡N ～2170.
S－C 伸縮	725～550（S, w）	数本（回転異性による）.
(v) P 原子を含む基		
(72) P－H　ホスホン酸エステル，ホスフィン酸エステル，ホスフィンオキシド		
PH 伸縮	2450～2280（S, m）	$HPO(OR)_2$ ～2435，$H_2PO(OR)$ ～2380 と ～2340（2本），HPORR′ ～2310.
PH 変角	1190～810（S～W, m）	$H_2PO_2^-$ ～1160(S, m)：はさみ，～1088(M, m)：縦ゆれ，～811(W, m)：横ゆれ．HPO_3^{2-} ～1027(M, w).
(73) P－OH　リン酸，ホスホン酸，ホスフィン酸		
OH 伸縮	2700～2100（W, w(br)）	

振動の型	波数領域 [cm^{-1}][a] と強度 (R, IR)	隣接基の影響
(74) >P=O　ホスホリル		
P=O 伸縮	1300〜1100 (S〜M, s)	状態による波数シフト大.
(リン酸, リン酸エステル)		$(RO)_3PO$ 〜1270, $(ArO_3)PO$ 〜1300, $(RO)_2PO(OH)$ 〜1230.
(ホスホン酸, ホスホン酸エステル)		$(RO)_2HPO$ 〜1250, $(RO)_2RPO$ 〜1250, $(RO)HPO(OH)$ 〜1210.
(ホスフィン酸, ホスフィン酸エステル)		$(RO)H_2PO$ 〜1200, RHPO(OH) 〜1155, RR′PO(OH) 1205〜1140.
(ホスフィンオキシド)		R_3PO 〜1170, Ar_3PO 1145〜1095, R_2HPO 〜1155.
(ピロリン酸エステル, リン酸アミド)		$(RO)_2PO-O-PO(OR)_2$ 1310〜1210, $(RO)_2PONRR'$ 〜1260.
(75) O−P−O (>PO_2^-)　リン酸エステル塩		
$O\cdots P\cdots O^-$ 逆対称伸縮	1240〜1225 (M, s)	
$O\cdots P\cdots O^-$ 対称伸縮	1090〜1080 (S, m)	
O−P−O 逆対称伸縮	820〜810 (M, s)	
O−P−O 対称伸縮	760〜750 (S, m〜w)	
(76) O−P−O (−PO_3^{2-})　リン酸エステル塩		
−PO_3^{2-} 縮重伸縮	1130〜1110 (W, s)	
−PO_3^{2-} 対称伸縮	990〜980 (S, m)	
O−P 伸縮	760〜740 (W, m)	
(77) P=S　ホスフィンスルフィド		
P=S 伸縮	750〜580 (S〜M, 変動)	リン原子に結合する基により波数シフト.
(vi) Si または B 原子を含む基		
(78) >Si−H　シラン		
SiH 伸縮	2300〜2100 (W, s)	C−SiH 〜2120, O−SiH 〜2200.
SiH_2 変角	960〜930 (W, s)	C−SiH_2−C の場合.
(79) >Si−OH　シラノール		
OH 伸縮	3690〜3650 (VS, s)	会合により低波数シフト.
OH 変角 } Si−O 伸縮 }	1150〜1000 (W, m) } 880〜820 (M, s) }	いずれのバンドが OH 変角, Si−O 伸縮によるものかは明らかでない.
(80) >Si−O−　シリコーン		
Si−O 伸縮	1110〜1000 (W, vs (br))	Si−O−R 1100〜1050, Si−O−Ar 970〜920.
(81) −B<　ホウ素化合物		
BH 伸縮	2640〜2350 (S, s)	B⋯H⋯B 伸縮 2200〜1540 (強度は変動する).
B−N 伸縮	1460〜1330 (S〜M, vs)	アミノボラン, ボラジン.
B−O 伸縮	1370〜1310 (S〜M, vs)	ホウ酸エステル, ボロン酸, ボロン酸エステル.
B−C 伸縮	1280〜1250 (S〜M, vs)	

振動の型	波数領域 [cm^{-1}][a] と強度 (R, IR)	隣接基の影響
(vii) ハロゲン原子を含む基		
(82) C－X　ハロゲン化アルカン		
C－F 伸縮	1360～870（M, s）	CF_3，1360～1120 に 1～2 本，CF_2，1250～1050 に 2 本，CF，1100～1000．C－C 伸縮とカップルすることが多い．
C－Cl 伸縮	750～570（S～VS, m～s）	RCH_2X，RR′CHX，RR′R″CX（X＝Cl, Br, I）の CX 伸縮は R－C 軸の回転異性の判別に利用できる．
C－Br 伸縮	645～515（S～VS, m～s）	
C－I 伸縮	600～490（S～VS, m～s）	
(83)  －X　ハロゲン化アリル		
C－F 伸縮	1270～1100（M, s）	環の振動とカップルする．二置換の場合，置換基の位置によっても波数変化．
C－Cl 伸縮	1100～1030（S～M, s）	
C－Br 伸縮	1080～1020（S～M, s）	
C－I 伸縮	1060～1040（S～M, s）	
(84) －CO－X　酸ハロゲン化物（X＝F, Cl, Br, I）		
C－O 伸縮	1840～1780（S, vs）	RCOF ～1840，ArCOX ～1770，ArCOF では～1800．
(85) X－SO－X　ハロゲン化スルフィニル		
S＝O 伸縮	1310～1120（S, s）	F_2SO 1308，Cl_2SO 1233，Br_2SO 1121．RSOX の S＝O 伸縮は(64)項と(85)項の中間領域にくる．
(86) C－SO_2－X　ハロゲン化スルホニル		
SO_2 逆対称伸縮	1400～1360（M～W, vs）	CH_3SO_2Cl 1361, $ArSO_2Cl$ ～1370.
SO_2 対称伸縮	1200～1165（VS, vs）	CH_3SO_2Cl 1168, $ArSO_2Cl$ ～1180.
SO_2 変角	600～530（S～M, —）	CH_3SO_2Cl 538, $ArSO_2Cl$ ～575.
(87) X－SO_2－X　ハロゲン化スルホニル		
SO_2 逆対称伸縮	1500～1400（可変 , vs）	SO_2F_2 1497 (W), SO_2Cl_2 1414 (S).
SO_2 対称伸縮	1270～1180（VS～S, vs）	SO_2F_2 1263, SO_2Cl_2 1182.
SO_2 変角	560～545（S, —）	SO_2F_2 547, SO_2Cl_2 560.
(viii) 無機イオン		
(88) NH_4^+　アンモニウムイオン		
NH_4^+伸縮	3250～3050（M～W, 変動）	観測されるバンドの数と振動数は水素結合の影響を大きく受ける．
NH_4^+変角	1700～1660（M, —）	
	1450～1390（W, s）	
(89) CO_3^{2-}　炭酸イオン		
CO_3^-縮重伸縮	1470～1410（M, vs）	$CaCO_3$ 1430.
CO_3^-対称伸縮	1090～1060（VS, —）	ラマンに特徴的.
CO_3^-変角	880～860（—, m）	$CaCO_3$ 879（方解石），866（あられ石）.
CO_3^-変角	720～680（W, w）	

振動の型	波数領域 [cm^{-1}][a]と強度 (R, IR)	隣接基の影響
(90) NO_3^-　硝酸イオン		
NO_3^-縮重伸縮	1390～1350（M, vs）	
NO_3^-対称伸縮	1070～1045（VS, —）	ラマンに特徴的.
NO_3^-変角	835～820（—, m）	
NO_3^-変角	725～695（M, m～w）	
(91) NO_2^-　亜硝酸イオン		
NO_2^-逆対称伸縮	1360～1340（S, m）	
NO_2^-対称伸縮	1250～1230（W, vs）	
NO_2^-変角	840～810（M, w）	
(92) SO_4^{2-}　硫酸イオン		
SO_4^{2-}縮重伸縮	1180～1080（W, s）	
SO_4^{2-}対称伸縮	990～970（VS, —）	ラマンに特徴的.
SO_4^{2-}変角	660～580（M, m）	
SO_4^{2-}変角	460～440（M, —）	
(93) PO_4^{3-}　リン酸イオン		
PO_4^{3-}縮重伸縮	1090～1010（W, s）	
PO_4^{3-}対称伸縮	980～960（VS, —）	ラマンに特徴的.
PO_4^{3-}変角	580～490（M, m）	
PO_4^{3-}変角	370～350（M, —）	

表 D.3(a)　アルケン C=C 伸縮と CH 面外変角の置換基位置依存性

置換基の位置	C=C 伸縮	CH 面外
$CH_2=CHR$	1650～1635 (S, m)	1000～980 (VW, s) 925～900 (W, vs)
trans–CHR=CHR′	1680～1665 (S, vw)	980～965 (VW, s)
cis–CHR=CHR′	1660～1650 (S, m)	740～670 (VW, m～s)
$CH_2=CRR'$	1660～1640 (S, m)	905～880 (W, s)
CHR=CR′R″	1680～1660 (S, m～vw)	830～800 (VW, m～s)
CRR′=CR″R‴	1680～1665 (S, vw)	—
$R-(CH=CH)_2-R$	～1650 (VS, w), ～1600 (VW, m)	CHR=CHR のときと同じ
$R-(CH=CH)_n-R$	1650～1550 (S, m)	990～970 (W, m)

表 D.3(b)　芳香環の骨格振動の置換位置依存性

置換基の位置[a]	1230～550 cm^{-1} のラマンバンド[b]
一置換	～1000 (VS)，～1030 (M) の 2 本が特徴. ピリジンでは ～1040 (S)，～1000 (VS).
1,2–二置換	1060～1040 (VS～S) が特徴. 2–置換ピリジンでは ～1050 (VS)，～1000 (VS).
1,3–二置換	～1000 (VS)，730～700 (S) が特徴. 3–置換ピリジンでは 1050～1020 (VS)，～800 (S).
1,4–二置換	1200～1130 (S)，850～720 (S～VS) が特徴. 4–置換ピリジンでは～1000 (VS)，～800 (S).
1,3,5–三置換	～1000 (VS) が特徴.R_3 置換では 570～530 (VS).
1,2,3–三置換	R_3 置換で ～650 (VS)，X_3 置換で ～510 (VS).
1,2,4–三置換	R_3 置換で ～740 (VS)，X_3 置換で ～670 (VS).
1,2,3,4–四置換	R_4 置換で ～575 (VS)，X_4 置換で ～1175 (VS)，～380 (S).
1,2,3,5–四置換	R_4 置換で 750～720 (S～VS)，X_4 置換で ～1160 (VS)，～350 (VS).
1,2,4,5–四置換	R_4 置換で 750～720 (S～VS)，X_4 で ～1160 (VS)，～350 (VS).
五置換	R_5 置換で ～570 (VS)，X_5 置換で ～1210 (VS)，～370 (VS).
六置換	R_6 置換で ～555 (VS)，R_5X 置換で 515～495 (VS)，R_3X_3，X_6 置換で ～370 (S).

[a] ピリジン置換体は N が置換基の結合した C に相当するとみなして分類した.

[b] ラマンバンドの振動数は環に結合した置換基内の原子の質量に依存する．ここでは R は軽い原子（C, F, O など），X は重い原子（Cl, Br など）を表す.

文 献

グループ振動に関する基本的参考書：
1）水島三一郎，島内武彦，赤外線吸収とラマン効果，共立出版（1958）
2）中西香爾，P. H. Solomon，古舘信生，赤外線吸収スペクトル，改訂版，南江堂（1978）
3）N. B. Colthup, S. E. Wiberley, and L. H. Daly, *Introduction to Infrared and Raman Spectroscopy, 2nd Ed.*, Academic Press, New York（1975）
4）F. R. Dollish, W. G. Fsteley, and F. F. Bentley, *Characteristic Raman Frequencies of Organic Compounds*, Wiley-Interscience, New York（1974）
5）L. J. Bellamy, *The Infrared Spectra of Complex Molecules, 3rd Ed.*, Chapman and Hall, London（1975）；*Advances in Infra-red Group Frequencies, 2nd Ed.*, Chapman and Hall, London（1980）
6）R. A. Nyquist, *The Interpretation of Vapar-Phase Infrared Spectra — Group Frequency Data*, Sadtler Research Laboratories, Philadelphia（1984）
7）G. Socrates, *Infrared Characteristics Group Frequencies*, John Wiley & Sons, New York（1980）
無機化合物に関しては：
8）K. Nakamoto, *Infrared and Raman Spectra of Inorganic and Coordination Compounds, 4th Ed.*, John Wiley & Sons, New York（1986）
9）E. Maslowsky, Jr., *Vibrational Spectra of Organometallic Compounds*, John Wiley & Sons, New York（1976）
生体分子に関しては：
10）P. R. Carey, Biochemical Applications of Raman and Resonance Raman Spectroscopies Academic Press, New York（1982）；邦訳 伊藤紘一，尾崎幸洋，ラマン分光学—基礎と生化学への応用，共立出版（1984）
11）A. T. Tu, *Raman Spectroscopy in Biology*, John Wiley & Sons, New York（1982）

「分光法シリーズ」刊行にあたって

分光学は，電磁波（光）と物質の相互作用を介して物質の構造や性質を解き明かすという基礎学術の分野として，より精密，より高感度，より高速を目指して大きく発展してきました．一方で，分光学は，人々の安全・安心ならびに健康や高度な産業を支える先端的な計測技術･装置の基盤となる技術を社会に提供してきました．そして，分光機器やレーザー光源，解析装置などの著しい進展とも相まって，いまや従来の物理学や化学の分野の枠を越えて，その応用分野は産業分野から生命科学そして医療や宇宙にまで著しく拡大しています．

本シリーズは，このような進展著しい分光学に対する学術分野ならびに産業界からの切実なニーズに応えるべく企画されました．各巻では，現代に見合った新しいコンセプトを盛り込みつつも，次のような編集方針が貫かれています．すなわち，

（i） およそ20年は陳腐化しない内容とする．
（ii） 研究に取り組む者が最初に手に取るべき教科書とする．
（iii） 原理から応用までを解説する．応用については概念を重視する．
（iv） 刊行時点での一過性のトピックスを取り上げることはせず，すでに確立している概念・手法を解説する．
（v） 付録の充実を図り，日々密に携えて活用される指針書とする．

などです．

新シリーズは「分光法シリーズ」と名付け，当学会がその内容に責任をもって企画･編集・執筆などにあたります．本シリーズは，大学院修士課程以上の研究者や企業の専門職層を対象とし，分光法そのものを専門とする読者だけでなく，それを利用する広範な科学技術分野の研究者にも役立つ内容を目指しています．

本シリーズが社会的要請に合致したものとして受け入れられ，わが国の科学の発展と産業競争力の向上に資するべく，遍く活用されることを願うものであります．

2014年春

公益社団法人日本分光学会
出版広報委員長　鈴木榮一郎
会長　緑川　克美

索　引

欧　文

和　文

ア

カ

サ

タ

ナ

ハ

マ

ヤ

ラ，ワ

編著者紹介

濱口　宏夫　理学博士

1975年東京大学大学院理学系研究科化学専攻博士課程修了．東京大学理学部助手・講師・助教授，神奈川科学技術アカデミー研究室長を経て，1995年より東京大学教養学部教授．1997年東京大学大学院理学系研究科化学専攻物理化学講座教授，2007年から台湾国立交通大学理学院講座教授．東京大学名誉教授．株式会社分光科学研究所代表取締役社長．

岩田　耕一　理学博士

1989年東京大学大学院理学系研究科博士課程修了．オハイオ州立大学化学科博士研究員，神奈川科学技術アカデミー研究員，東京大学理学部助教授を経て，2009年より学習院大学理学部教授．

NDC 433　213 p　21 cm

分光法シリーズ　第1巻

ラマン分光法

2015年3月25日　第1刷発行
2024年5月24日　第7刷発行

編著者　濱口宏夫・岩田耕一
発行者　森田浩章
発行所　株式会社　講談社　KODANSHA
〒112-8001　東京都文京区音羽2-12-21
販　売　(03) 5395-4415
業　務　(03) 5395-3615
編　集　株式会社　講談社サイエンティフィク
代表　堀越俊一
〒162-0825　東京都新宿区神楽坂2-14　ノービィビル
編　集　(03) 3235-3701
印刷所　株式会社双文社印刷
製本所　株式会社国宝社

ISBN 978-4-06-156901-0